U

城乡规划设计方法丛书

Urban Design Practices

『十三五』国家重点图书出版规划项目

城市设计实践方法

王建国 高源 李京津 著

中国建筑工业出版社

引言

城市设计主要研究城市空间形态的建构机理和场所营造。

城市空间形态是典型的一果多因的产物，影响原因包括来自自然方面的区位、气候、地形、河流和物产资源以及来自人类社会方面的宗教、文化、规制、建设、营造等。“一果多因”的建构机理如何建构呢？包括笔者在内的国内外多位学者（齐康、亚历山大、莫里斯、科斯托夫等）考察过历史上和今天的大量城市设计案例和工程实践，并认为存在通过少数人依据自然法则或制定规制、自上而下让多数人遵照执行并实施的城市设计方法和基于个体诉求或社区集体诉求的一种多元、多义、多价的形态环境营建活动，亦即自下而上、自发和自主的城市设计途径。前者是我们认识的狭义的城市设计：是一种对于城市发展建设的设计“人工干预”，干预的主体是城市建设决策者和规划设计师，对象则是各种社会活动的空间形态载体，其中很多是大尺度的城市设计，是一种由“决定论”驾驭的设计和工程实施管理的城市设计。确定性、连续性和某些场合下的宏大叙事是其主要特征之一。本书主要介绍和讨论的就是这部分城市内容。后者属于广义的城市设计途径，其建构了大多数历史城市的空间形态秩序，因为具有个性化、离散、试错和小尺度局部场所的特点，所以会呈现出因地域、时段和文化的不同带来的技术和方法的丰富多样性。但因其渐进累积的随机过程，且较少专业人士能够整体辨析驾驭的共性内容，所以不是本书论述的主要内容。笔者曾发表的论文和指导的研究生论文中对此做过系统探讨，有兴趣的读者可以延伸查阅和阅读[①②③]。

就空间形态和场所营造方面，城市设计实务主要包括三个方面：

一、整体性的建立：如通过总体城市设计或者具有类似含义的城市景观风貌提升规划等，认知、识别和凝练特定城市的区域自然、文化历史、形胜特色和人工环境营造中的人地关系、人文关系、人际关系，进而挖掘特定城市的历史演化的叠层特点和多重尺度的风貌，从而提

---

① 王建国 . 自上而下，还是自下而上——现代城市设计方法及价值观的探寻 [J]. 建筑师，1988，31：9-15.

② 王建国 . 筚路蓝缕，乱中寻序——中国古代城市的研究方法 [J]. 建筑师，1990，37：1-10.

③ 林岩 . 以环境和需求为导向的小城镇“自下而上”城市设计途径研究 [D]. 南京：东南大学，2019.

出传承、扬弃和面向未来相结合的城市空间形态演进路径、城镇风貌和历史格局保护底线，成果通常“借壳”或者依托城市总体规划或者国土空间规划整体实施。

二、片区是城市整体特色风貌的主要载体。作为个体的人可以认知或识别的空间范围尺度的最大极值，这也往往是城市行政主体实施规划和发展管理最常见的空间尺度。片区既要承担和传递城市空间规划和总体城市设计的相关特色风貌的要求，又要积极通过相关特色意图区的规划设计和建设落实营造人们喜闻乐见的片区城市特色风貌。

三、地段场所特色和亮点的创意营造：基于特定而明确的环境品质提升或改善民生目标的城市设计，项目导向的城市基础设施工程（路、桥等）和具有城市属性的建筑工程设计。场所营造相对偏于设计师个性化的工作和方案选择。

本书主要定位于城市规划及相关专业的读者，所以论述重点是上述第一和第二种尺度的城市设计及其方法。

城市规划在历史上有多种不同的表达，如“城市规划”“都市计划”“都市规划”和“市镇设计”等[①]。通常，城市规划所涉及的空间尺度和范围比城市设计更大。在国外也有学者直接将城市设计放大到城市规划的视角。如美国城市设计协会（UDA）主编的《城市设计技术与方法》一书中的观点：“城市设计项目是最普遍的工程类型。通常情况下，它包括总体规划、战略规划、详细规划或远景规划。”[②]。有趣的是，美国城市设计协会是一个由从事设计实务工作的建筑师群体组成的团队，目标是创造具有可持续性价值、为社区服务的美好场所，并不能严格代表城市规划的专业要求和实务工作。

从中国法定规划工作的相关性而言，城市设计主要涉及中观片区及更大尺度的城市空间和形态对象，新近又开始与更广袤的国土空间规划中的山水林田湖草要素有关，并与技术性

---

① 中国城市规划学会．中国城乡规划学学科史 [M]. 北京：中国科学技术出版社，2018.

② 美国城市设计协会．城市设计技术与方法 [M]. 杨俊宴，译．武汉：华中科技大学出版社，2016.

的编制工作相关。凯文·林奇和加里·海克教授在《总体设计》一书中，将场地规划看成是在基地上安排建筑、塑造建筑之间的空间艺术，是“一门联系着建筑、工程、景园建筑和城市规划的艺术”。实际上该书论述的“总体设计”的含义就是城市设计，而从其英文原文 Site Planning 看，其实就是与场地规划相关的“设计”。该书还认为，总体设计应该通过道德和美学方面的目标建构，营造场所美化日常生活。其中，设计中综合把握行为环境、地面坡度、种植、排水、交通、小气候或者测绘是达到目标的技术途径①。

同时，城市设计也是一门伴随城市诞生就存在的古老专业技艺，大约 5000~6000 年前就有了城市设计的雏形。

中国现代城市设计大致从 20 世纪 80 年代初开始，1990 年代逐渐形成本土的城市设计理论和方法，伴随改革开放一路发展，如影随形。今天越来越多的城市编制了层级丰富而数量也不少的城市设计，重要性不言而喻。有关城市设计命题的论著已经有不少，笔者曾经出版过《现代城市设计理论和方法》和《城市设计》等论著，也和同事一起编写了全国高等学校城乡规划学科专业指导委员会推荐的《城市设计》教材，但本书的基本写作立意与前述著作和教材稍有不同。

首先，这是一本聚焦在城市规划专业领域内讲述城市设计方法的书，主要从中大尺度的城市空间客体范围来谈城市设计的编制方法，与国家法定规划体系直接关联。与地段层面的物质形态设计相关的方法，主要归属建筑学、风景园林、环境艺术等学科范畴。工业革命前，城市设计与城市规划的理论、方法和技术内容无法明晰区分，并都与建筑学的基础有关②。

---

① 凯文·林奇，加里·海克．总体设计（原著第三版）[M]. 黄富厢，朱琪，吴小亚，译．南京：江苏凤凰科学技术出版社，2016.

② 从古代直到工业革命，城市化进程发展比较缓慢，城市规划和城市设计在内容和性质上接近。城市设计对城市空间环境施加产生的影响主要是视觉有序（Visual Order）、对较大版图范围内的建筑和空间进行三维形体控制，所遵循的价值取向和方法基本上是建筑学和古典美学的准则。我曾将其称之为第一代传统城市设计范型。参见：王建国．从理性规划的视角看城市设计发展的四代范型 [J]. 城市规划，2018（1）：9-19.

所以，本书会在论述城市设计历史等部分场合涉及，但不是讨论的主要内容。

同时，本书讲述城市设计方法主要依托笔者团队多年来完成的城市设计编制的真实案例，这些案例针对不同的项目要求特点，从不同的侧面和角度探索了城市设计方法，包括一部分实用性的城市设计技艺。这些项目成果均通过了专家评审并被城市政府部门接纳采用，所以，本书具有理论联系实际的突出特点，并具有较多实践可操作方法的借鉴价值。

近年，第四代科技革命正在迅猛发展，“算法时代”已经初露端倪。团队城市设计实践不断学习科技革命进步的成果，并在特定场合创新采用了数字技术的方法，部分解决了传统城市设计只能定性判断和应对的城市空间形态演进和优化的问题，体现了城市设计方法的最新进步和前沿探索。

目 录

第一章

城市设计概述

01

城市设计概念简述

城市设计的概念是什么，历来有多种观点，典型视角包括周全缜密的百科全书式的诠释、社会人文与场所形态一体两面的诠释、城市规划建设和形体环境塑造视角的诠释等。

《不列颠百科全书》写道，“城市设计是为了达到人类的社会经济、审美或者技术等目标而在形体方面所做的构思”。威斯康星大学的教授拉波波特（A. Rapoport）认为，城市设计应该是“空间、时间、含义和交往的一种组织”。曾经主持纽约城市设计的宾夕法尼亚大学巴奈特（J. Barnett）教授讲，城市设计是一个现实生活问题。这三种国外典型的观点就分别表达了百科全书式的综合表达、从文化代码和场所精神角度的人文解读以及从设计和管理实践导向的实务看法。中国学者吴良镛、周干峙、陈占祥、齐康、邹德慈、郭恩章、卢济威等先生都对城市设计分别提出了概念定义，并做了相关的概念解读。

2005 年，笔者曾经参与了第二版《中国大百科全书》建筑・城市规划・园林卷的编写工作，并主持撰写“城市设计”的特大词条。该词条曾给城市设计明确了这样的定义：城市设计是以城镇发展建设中空间组织和优化为目的，运用跨学科的途径对包括人、自然和社会因素在内的城市形体环境对象所做的研究和设计。城市特色的塑造、空间品质的改善、文化内涵的提升、建筑群布局是否有序，都是城市设计研究和关注的重要内容。根据最新研究，笔者近年在第三版《中国大百科全书》编写中，又尝试对城市设计的概念进行了重新定义：“城市设计主要研究城市空间形态的建构机理和场所营造，是对包括人、自然、社会、文化、空间形态等因素在内的城市人居环境所进行的设计研究和工程实践活动”（2019）[1]。

---

① 王建国 . 城市设计 [M/OL]//《中国大百科全书》第三版总编辑委员会 . 中国大百科全书：第三版网络版 [M/OL]（2022-01-20）.www.zgbk.com.

通常，城市设计的概念与人们心目中的城市特色风貌密切相关。城市特色风貌不仅让一个城市具有令人向往的人居环境的内涵和美感，而且在今天还可以成为这个城市能否表达区域乃至全球的竞争力的重要方面，正如坊间常说的“有好风景的地方就有新经济”。城市特色鲜明是绝大多数城市共有的优秀品质：如中国北京中轴统领、布局规整、青灰色的四合院民居烘托黄色皇家建筑群（图 1-1-1）；襟江抱湖、虎踞龙盘、依托秦淮河水系修建南京历史古城（图 1-1-2）；苏州“人家尽枕河”且建城 2500 年城址没有变迁的双棋盘城市形态格局（图 1-1-3）；山、水、城交融的桂林（图 1-1-4）；“山雅、河雅、城雅”的三亚等。城市特色风貌营造是城市设计特别关注的概念内涵、工作内容和目标，也是本书引介诸多案例进行概括梳理和学术凝练的重点价值取向。

图 1-1-1　北京中轴线
资料来源：作者自摄 .

图 1-1-2　南京城墙和秦淮河
资料来源：作者自摄 .

图 1-1-3　苏州
资料来源：作者自摄 .

图 1-1-4　桂林
资料来源：作者自摄 .

02

城市设计与现代城市规划

自从人类聚居形成聚落开始，安排处置包括建筑在内的各种物质性要素的要求就产生了，起初是实用、够用和尽可能耐用作为聚落设计和建设要求，此时，设计者要处理的要素基本是有形的，没有复杂的系统和更大尺度的抽象规划要求。很多学者都说，“城市设计，古已有之”。在工业革命前，城市设计与城市规划基本是一回事，今天的城市规划教科书和学科历史研究也基本上是用城市设计发展历史同时指代城市规划的发展历史。但现代城市规划就不同了，它脱胎于工业革命引发快速城市化进程后的世界近现代城市发展的客观要求。

建筑理论家弗兰姆普顿曾经这样写道，在欧洲已有五百年历史的城市在一个世纪内完全改观了，这是一系列前所未有的技术和社会经济发展相互影响而产生的结果。18 世纪以后，随着新的社会生产关系的建立，新型交通、动力、通信工具的发明，新的城市功能和运转方式产生，于是，城市社会和建设的各个层面都发生了巨大变化（图 1-2-1）。

欧洲曾经在人类历史上率先经历了两次工业革命：以珍妮纺织机、蒸汽机等为代表的第一次工业革命，时间大约是 1750—1830 年；以电气发明和内燃机使用等为代表的第二次工业革命，时间大约是 1870—1900 年。

在城市化进程急剧加速、社会进步的同时，城市也开始出现前所未有的问题和挑战，主要包括：第一，工业生产引起的城市功能的变化；中央商务区、新型行政功能区、工业区、交通运输区、仓库码头区、工人居住区等的出现，打破了封建城市原有的结构和布局。第二，城市化进程导致大量农村剩余劳动力涌入城市，新型仓储物流和日益机动化的运输模式，使得城市第一次出现交通阻塞问题。第三，大量失地农民进城务工，生活在极其恶劣的居住环境中，城市垃圾、废气、污水造成了环境的污染，严重威胁着居民的生命健康，如 1854 年伦敦城区因饮用水污染

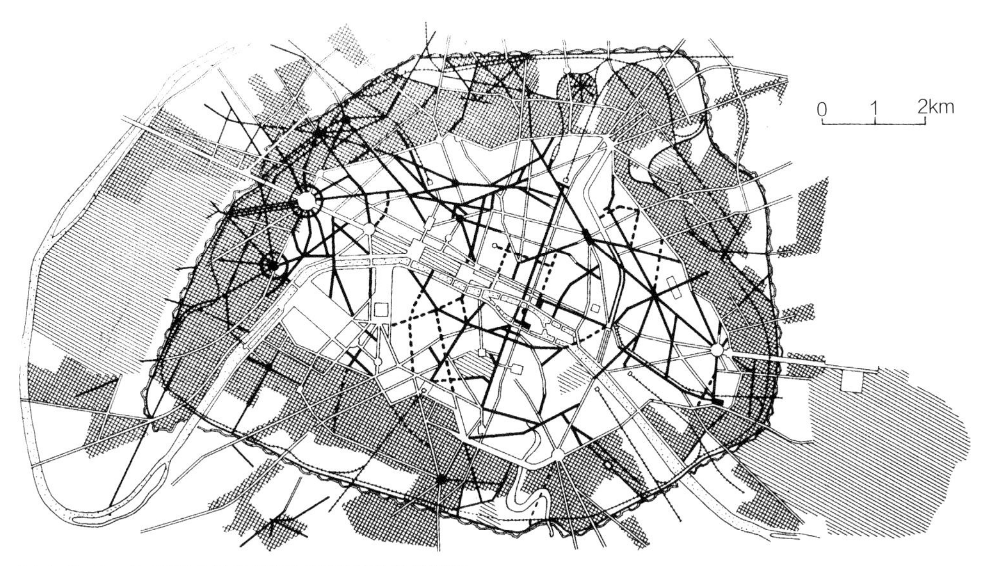

图 1-2-1　19 世纪中叶奥斯曼时期巴黎改造的道路
资料来源：贝纳沃罗 . 世界城市史 [M]. 北京：科学出版社，2000：834.

出现的霍乱，这时，环境污染和传染病等公共卫生防疫问题已经成为城市发展不得不面对的重大问题。第四，城市空间环境异质化加剧：由于大规模建设的工厂、仓储、工人住宅区和交通机动化的出现，传统城市的街区尺度单元、房屋建造方式和技术也发生了很大变化，历史上渐进发育成熟的城市风貌遭到严重挑战，特色危机开始出现。

这时，以传统的形体空间和建筑为主要对象的城市设计原理便无法应对这一历史上从未有过的城市化快速进程和技术发展的挑战，客观上要求探索新的规划理论。现代城市规划正是在这种新的历史形势下应运而生的。现代城市规划为城市的良性发展奠定了公平和效率两大科学理性准则，是社会日益民主化的产物，成为驾驭城市建设和发展的一种新生力量，并为国家和政府机构所接纳，变成一项政府职能。1933 年的《雅典宪章》虽然由勒 · 柯布西耶等一批当时的先锋建筑师酝酿并提出，但其核心内容仍然是通过运用现代科技发展的成果，来解决现代城市发展，尤其是城市功能改变和规模扩张所带来的规划问题。《雅典宪章》提出城市规划应以居住、工作、游憩、交通为四大功能，这一全新的概念和认识后来影响了全世界城市空间发展和功能关系的重构（图 1-2-2）。霍尔认为，“在第二次世界大战后所规划的城市中，勒・柯布西耶的普遍影响是不可估量的。……在 1950 和 1960 年代，整个英国城市面貌的非凡变化——诸如贫民区的清除和城市的更新，很快形成了一堆前所未有的摩天大楼——不能不说是勒·柯布西耶影响的无声贡献。”① 事实上，柯布西耶主导的 CIAM 会议多次强调并展开讨论的是，现代城市必须通过工业化成果和技术进步来建造实现，其直观形象便是大量源自工程学的标准化板式高层建筑加集中式公园绿地所构成的现代城市。1935 年，柯布西耶自己还为纽约曼哈顿亲自做了由绿色开放空间包围的板式高层建筑超级街区及高速公路②（图 1-2-3）。1970 年代，随着后现代主义风潮兴起，约翰逊等建筑师曾经在高层建筑上尝试用更多的历史风格元素表达经典审美的回归，但现代建筑塔楼通常具有

图 1-2-2　勒 · 柯布西耶依照太阳运行的现代城市概念
资料来源：贝纳沃罗 . 世界城市史 [M]. 北京：科学出版社，2000：913.

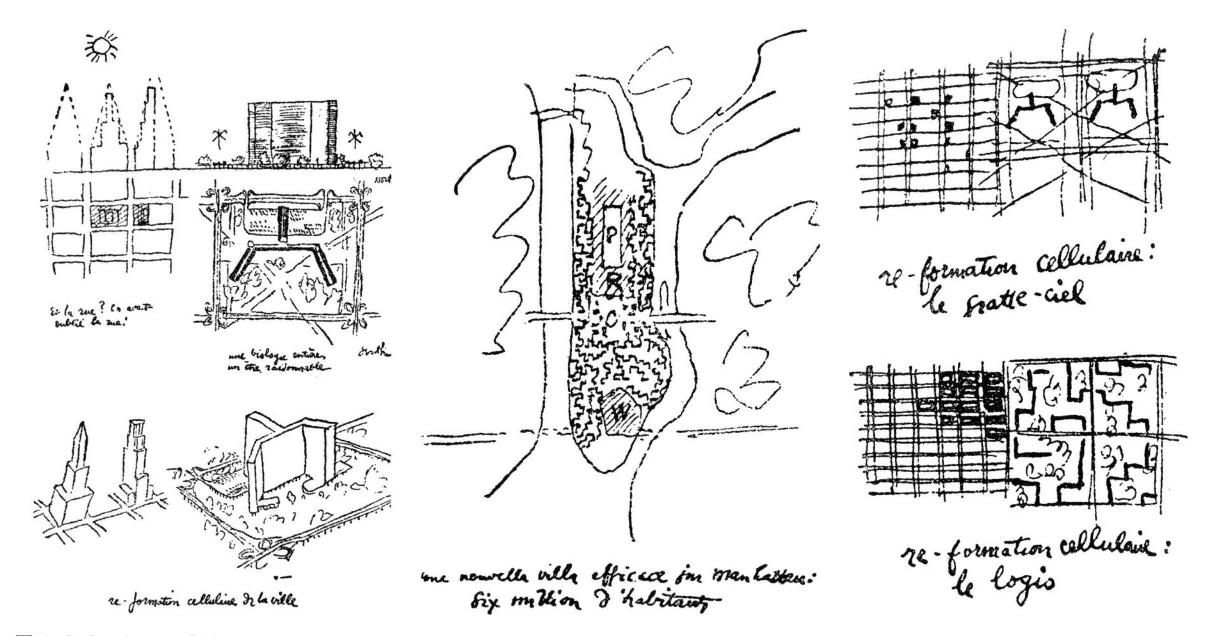

图 1-2-3　Jumes Palmes
资料来源：Le Cobusier. Creation is a Patient Search[M]. New York：Frederick A. Prueger，1960：126.

① 霍尔 . 区域与城市规划 [M]. 邹德慈，金经元，译 . 北京：中国建筑工业出版社，1985：73.
② 巴奈特 . 城市设计：现代主义、传统、绿色和系统的的观点 [M]. 刘晨，黄彩萍，译 . 北京：电子工业出版社，2014：33.

图 1-2-4　东京
资料来源：作者自摄 .

巨大的尺度和体量，且建筑群体的组织方式已经不再是西特所想象的历史上的小街区和密路网，传统形体空间的原理仍然无法采纳。于是，世界上很多在 1970 和 1980 年代尚存可识别街区风貌的城市，如新加坡、东京、首尔、雅加达直至后来的中国很多城市，都成为充满各种高层塔楼的城市（图 1-2-4）。由于日照间距和公园绿地等规范在世界范围内的大面积实施，现代城市的空间形态意味着必须由具有更大建筑间距的建筑以及所关联的开放空间构成。

此外，在“田园城市”开创先河的基础上，更强调跨学科、跨专业并涉及城市管理的综合规划论也应运而生，最具代表性的成果当数 1944 年艾伯克龙比的“大伦敦规划”，这使得城市规划视野扩展到城乡规划的区域范围，并导致战后一系列规划法规的问世。整个 20 世纪，是现代城市规划学科一路高歌猛进，迅速发展壮大的世纪（图 1-2-5）。

从历史的角度看，城市规划总体上还是一门非常年轻的学科。《中国城乡规划学学科史》这样写道，城市规划大致上是在欧洲工业革命后的 19 世纪到 20 世纪初诞生的，其重要标志是 1909 年英国利物浦大学设立了城市规划专业，美国哈佛

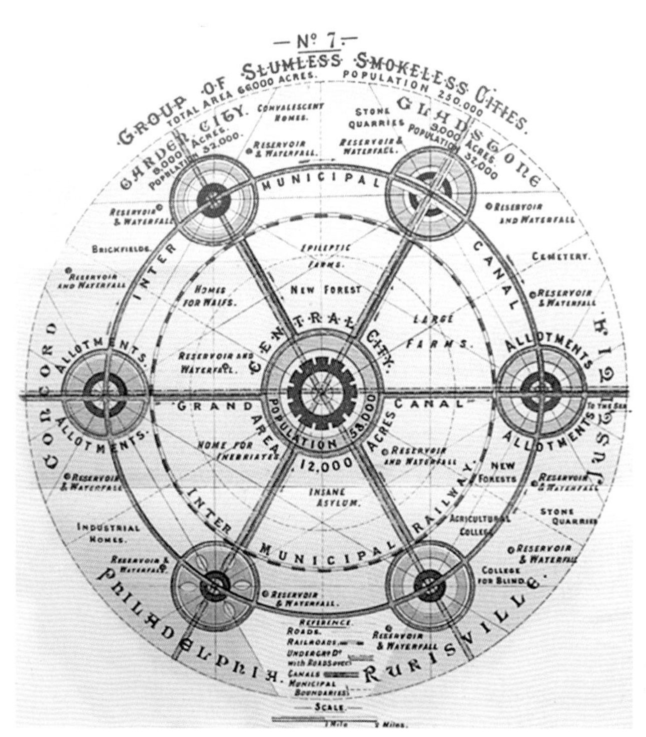

图 1-2-5　田园城市

资料来源：Black. Metropolis Mapping the City[M]. London：Bloomsbury Publishing Plc，2015：209.

大学提出了城市规划研究生培养计划[①]，1910 年德国出版的《城市规划原理》一书前言中提及：“只是几年前城市规划才成为一门学科。城市科学工作者、建筑师、美学工作者和工程师们集中了他们的科学成就和实践经验，形成了城市规划原理。”中国大致在 1950 年代逐渐建立起城市规划的学科体系，相较之前时间更晚。概括说，现代城市规划起始于现代城市发展的需要以及对出现的种种“城市病”的应对，其中社会改革和公共卫生运动扮演了重要的角色。同时，现代城市规划也继承了历史上城市设计和建筑学学科专业中的理性传统和技术成分，吸取了众多旁系学科的知识并加以整合，最终形成独立的，但具有显著跨学科和跨专业特点的学科专业。

正如《不列颠百科全书》第 18 版曾经指出，现代城市规划“在于满足城市的社会和经济发展的要求，其意义远超过城市外观的形式和环境中的建筑物、街道、公园、公共设施等布局问题，它是政府部门的职责之一，也是一项专门科学”[②]。城

---

① 中国城市规划学会 . 中国城乡规划学学科史 [M]. 北京：中国科学技术出版社，2018.

② 北京市社会科学研究所城市研究室 . 国外城市科学文选 [M]. 宋俊岭，陈占祥，译 . 贵阳：贵州人民出版社，1984：112.

市规划是为塑造或者改善城市环境而行使的一项政府职能、一种社会运动或是一门专门技术，或者是三者的结合。①

《城市规划概论》指出：“城市规划既是一门学科，从实践角度看又主要是政府行为和社会实践活动，这种政府行为和社会实践活动体现为依法编制、审批和实施城市规划。”②

但是，城市设计，或者说偏于物质空间形态和美学的城市规划也从来没有停止发展和进化，因为，人们真实感知、体验和使用的城市环境需要舒适、愉悦、美观以及各种更加细节的品质。偏于社会、政治、经济、地理职能优先的城市规划并不能解决这些问题，或者说，均衡宏观理性逻辑和中微观感性认知逻辑的环境优劣评判是不容易的。事实上，在 19 世纪末到 20 世纪初的城市规划初创时期，很多专业人士还是笃信文艺复兴以来的传统街道、广场设计原则和策略（如 C. Sitte 的观点），以建筑师为主的设计师群体也一直对世界城市发展产生着影响，尤其是城市局部地区中和具体工程项目导向的环境场所营造工作。但是，他们很快受到来自基于健康城市建设理念的现代主义规划设计师的挑战。慢慢地，这批城市设计专业人士的认识论也在第二次世界大战后有了重大改变。他们发现，要能够应对大尺度的社会问题和实践的现代城市设计，必须依托现代城市规划的重要力量，在很多情况下，城市规划甚至是城市设计自身合理性和合法性判断的基本前提。实践证明，现代城市设计也能够通过综合运用的设计手段和方法，更为具体、细致地处理城市空间的物质形态关系和系统要素集成的问题，因此可以起到深化城市规划和指导具体建筑等工程实施的作用。城市设计还具有连接城市规划与建筑设计、交通及市政设计的桥梁作用。

美国学者雪瓦尼（H. Shirvani）曾经指出，城市设计不仅仅与所谓的城市美容设计相联系，还是城市规划的主要任务之一。“现行的城市设计领域发展可以视为一种用新途径在广泛的城市政策文脉中，灌输传统的形体或土地使用规划的尝试。”③

尽管如此，城市规划与城市设计还是存在明显的认识交集的，即都将城市物质空间及其功能的安排作为主要的工作对象。特别是在一些发达国家经历了第二次世界大战后的大规模扩张之后，城市化进程逐渐进入了发展趋缓的状态之时。曾任巴黎市长的希拉克曾经说，“现在（1970 年），城市规划和建筑师的主要任务在于维

---

① 《简明不列颠百科全书》编审委员会 . 简明不列颠百科全书（2）[M]. 北京：中国大百科全书出版社，1985：271.

② 陈友华，赵民 . 城市规划概论 [M]. 上海：上海科学技术文献出版社，2000：116.

③ Hamid Shirvani. The Urban Design Process[M]. NY：Van Nostrand Reinhold Company，1981.

持现有的人口和工作岗位，维持首都的巨大吸引力和历史特点"[①]。1970 年代以来，西方大多数城市已经不再像中国今天这样需要大规模和大尺度城区的开发建设，因此规划工作总体上向内涵深化的方向发展。孙施文曾经认为，"城市规划工作的重点向两个方向转移：一是以区划为代表的法规文本体系的制定和执行，以使城市规划更具操作性和进入社会运行体系之中；二是城市设计，以使城市规划内容更为具体和形象化。在此背景下，城市设计才有可能得到全面发展。"[②]

在城市发展中，人们也逐渐认识到，城市的经济和社会发展并非人们想象的那样可以轻易预测和控制，规划也就面对很大的"不确定性"挑战，城市也逐渐成为一个"复杂巨系统"。通过韦伯、芒福德、霍尔、艾伯克龙比和芝加哥学派一批社会及城市学者等的研究，人们获得了更多关于城市本质的认识，城市发展不仅需要经济理性和工具理性，同样甚至更加需要"价值理性"，人类社会发展才会有更加均衡和谐的未来。此时，在"公平、效率"规划准则的基础上又加上了"环境"准则，体系更为完整，各种要素、资源、利益和责权的"协调"成为城市规划最核心的内容。

---

① 雅克 · 希拉克 . 巴黎市长谈巴黎 [J]. 史章，译 . 世界建筑，1981（3）：61.

② 孙施文 . 城市规划哲学 [D]. 上海：同济大学，1994.

03

中国城市规划与城市设计发展

中国对现代城市设计的概念认识比较晚。

中国自古“以农立国”，长期以来依循历史传承的规制和经验进行城市设计和建设。鸦片战争后，中国开始进入近现代历史进程。从最早的开放口岸城市兴建中外国近现代规划理念的引入、到洋务运动和孙中山经营建国方略及东南沿海和东北地区的初步开发，部分改变了中国传统的城市发展轨迹。科学理性加上经典视觉美学成为一些先发城市的规划价值取向。1950 年代，中央明确了城市领导乡村的大关系，工业优先发展和户籍制等制度性政策的实施，造成了工业和农业发展巨大的落差。改革开放以后，城市化进程开始加速，从国家到地方的各级开发区、经济特区和工业新区的建设，特别是 1998 年住房制度改革后，土地变成政府最重要的资源和经济来源。于是，“经营城市”理念十分盛行。在全面改革开放的同时，中国加入了 WTO 和一系列国际经济组织和联盟，综合国力持续增强。我国的 GDP 总量在 2001 年超过了法国，到 2011 年时已经变成全球第二，城市化率达到 51.3%，改变了“以农立国”的国家格局，当然，人均 GDP 还远没有达到发达国家的水平。这时，城市规划设计和建筑设计市场开始受到越来越明显的外部因素影响，专业技术领域也开始与发达国家有了更多的交流，学习国内外的成功经验和实践方法蔚然成风，如学习新加坡城市规划建设苏州工业园区等，吸收新加坡和我国香港经验建设深圳华侨城等，今天回过来看，学习的不仅仅是规划的技术方法和管理制度，同样也有很多城市设计的内涵（图 1-3-1）。

与快速城市化进程密切相关的是，中国面临着城市版图迅速扩张和大规模建设的严峻挑战。很多城市的领导一度将“一年一变样，三年大变样”作为自己主政期间的政绩目标。从 2011 年开始，每年大约有上万个村庄消失或迁村并点整合，每

图 1-3-1 苏州工业园区高层建筑群
资料来源：作者自摄 .

年有超过3000万农民由农村进入城镇，每年城镇建筑竣工面积达到20亿m^2以上。城市辖区的建成区面积由1985年的8842km^2扩张到2010年的30138$km^2$①。然而，我们的城市规划和城市建设的管理并没有做好必要的技术和思想准备。中国在1950年代计划经济时期形成的城市规划专业体系和管理办法，帮助中国实现了经济和城镇化的快速发展并取得举世瞩目的成就，但在应对中国各地地域差异性和不同发展阶段的要求方面，特别是城镇环境品质提升和场所营造等方面，由于其“高举高打”的自上而下特点，显得对市场和特定的城市要求力不从心，缺少对策。城市规划的刚性管控、实行无差别化的大尺度管理，也使得城镇环境建设日益缺乏社会人文和艺术品质，历史上形成的地域城镇特色风貌品质急剧下降。这时，城市设计“出场”时机就到来了。

1980年代初开始，专业界开始认识到城市设计的重要性，并首先在建筑学会等场合提及（周干峙、叶如棠）。吴良镛先生和齐康先生分别从“广义建筑学”和“城市建筑”的角度系统论及城市设计；黄富厢、朱自煊、郭恩章、卢济威等先生等分别从国外城市设计引介、文献解读和工程实践等方面对中国城市设计的发展做出重要贡献；城市规划则从各类法定规划编制的实际需求出发，提出了结合城市设

① 1986—2011年的城市统计年鉴。

计的诉求并体现在编制办法和细则要求中。1991 年，根据笔者博士学位论文改写的《现代城市设计理论和方法》出版，该书首次在中国初步构建了现代城市设计的理论和方法体系，产生了较为广泛的学术影响。

就在这一时期，我国学术界开始引入现代城市设计的概念和思想。西特（C. Sitte）、吉伯德（F. Gibberd）、雅各布斯（J. Jacobs）、舒尔茨（N. Schulz）、培根（E. Bacon）、林奇（K. Lynch）、巴奈特（J. Barnett）、雪瓦尼（H. Shirvani）等学者的城市设计主张逐渐传入我国，建设部开始对城市设计有了官方的认同和重视，国内学者也陆续发表了自己的城市设计研究成果。

中国城市规划工作一般分为总体规划和详细规划两个阶段，有的城市还在总体规划和详细规划之间加入了分区规划阶段。此外，根据城市发展实际需要还会编制如发展战略、生态环境、交通等一些专项规划。从城市规划管理的角度而言，城市规划主要进行城市开发建设的工程项目管理、城市资源配置管理和城市形象与空间形态管理三个方面。

在中国，城市设计和城市规划所处理的内容非常接近，或是衔接得非常紧密而无法明确划分。所以，我国学者普遍认为，从总体规划、分区规划、详细规划直到专项规划中都包含城市设计的内容，城市设计始终是城市规划的组成部分，它起到了连接城市规划和建筑学的桥梁作用，是城市规划与建筑设计之间的中间环节[①]。《不列颠百科全书》曾认为城市设计只是三维空间形体的“构思”以及部分学者认为城市设计只是一种“理念”或者“方法”的观点并不符合城市设计作为一门专业学科从原理到实践存在的基本事实。

在城市规划和城市设计的编制时序上，如果客体对象重合且尺度相近，可以有几种方式：①城市设计先行编制，然后在设计成果基础上编制控制性详细规划，将城市设计三维空间形态的成果落实到城市用地指标的规划控制中去。如果仍然是原先的城市设计人员来编制后续规划，他们应具有较高的规划专业素质。②城市规划在前，城市设计在后。中国很多城市在多年前曾经风行过控制性详细规划的全覆盖编制，但由于调研时间短、研究内容少、编制时间紧，所以在实施时大多需要通过更加细化的专项规划和城市设计予以修正和优化。③也有学者认为，城市规划与城市设计最好协同编制并同时完成，这样就能互相检验、校正和互补。如果分别开展，其交叉部分的内容就难以统一，出现设计对规划或规划对设计改

① 王建国 . 城市设计 [M]. 南京：东南大学出版社，2009.

动较大的现象。在笔者先前多年的城市设计编制实践中，对这几种做法均有过尝试，要根据具体的城市发展和建设需求实际运用。例如，第一种方式主要用于城市发展中对一些还存在多种可能性的用地可研，并经常通过国际方案咨询或者概念竞赛的方式组织，以此“头脑风暴”萌生设计创意、揭示用地潜力及其独特价值。第二种方式则主要在城市先期控规编制完成的基础上，探寻在更高发展和建设水准上的环境品质提升和风貌管控引导方面的城市设计成果，修正完善控规成果。而第三种方式，常常用于城市总体规划编制时同步做的城市设计专题，有时也会针对风貌特色、山水格局、景观提升、城市色彩及天际线等对象，与相关规划同步编制城市设计。

通常情况下，城市规划和城市设计在实施运作中的互动衔接是通过与我国法定规划程序的不同阶段贯彻落实的。绝大多数的优秀城市设计，是由科学合理的设计目标和准则设立及其对实现过程的有效推进而促成的。

政府管理部门为了强调“自上而下”法定规划的权威性，曾经在很长一段时间内，认为城市设计是城市规划的一部分、城市设计贯穿于城市规划全过程，城市设计一度被归为是规划的一种理念、方法，或者是城市规划可以包含但可做可不做的工作，城市设计作为一门独立专业方向的学理属性常常被忽略。城市规划帮助中国实现了快速城市化和总体上基本健康的发展目标，但未能很好地解决超越规模和增量的环境品质和内涵问题。

事实上，在中国城市化进程中，城市规划强调的刚性管控，与社会发展和市场所要求的适度灵活和应变能力之间产生了越来越尖锐的矛盾。控规主要明确的是地块容积率、建筑高度和建筑用地红线等数量指标，但对三维空间形态、人和社会因素等缺乏管控手段。这些比较简单粗略的量化指标刚性管控导致中国城市片面追求发展和效率，如一段时间流行的“一刀切”的城市控规全覆盖的做法明显失之粗放，而由于城市设计缺位所造成的城市特色、文化传承、环境意义、场所活力问题引发了社会各界的普遍焦虑。“城市设计是城市规划的一部分”等认识部分终止于2013 年的中央城镇化工作会议。该会议第一次提出城镇发展建设应该要“望得见山、看得见水、记得住乡愁”，其真实指向的主要是城市设计工作在城市规划和建设中的错位和缺失问题。

2015 年 12 月召开的中央城市工作会议则从更加整体的角度，全方位论述了城市设计的重要性和工作要求。会议指出：“必须认识、尊重、顺应城市发展规律，端正城市发展指导思想，切实做好城市设计工作”；“要加强城市设计，提倡城市修补，加强控制性详细规划的公开性和强制性”；“要加强对城市的空间立体性、平面协调性、风貌整体性、文脉延续性等方面的规划和管控，留住城市特有的地域环境、文化特色、建筑风格等‘基因’”；“增强城市规划的科学性和权威性，促进‘多规合一’，全面开展城市设计，完善新时期建筑方针，科学谋划城市成长坐标”。

笔者认为，中央城市工作会议基于中国的特定国情，进一步明确了城市设计作为推进未来新型城镇化的抓手内涵：

（1）技术层面：城市设计不仅是城市规划和建筑设计之间的桥梁，而且具有统筹绿色空间、公共空间及城市基础设施设计和引导建筑设计精细化的内涵。

（2）文化层面：城市设计具有传承中华民族优秀历史和文化基因、激发大众集体记忆和场所精神的重要作用。

（3）管理层面：现代城市设计涵盖了城市规划编制、审批、实施全过程，覆盖建筑体形、风格、色彩的引导，在空间管控和立体城市建设中，是谋划城市“成长坐标”的有效途径。

一般来说，中国法定城市规划决定了城市总体的布局、规模、人口、公共设施配套和合理布局，保证了城市发展的效率和基本的公平性及对环境整体的考虑。控制性详细规划是政府推进和实施城市建设的法定依据。

但在涉及人的体验、认知和使用、文化传承和环境美感认知层面上的品质，城市设计具有更强的针对性和技术支撑作用，控制性详细规划和城市设计的结合，会是今后的一个重要趋势。如果将城市规划和城市设计有效结合起来，就能够把城市人居环境建设中不同层级尺度的内容建设得更好。所以，在今天需要重新诠释城市规划、城市设计、建筑设计三者的关系。尽管城市规划与土地利用规划、城市发展规划、生态环保规划之间有内容、重点、年限和管理主体的不同，但并不是绝对不可结合乃至融合，中央提出的“多规合一”要求，应该是今后的一个重要方向。“成长坐标”是一个整体目标，它通过规划以及“多规合一”和城市设计的作用，加上建筑设计的新方针来整体实现。

尽管如此，涉及片区和城市的中国大尺度城市设计仍然不可能不依托相关的法定规划。中国城市设计普遍要应对的对象是范围以平方千米计量的城市形态，其需求和数量远大于中小尺度的、以物质形态建设为特点的局部城市设计。大尺度城市设计所涉范围可以大致类比成通常中国法定城市规划体系中的控规编制单元及以上尺度的规划编制单元。通常，对于局部的形态变化和引导控制，专业人员可以根据经验和建筑学知识进行驾驭，但当下中国城市设计常常依托法定规划编制的规模尺度，动辄涉及数平方千米乃至数十平方千米的城市地区，这完全不是我们能够用常规的城市设计概念、原则和技术方法轻易掌控的了，因此，经典城市设计方法就失效了，需要探索和采用具有某种规划属性的城市设计方法。

城市空间形态是一个“一果多因”的结果，城市设计和建设工作需要达到的目标是塑造一个具有地域文化特色内涵、景致优美和宜居乐业的城市人居环境。为此，我们最需要关注的是以下四种品质：一是效率性品质，包含功能、交通、基础设施等；二是体验性品质，包含视觉观赏、活动、空间秩序、人工建设与自然的关系等；三是宜居性品质，指的是生活、居住、环境、舒适、公平等；四是内涵型品质，主要包含历史、文化、艺术、生态等。

04

城市设计方法概述

城市设计方法从大类可以分为理论研究方法和实践应用方法。

从古代到现代出现的城市极其多样丰富，人们以前多以中东、欧洲城市为原型开展建筑学和城市设计的溯源研究，但当人们放眼到美洲和亚洲城市起源的研究，却出现了令欧洲学者从未想象过的结果。2019 年，中国浙江的良渚古城被列入世界文化遗产，见证了 5000 年中华文明同样起源于长江流域的历史[①]。城市分布地域、类型、文化和文明缘起的多样性，众多学者对城市的多维度的创新研究和不同结论，都决定了我们概括城市设计方法尤其是理论研究方法的难度和复杂性。

本书主要聚焦在实践应用方法领域，虽然不可避免也会涉及一些理论研究方法，因为理论应该能够关联或者直接指导实践，而实践也会产生理论；但笔者的重点是引介并分析历史上那些由专业人士驾驭，成功并行之有效的方法，同时在传承基础上，依托多年来笔者团队亲历的一系列项目实践提出一些与时俱进的城市设计新方法。

现代城市设计运用的各种方法是随着城市设计领域本身的发展演变而逐渐完善的。狭义城市设计主要由城市设计和规划师通过设计“赋形”而实现，对象是涵盖各类社会活动的空间形态载体，是一种“决定论”驾驭的设计及工程实施管理的城市设计。《现代城市设计理论和方法》一书曾列举分析各国城市设计研究和实践中曾经运用过并具有代表性的城市设计方法和技艺。

笔者曾经在 1980 年代，参考当时世界有关设计方法论的最新进展，对城市设计方法的代际差异做了初步分析：第一代城市设计解决定义和边界比较具有“确定性”的设计问题，第二代城市设计方法则致力于无绝对终极目标的设计问题的解

① 良渚古城是一个具有宫城、内城、外城和外围水利系统四重结构的庞大都邑。其外围水利系统是中国至今发现最早的大型水利工程遗址，也是目前已发现的世界上最早的水坝系统之一（资料来源：百度网络）。

决，是一种带有反馈、优化和进阶环节的互动学习的设计过程。诺贝尔奖和图灵奖获得者赫伯特·西蒙曾经在《人工科学》一书中基于人工系统设计的视角对城市设计属性做出过类似分析。

从实践角度看，城市设计方法的选择应用与设计过程的不同阶段有关，美国城市设计协会推荐的城镇设计过程分为三个阶段：第一阶段，认知——明晰项目涉及的方向；第二阶段，探索——打开思路，尝试不同的设计方案；第三阶段，决策——深化方案[①]。通常，城市设计的重要任务为：首先，全面了解设计项目的情况，充分认识和辨别设计的重要问题，明确上位规划或者同级的法定规划要求，以及设计需要达成的主要目标；其次，深入分析空间环境设计相关的社会、文化、经济、工程技术等多种要素之间的关系及其相互作用；同时应能激发设计灵感，引发富有特点的设计构思；最后，还要有助于推进设计构思的发展深化，对设计成果进行验证、评价、反馈和决策，促使整个城市设计过程顺利展开[②]。

有时候，城市设计的原则和方法是交织在一起的，在具体的项目中又会结合到特定的社会情境和文脉中。

城市设计的方法林林总总，本文主要侧重实践方法，具体运用又会根据不同的客体对象、空间尺度、成果定位和设计需求选择。基于大尺度城市设计的视角，城市设计编制方法大致可归类为：总体设计类方法、形态组织类方法、设计管理类方法三大类。

4.1 总体设计类方法

总体设计类方法主要针对涉及城市整体布局、结构、功能和建筑组织的综合性要素的凝练分析和设计决策，在内容上与城市规划采用的系统方法和整体集成思路有密切的关联。通常，由于城市所涉及的要素过于庞杂而繁多，所以一般可以将可能影响城市设计决策的各个要素分别提取并解析研究，然后建构要素互动模型，确定彼此之间的权重关系，最后形成综合性设计或者管理决策。

人们通过某种范型或者简明规制来形容总体城市设计或规划的价值取向的努力由来已久，虽然其时常会与城镇发展客观存在的丰富事实有所出入，例如《周

① 美国城市设计协会. 城市设计技术与方法 [M]. 杨俊宴，译. 武汉：华中科技大学出版社，2016：49.

② 王建国. 城市设计 [M]. 北京：中国建筑工业出版社，2015：257.

礼·考工记》中的王城规划及等级化的城市建筑尺度的规定；林奇概括的城市的宇宙模式、机器模式、有机模式；科斯托夫对城市价值取向的概括总结，以及很多学者在不同时期提出的乌托邦城市（基于社会公平）、田园城市（基于公平和环境）、线性城市（基于城市发展）、现代城市（基于规模和效率）、行走城市（基于有机体效率）、空中城市（基于城市发展）、海上城市（基于资源和城市发展）、绿色城市（基于可持续发展）等。在近年的雄安新区和北京城市副中心建设的重大决策中，中央提出了“蓝绿交织、清新明亮、水城交融”等规划设计和建设实施的指导理念。上述这些范型、模式和愿景都属于城市总体设计目标和价值取向，如果落到具体城市发展和建设上，就与城市设计的总体设计类方法相关。

《城市规划原理》中写道，城市规划有一整套关于城市功能定位、城市空间、城市社会、城市经济、产业布局、城市规模、城市人口、城市生态等的分析方法。城市设计介于城市规划与建筑或景观之间，其设计方法一部分属于宏观空间和环境分析研究类方法，与城市规划的分析方法有一些交集，如城市生态、城市社会、城市空间等。其他有关城市规划的成果，在实操中多半是通过对上位或者同级规划成果的解读和继承获得，并将其作为城市设计的外部条件。城市设计自身则有城市空间分析类方法：包括视觉秩序、图底分析、认知意象、场所文脉、景观生态、序列视景、空间注记及各类数字技术方法等，其中大数据分析大部分属于总体分析类方法，如社交网络平台数据、基于 LBS 的手机信令数据、各类地理信息、POI、Google 旗下的各类图像信息等的采集和分析方法。在形体空间方面，视觉秩序、图底分析、认知意象、场所文脉等则处在总体分析类方法与形态组织类方法之间，具体实操时，主要根据城市设计的对象尺度和要求决定方法的选择（图 1-4-1~ 图 1-4-5）。

图 1-4-1 克莱尔对城市空间的分析

资料来源：Donald Watson，Alan Plattus，Robert Shibley. Time-Saver Standard for Urban Design[M]. New York: McGraw-Hill Profes-sional，2001.

图 1-4-2　历史城市与现代城市图底关系比较

资料来源：Trancik，Reger. 找寻失落的空间——都市设计理论 [M]. 谢庆达，译. 台北：创兴出版社，1991：23.

图 1-4-3　卡伦的序列视景分析

资料来源：Cullen，Gordon. Townscape[M]. New York：Reinhold Publishing Corporation，1961：17.

从城市聚落诞生开始，城市最重要的特点之一是有剩余粮食、产品交换和非从事生产活动的阶层出现。《城市革命》一书作者柴尔德（G. Childe）认为：“出现足够的剩余品的经济基础是最重要的先决条件。”他认为所谓的“城市革命”就是从简单的部落社区和村落农业生产到复杂的社会、经济和政治体制的重大转变。

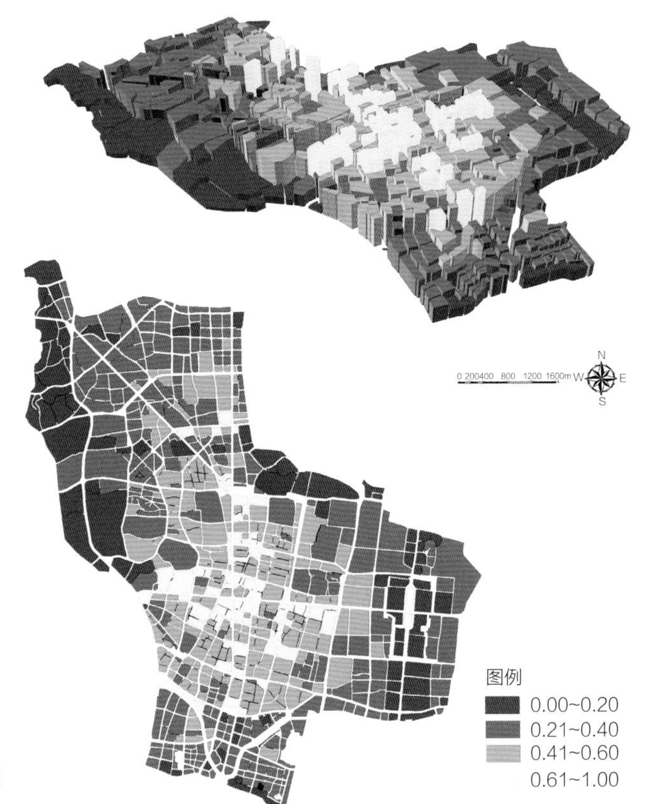

图 1-4-4　南京老城高度管控的 GIS 数据库成果

资料来源：基于风貌保护的南京老城城市设计高度研究．

图 1-4-5　广州城市手机信令大数据分析

资料来源：广州总体城市设计．

图 1-4-6 乌尔
资料来源：Sophia & S. Behling. Sol Power [M]. Munich：Prestel，1996：81.

通过考古挖掘研究来追溯城市形态的起源，目前并没有找到经济主导或原始市场所控制的聚落，或者以城堡要塞为中心的聚落，大多聚落以一座祭祀建筑为中心。这时，为了安排组织好各类建筑形态布局和建造、配合顺应自然、安全防御和政治统治的城镇布局，就有了最初的总体性规划和设计。著名城市历史学家莫里斯的《城市形态史——工业革命以前》和王瑞珠先生的《世界建筑史》等著作中对此做了详尽的分析描述。例如，两河流域“新月沃地”苏美尔文明中的著名城市乌尔和乌鲁克等就曾经反复修建高台塔庙，并将塔庙作为城市的精神中心，据此再安排布局城堡、城墙、宫殿、粮仓等（图 1-4-6）。

从“自上而下”的专业驾驭而言，有政治、法规、军事、宗教、生产和生活组织等影响城市形态的要素，同时还有专业设计需要认识并处理的气候、地形、河流及可就地取材的物产等要素。在古代，个体建造房屋虽然很普遍，但城市的神圣空间和纪念物的布局建造、地形利用、河道梳理或开挖运河、自然灾害抵御、军事设施、城市通路、房屋组织规则都是由“自上而下”的城市设计方式决定的。

自然、政治、经济、文化、美学等要素对城市的影响以往讨论较多。相对而言，城市化进程中的宗教要素、防灾要素和特定时期的规划制度等对城市设计（规划）法规影响的探讨较少。

神灵和宗教曾经是远古城市文明开启时最重要的决定要素。当时人们抵御大自然的力量十分有限，普遍相信人类社会和他所依赖的神力之间有着某种特殊的联系。每个城邦国家都有自己的保护神，人们相信在反对强敌和防范自然灾害上能得到这些神灵的庇护。直到公元前 3000 年，两河流域城镇布局都是围绕神庙中心展开的，周围组织有必要的道路和水道。如海法吉、欧倍德、尼普尔等[①]。王瑞珠

① 王瑞珠 . 世界建筑史——西亚古代卷：上册 [M]. 北京：中国建筑工业出版社，2005：81-87.

曾经写道，意大利伊特鲁里亚文明（约公元前 10 世纪—公元前 3 世纪）曾经运用过的宗教仪式为后来的罗马文明继承制定出很多规划城市的技术细节，通过这些古老的仪式使新城建设具有“神圣的品性”。伊特鲁里亚神庙所表现出来的轴向布局和有关的占卜法则很可能是罗马时期城市规划设计的主要依据，维特鲁威引证的有关神庙定位的法则就来自伊特鲁里亚经文（scripturae）。城市发展到后来，教堂、神庙、宝塔及中世纪曾经出现过的封建领主的各种塔楼，不但为形成前工业时期城镇天际线做出了贡献，而且本身也是所在城市的精神依托和象征。里克沃特（Joseph Rykwert）在《城市的理念》一书中，也曾经试图证明古代城市首先应该是象征的模式，并与神话和礼仪密切相关，在其中寻找理性和实用性逻辑的工作都将是毫无意义的①。

规划制度和法规曾经对城市总体设计方法产生过巨大的影响。规制和法规（法典）是对引导和规范行为的法律、规章、规则或者程序的系统化和综合化的成文表达，一般来说，公开采用的规制和法规必须是与公共安全、卫生健康和市民福祉有关的，制订时应该通过听证、公众参与等程序，最后由行政管理部门实施。

事实上，在公元前 6 世纪甚或更早，西西里的希腊人、小亚细亚的爱奥尼亚到伊特鲁里亚人，都开始按一种理性的、严整的方式布置他们的新城。这种格网化城市规划和建筑布置方式有着古老的东方帝国的渊源。其中，来自希腊的影响，特别是来自公元前 5 世纪希波丹姆制订的米利都规划的影响占有重要的地位，希波丹姆创立的格网规制对罗马新城建设产生了重要影响（图 1-4-7）。后来，罗马人又在此基础上，发展出一套独特的土地规划理论（“百人分地”等）并用于新建城市及周围的土地管理。这样的土地规划制度往往把城区的土地规划和整齐地划分城外土地联系起来。在很多历史上渐进形成的老城，由于早先拥挤的居住地段和山头上的老城区使城市平面无法形成

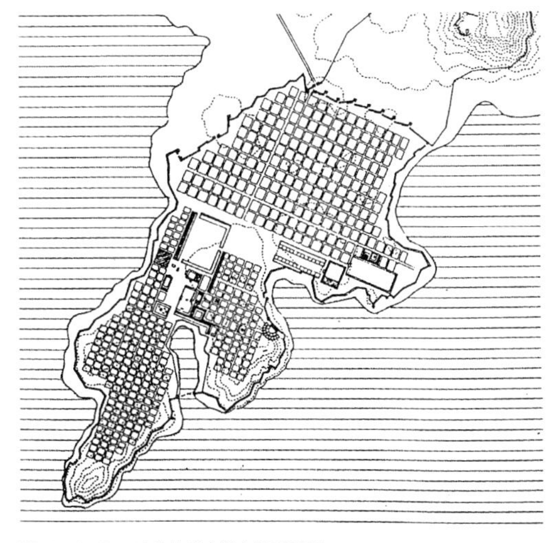

图 1-4-7 米利都城规划平面图
资料来源：贝纳沃罗．世界城市史 [M]. 北京：科学出版社，2000：146.

① 科斯托夫．城市的形成——历史进程中的城市模式和城市意义 [M]. 单皓，译．北京：中国建筑工业出版社，2005.

图 1-4-8　按照城市设计蓝图建设起来的帕尔马诺瓦城市全景
资料来源：Kostof，Spiro. The City Shaped：Urban Patterns and Meanings Through History[M]. London：Thames and Hudson Ltd，1991：19.

完整的体系；但在新城规划设计中，规划决策者和专业设计人员就能按照他们心目中的理想总平面和路网布局，使连接四个城门的直线街道在中央广场处交会。“这种新的规划方式可以说是古代城市规划史上的一次革命性的变革”[①]。但是，有趣的是，包括美洲和中国在内的世界不同文明都先后不约而同地发明了格网规制，说明它对于城市形态组织和发展具有最基本的实用性和逻辑性。

文艺复兴时期出现的“理想城市”也是典型的规制决定城市平面布局的模式。但从留下来的实证案例看，主要还是用在新城建设，包括一些军事要塞城市。著名案例包括威尼斯北部由斯卡摩齐（Vincenzo Scamozzi）设计的帕尔马诺瓦（Palmanova）军事卫城（图 1-4-8），以及这种模式影响到法国后建设的维特里（Victry）。其中后者是意大利影响法国为数不多的城市设计建成案例之一，维特里老城于 1544 年被查理五世军队焚毁，重建时采用了由意大利人吉罗拉莫・马里尼全新设计的要塞式新城方案，以阻挡神圣罗马帝国的进犯。城市采用棋盘式道路，城墙上均设棱堡，中央有一个可集结军队的开阔广场；不过，这个广场并不像中世纪城市那样，为棋盘上的一个空格，而是一个位于交叉口上的空场，因而街道并不是在它的边角上通过，而是按意大利人喜爱的轴向原则对着交叉口中心，这与帕尔马诺瓦模式是类似的[②]。

---

① 王瑞珠 . 世界建筑史——古罗马卷：上册 [M]. 北京：中国建筑工业出版社，2005：119，124.
② 王瑞珠 . 世界建筑史——文艺复兴卷：下册 [M]. 北京：中国建筑工业出版社，2009：1759.

但是，影响城市形态的要素虽然在一个时期可以有决定性的作用，但通常情况下，或者放在时间维度中，总是综合或者交替发生作用的。

举例来说，苏美尔时期沿着幼发拉底河道的乌尔的城市发展就是如此。乌尔公元前 4000 年开始形成城市，公元前 3000 年发展成城邦国家，乌尔城市呈椭圆形平面，建在一处高地上，长约 1200m，宽约 600m，城墙依托所在地形建设并在险峻处重点加固。从乌尔的复原模型看，当时城市规划设计已经很好地利用了地形地貌和水源，城市城墙北端和西端有两个内港，用以连通幼发拉底河的船只，城市具有层级清晰、布局有序、建筑规制化的设计特点，东部还有一个城堡要塞。这些特点正是在神权、政权和管理规制的综合作用下产生的。

罗马老城在公元前 4 世纪重建时，因时间紧迫没有遵循希腊留存下来的格网规划传统。但在罗马城以外的地方，他们已开始按严整的规划来建设新城，特别是殖民地，即使在起伏不平的地面或具有老建筑的情况下也不例外。显然，在城墙内布置整齐的街道有助于各种军事行动，如迅速向城墙和城堡上配置调度官兵。

人类统御自然的能力也在发展。除了自上而下地按照规制规划道路、创造神圣场所、兴建建筑外，人工修筑运河水系也是历史上城市建设的重要决定因素。例如，早期的幼发拉底河流域由于旱季和洪水季节的定期交替，使得河道经常发生变化，自然之力一直掌控着农业耕种的机会和命运，极端时还会引起人们的迁徙。后来人们开始建造永久性的深水渠，将水从主河道引到不受季节性洪泛影响的安全地区，在今天的卫星航片上，人们仍然可以依稀看到苏美尔地区曾经有着密如蛛网的古水道系统。在秘鲁海岸的卡拉尔航片上，人们可以清楚地辨析出历史上经过缜密规划设计的聚落群体布局、建筑布局、用于农业生产和交易的从苏佩河引水的人工水渠和组织礼仪活动的广场公共空间等。

类似地，江苏常熟唐代兴建的“七溪流水皆通海”的琴川河、南宋方塔和虞山的空间相依关系决定了常熟古城的城市基本格局。再如欧洲典型案例阿姆斯特丹从小渔村发展成世界城市的过程中，“三条运河规划”起了关键的作用。1367 年、1380 年和 1450 年，阿姆斯特丹曾经历三次扩建，其扩张反映了其作为区域贸易中心的发展过程。扩建采取了一种特殊形式，在建造之前，人们首先开凿新的运河，与现存城市外围保持一定的距离，然后发展运河两边的区域，环状运河在原有核心的西部和南部得以完成，东部则建造更大规模的港口码头和船坞。1451 年和 1452 年的大火烧毁了大部分阿姆斯特丹的建筑，但这并没有阻止城市的发展，反而完善了各种建筑和环境卫生的安全法规。1570 年，西班牙人毁坏了尼德兰的首

图 1-4-9　阿姆斯特丹
资料来源：作者自摄 .

要港口安特卫普，导致阿姆斯特丹贸易的快速发展，到 1600 年，阿姆斯特丹已经取代了安特卫普的统治地位。依照“三条运河规划”，阿姆斯特丹的面积从 16 世纪晚期的大约 450 英亩发展到 19 世纪早期的 1800 英亩①（图 1-4-9）。

近二十年来，中国城市设计中出现了很多大尺度的城市空间形态对象。在很多情况下，中国城市设计配合的是城市发展需求，各级国土空间和城市规划虽然很重要，但是由于其法定性需要的刚性内容和数据指标，往往从确定和审查、到审定和审批再到实施生效的时间比较长（总体规划基本上要好几年时间），而在中国快速城市化进程中，有的城市发展机会稍纵即逝，常常等不及国家的总体规划审批。因此，地方政府就可能另外组织编制一种包含部分规划内容的总体城市设计，完成后会遴选部分可以量化的成果进行人大听证，最后作为法定要求进行实施，典型案例如笔者团队完成的郑州中心城区总体城市设计等。

因为大尺度城市设计所要处理的对象涉及以平方千米为计量范围的城市形态，因此与中国城市设计法定规划编制的规模尺度直接相关，其对应的图纸比例尺通常是 1 ：5000~1 ：20000。从一般概念上，1 ：5000 以上基本就超出了真实的人对空间的认知和感知能力，并与城市规划更加相关，也是国土资源部门曾经用于发达地区的用地管理尺度。以往的城市设计大多借助空间结构分析图、城市形态的图底分析和总体加局部放大的图示分析来表达设计意图，但真实的全尺度

① A.E.J. 莫里斯 . 城市形态史——工业革命以前：下册 [M]. 成一农，王雪梅，王耀，等译 . 北京：商务印书馆，2011：558-561.

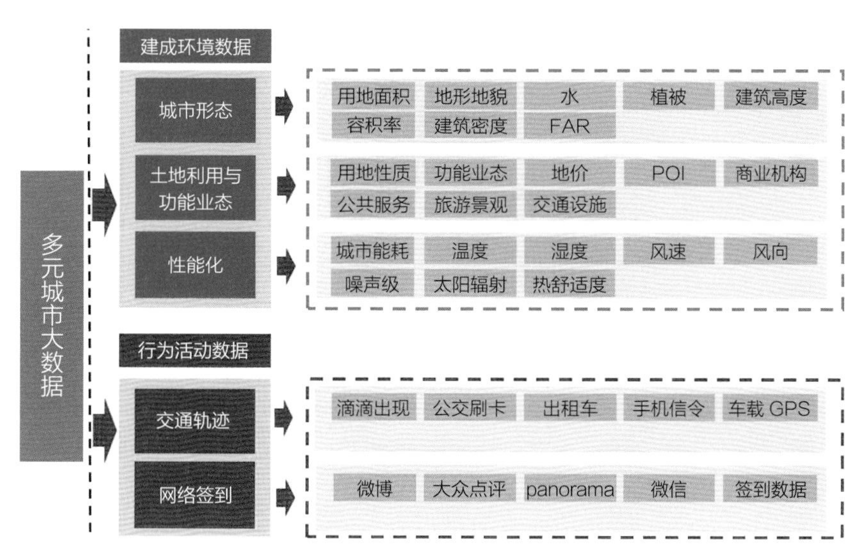

图 1-4-10　数字化城市设计数据类型
资料来源：作者自绘 .

形态关联要素的认知和把握并没有得到解决，今天数字技术的发展为此提供了新的可能。

本书的探讨对象主要定位为片区及总体层面的大尺度城市设计，所以主要关注的是整体城市空间形态建构和系统建构组织的方法，三维空间和形态设计类方法会有所关联，但不做详尽论述，有兴趣的读者可以延伸阅读其他学者和笔者的相关城市设计论著①。

今天，数字技术发展已使城市设计总体设计类方法的技术创新成为可能。数字技术改变了我们看待世界物质形态和社会构架的认知和看法，某种意义上是一种全新的世界认知、知识体系和方法建构（图 1-4-10）。例如，基于夜间灯光亮度和密度分布而可视化的世界城市化整体图景，比抽象的数字表述更加直观而易于理解；基于交通时间可达性而形成的世界地图，突破了以往以真实空间和城市之间的物理距离为依据的地图等；同时，通过各个时期历史地图叠层研究，可以获得时间信息精准传递的数字化历史全息地图等。大数据技术也部分改变了我们传统的公众参与和调研方式，例如我们今天可以获得百度数据公众偏好度和基于谷歌地图，由游客、居民、专业人员或政府机构参与完成的 Panoramio 和公众分享的

① 如王建国 . 现代城市设计理论和方法 [M]. 2 版 . 南京：东南大学出版社，2001；王建国 . 城市设计 [M]. 3 版 . 南京：东南大学出版社，2011；童明 . 当代中国城市设计读本 [M]. 北京：中国建筑工业出版社，2016 等。

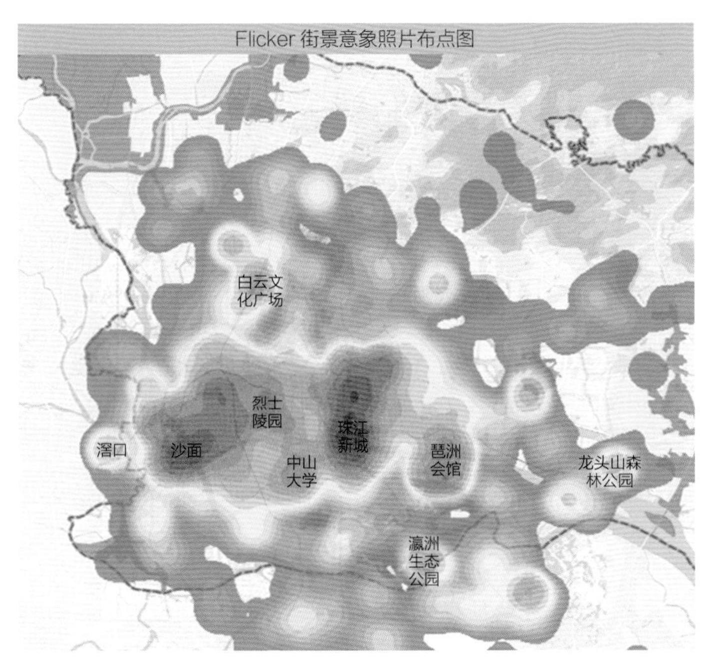

图 1-4-11 广州 Flickr 城市意象地图
资料来源：广州总体城市设计 .

Flickr 城市意象照片采集，基于 POI 的城市意象偏好度信息①（图 1-4-11）。这些信息不仅具有实时性的优点，而且可以不断增加数据量、完善数据精度，方便即时变更，这些特点都是以往所不能实现的。以往的问卷、访谈方式虽然具有面对面、个体针对性强、详略可控的优点，但实施操作的成本很大。如笔者曾经参加评审的某城市总体城市设计，其中公众参与研究花费了以年为单位的时间成本，而且因为无法设定权重和分类标准，最后凝练难度太大，真正指导设计的功效有限。如果先有居民参与大数据的海量信息获取，然后在此基础上再做有针对性、分门别类的问卷和访谈就会事半功倍。在地性的现场调研也是如此，受制于城市设计编制的专业团队规模和时间成本，一般调研工作总是挂一漏万。与城市设计编制前期工作类似，高德地图早年信息更新依靠信息采集车的“扫街”行为，如上街采集 GPS 轨迹信息、采集录像等。这样数据更新速度比较慢，一般大城市一年更新四遍、小城市一年更新两遍，一般城镇一年就只能更新一遍。而今天信息采集车还在，但手机

① Google Earth 是一款虚拟地球仪软件，它不仅集合了卫星图片、航空照相、一般性的地图信息等海量信息，而且通过这个载体，数以千万计的用户可以将信息上传。这些信息将被审核、筛选，最终以图层形式公布在 Google Earth 里面。其中 Panoramio 就是一个图层。城市居民、游客，也包括城市、建筑专业的个人、机构、政府组织等，数千万的用户可以将他们在地球上任何一个地方拍的照片上传到 Panoramio，平台将对这些照片的真实性和清晰度等审核，确认后这些照片将被发布，并且在照片拍摄地作出标记。一个地方作出的照片标记越多，也就意味着这个地方的受关注程度越高。

导航取代了车载导航，只要成千上万的用户打开手机 APP，就变成海量信息采集的源泉，人们每一步移动都在为高德地图做出贡献。

早期的城市建筑数字化是通过 CAD、电子图学（CG）和 VR、卫星影像、照相测量、GIS 等来实现的，正是这些技术使得城市景观视觉数字化与城市信息的整合成为可能。国内外不少城市的规划管理部门已经有了不同精度的三维立体的城市空间信息数据库，为城市建设提供了很好的帮助。建构三维城市模型的常用方式包括传统的计算机建筑辅助设计的建模、数字化照相测量技术和地理信息系统。

规划设计基础信息掌握的充分性、整体性和有效性十分重要。如果我们有了今天的图像上传工具对人们城市景观意象偏好性的海量信息采集、百度地图和高德地图对于实时交通和基于 POI 的城市公共设施信息（学校、餐馆、超市、加油站等）、配合无人机延时摄影、重要场地连续摄像等城镇空间环境和人群活动集聚度的数据采集方法，就可以在海量信息整体采集和田野调研之间做到有机结合，把控好这二者关系的度，可以更加有效地完成对关键现场信息的调研。

4.2 形态组织类方法

形态组织类方法主要针对城市空间形态的真实建构和具体场所环境的营造，是城市设计专业主体历史上反复运用的核心方法或者技术。几乎所有关于城市设计和城市形态的经典论著和教科书都在不同程度上谈论并探究了城市形态的组织原则、策略、方法和技术手法，代表人物众多。这些人物包括古代的维特鲁威、阿尔伯蒂、维尼奥拉、塞里奥、管仲、宇文恺等，近现代的诺里、西特、伯纳姆、沙里宁、柯布西耶、佩里、培根、林奇、拉波波特等，也可以包括亚里士多德、达・芬奇、笛卡尔、奥斯曼、杰弗逊、朗方等。虽然切入视角可能有所差异，但是都指向城市的物质空间形态的塑造和内涵意义。

整体有序、优美愉悦、充满生活活力的空间形态组织和营造需要有效而富有创意的城市设计方法。经典美学是最基本的组织城市形态的方法。对美学空间和形态效果的关注和实际应用早在苏美尔时代就已存在，如亚述帝国对尼尼微城市街道的拓宽取直、罗马时代的庞贝广场上的建筑柱廊处理被认为是最早的“城市美化”。文艺复兴时期，对称、平衡和统一成为城市设计的首要原则；在巴洛克时期，美学

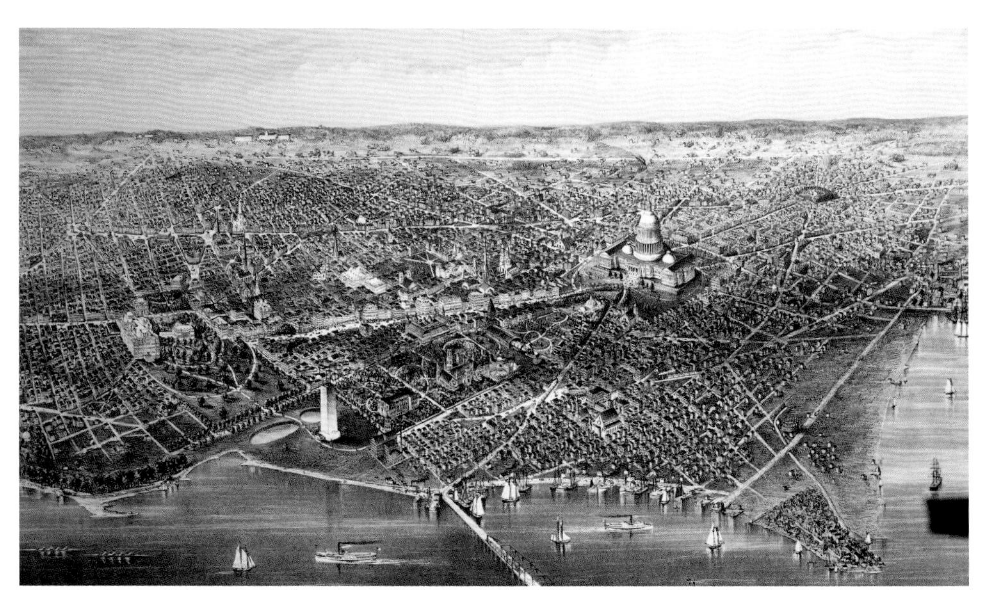

图 1-4-12　1880 年的华盛顿城市设计
资料来源：John W. Reps. Bird's Eye View-Historic Lithogragths of Northern American Cities[M]. New York：Princeton Architecturall Press，1998.

因素则成为体现宗教、神圣、专制、政治或者社会意义的城市组成部分的最为重要的内容[①]。从巴洛克时期的放射道路系统规划到凡尔赛宫设计，再到华盛顿特区规划始终都浸润着通过视觉美学概念组织城市形态的概念和技术方法（图 1-4-12）。

形态组织通常有几种不同的尺度需要考虑并最后整合：

（1）抽象的整体城市形态结构，通常非个体能够实际辨认和体验，可以通过城市地图、电子导航信息、卫星航片等方式识别，今天则有更多的大数据分析的结果可以作为形态组织的选择依据。这类方法与总体分析类方法有所交集，作为设计过程的辅助，既可以手绘也可以是电脑生成的可视化分析图，是常见的表达方式。这种方式可以直接激发城市设计的概念和思路，对不同要素的综合或者对某类要素全局影响都可以形成城市设计的个性和特点。

（2）个体人在常态性工作或者生活圈内可以辨识的城市形态组织，可以是线性结构，也可以是随机但有空间范围的、因为人活动而产生的社区领域圈。

（3）基于城市空间扩张发展、形态优化调整、设施布局结构优化等有组织的人为形态组织。

---

① A.E.J. 莫里斯 . 城市形态史——工业革命以前：上册 [M]. 成一农，王雪梅，王耀，等译 . 北京：商务印书馆，2011：54.

古今中外，凡属大尺度的城市设计都会面临一个整体性和系统性的空间形态的认知和组织问题。

中国式“宇宙城市”概念中的“礼制”是中国古代城市设计的主要思想渊源之一。我国早期社会相对完整的，有关城市建设形制、规模、道路等内容的“营国制度”表达了“礼制”的思想内涵：“匠人营国方九里，旁三门，国中九经九纬，经涂九轨，左祖右社，面朝后市，市朝一夫。”其中三九之数暗合周易“用数吉象”之意；宫城居中，尊祖重农、清晰规整的道路划分体现出尊卑有序、均衡稳定的理想城市模式，并深深影响着以后历代的城市设计实践，特别是都、州和府城设计建设（图 1-4-13）。

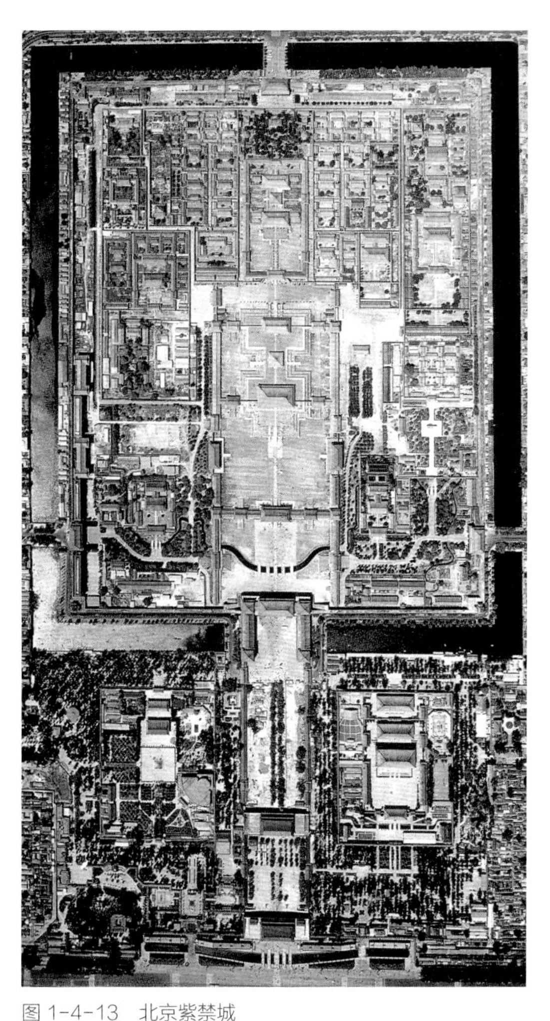

图 1-4-13 北京紫禁城

资料来源：Bacon. Design of Cities[M]. London：Penguin Books，1974：250.

美国加州大学伯克利分校的 C. 亚历山大教授于 1987 年出版了《城市设计新方法》①，该书记录了亚历山大团队 1978 年以来关于城市设计的研究实验，试图重新去诠释城镇形态的整体生长，“每一个城镇都可以在其特有的整体性法则下发展”，而这种整体性法则针对的主要是“有机的复杂性”，这种方法则可以被描述成是“生成性的”。麻省理工学院林奇教授及其团队也一直试图建构城市形态的整体性。广义地看，道萨迪斯的人类聚居环境（Ekistics）理论、沙里宁的“有机疏散”理论等都十分关注城市形态的整体性意义。

从形态组织的定量分析角度看，亚历山大作为数学和计算机方面的学者，曾经尝试用整合系统的方法来设计印度的一个村庄（Alexander，1964），但人居环境

① 亚历山大 . 新的都市设计理论 [M]. 黄瑞茂，译 . 台北：六合出版社，1997.

设计问题十分复杂，过于简化则难以解释客观事实，所以实际效果并不好。究其原因，主要是当时受到了计算机技术工具的算力限制，而这种工具的瓶颈必然影响到设计方法的选择和创新探索。在今天，如果设计者能够有效运用各种相关多源信息集成和大数据方法，采用不同相关领域的专业人员“跨界”集群组织，特别是与各种专业性城市规划编制人员和精通数字运算的专家分工协作，我们就可能完成合格的大尺度城市设计，并直接与法定的城市规划管控相关联。

笔者也有类似的研究工作经历，2003 年在开展南京老城高度控制引导研究时运用数字技术建构了影响城市用地属性的多因子互动模型，但受当时计算能力的局限，只能通过简化要素和减少城市用地地块划分的数量（控规大地块）来操作信息集取和设计处理过程。但是，近年来数字技术的突飞猛进为重新建构城市形态组织的整体性提供了可能。对于同样的命题，在 2015 年研究中地块就精确到了每一个产权地块，样本数量比 2003 年增加了约 7 倍（2003 年 759 个，2015 年 5569 个），成果的精度和实用性远非先前可比，由此完成的南京老城建筑高度精准管控的成果已经纳入政府部门法定的管控体系，并成为南京历史文化名城保护的一部分[①]。

形态组织方法中，一些经典的城市设计方法仍然适用有效，如视觉有序分析方法、场所领域—活动分析方法，序列视景分析方法等。相对来说，基于几何和视觉美学的形态组织方法发展历史悠久，城市设计对这类方法经年累月的研究和反复试错，已经造就了今天很多世界名城的卓越空间环境和视觉焦点。今天的中国北京古城、法国巴黎古城、意大利罗马古城、英国伦敦古城以及难以计数的各类历史城市，都曾经与经典美学在城市设计中的运用直接相关。

古希腊时期城市和建筑群设计的几何法则已经初步成型，据后人研究，雅典卫城从山下经阶梯步入山门再到广场乃至建筑立面，均考虑了缜密的视觉美学处理，并可以用黄金分割等数学方式记录呈现（图 1-4-14）。按此建构的视觉美学原理影响了千年的城市建设和建筑设计，古今中外基于比例尺度规制的城市规划、城市设计和建筑设计浩如烟海，不可计数。相对而言，罗马军事城镇由当时的宇宙观确定了正交的两条城市基本轴线，即东西向的“德库马努”（Documanus）和南北向的“卡尔多”（Cardo），据此组织了城市用地和建筑布局；文艺复兴时期创造的

---

① 王建国，高源，张愚，等．基于风貌保护的南京老城城市设计高度研究 [Z]. 2015；王建国，等．南京老城形象特色和空间形态控制研究 [Z]. 2003.

图 1-4-14 雅典卫城
资料来源：徐亦然摄 .

“理想城市”和巴洛克时期的放射道路轴线及纪念物布局组合的方式，亦对后世城市形态组织方法产生重要的影响。

值得一提的是，巴洛克时期的罗马规划改造和扩大，采用了当时已经日趋成熟的城市空间形态的组织方法。1595 年，教皇西克斯图斯五世委托丰塔纳重新拟订罗马规划。规划突出了古迹及遗址的地位，开辟了多条从城墙直到市中心的干道轴线。干道专门设计了通向一个重要建筑或沿广场周边布置的建筑组群，并穿越了罗马城很多已经几个世纪都无人居住活动的街区。例如，人民广场辐射出的三叉戟状干道，通过方尖碑、教堂等构成城市道路网络中的景观标志点，产生了很好的视觉美学效果的画面组合。同时，围绕着这些点按统一规划有序地发展其他城市街区。根据丰塔纳记载，罗马规划实施另一目的是方便组织信众在罗马七座主教堂之间的“朝圣之旅”，因而还具有布道和传教的作用，甚至使整个城市都具有意识形态的价值，变成名副其实的圣城（città santa）。巴洛克时期之前，建筑一直是城市中占据主要地位的要素，但到了 17 世纪，这一情况发生了一些改变。王瑞珠先生曾写道，“在巴洛克城市中，建筑在某种程度上可说是失去了本身的造型特色，成为一个更高层次系统上不可缺少的组成部分。这意味着建筑之间的空间作为城市总体风貌的组成部件获得了新的意义。事实上，西克斯图斯五世的规划主要着眼于空间的分配而不是建筑的布置”[①]。城市设计“整体大于局部”的原则在这时得到了充分彰显。同时，本来只是运用在老城的改造扩张场合，并基于美学和宗教目的的城市形态组织和局部实施，但后来却在其他一些场合，被作为城市整体设计的范本深刻影

① 王瑞珠 . 世界建筑史——巴洛克卷：上册 [M]. 北京：中国建筑工业出版社，2011：35.

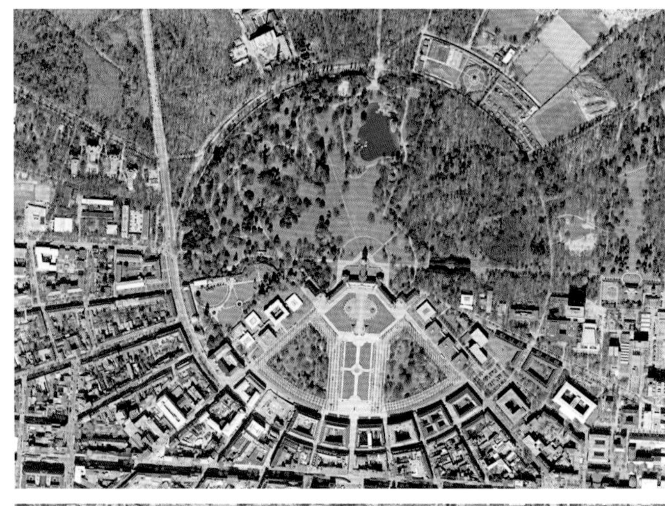

图 1-4-15　卡尔斯鲁尔航片
资料来源：谷歌 .

图 1-4-16　华盛顿中心区航片
资料来源：谷歌 .

响到卡斯鲁尔、华盛顿、堪培拉等城市的规划（图 1-4-15、图 1-4-16）。

中国古代同样建立起了以模数尺度为依据的设计原理，如春秋战国时代的《考工记》中就有明确的都城建设尺度规制要求，汉代在城市和建筑设计中有了比例尺概念，三国至唐代的里坊制度也是等级化尺度在城市空间布局上的表达。中国古代都城城市规划乃至各级州府县城规划、北京紫禁城建筑群设计以及各类其他建筑等都不同程度上受到中国古代城市设计传统和形态尺度规制的影响。

这些几何有序、同时又蕴含场所精神价值的视觉空间和建筑营造一直到今天仍然是城市设计的基本方法，并在今天中国一系列城市风貌、空间景观、天际线、广场、街道环境优化和社区空间营造中体现出来。

笔者曾经提出过一种较为方便实用的“相关线—域面”分析方法。这种方法以城市中社会、经济、文化、历史等多种因素在城市结构和物质空间上“投影”的

“相关线”作为基本对象，并通过各类局部相关线的分析达成对整体城市空间域面的认知理解。具体分析过程和技术要点可以参考笔者的城市设计论著。需要补充的是，今天我们还可以结合运用时空信息大数据的分析方法，如手机信令（LBS）、业态分布（POI）、社交网站词频热度和城市意象采集、街景特征抓取的机器学习（ML）等获得与人有关的城市感知和认识。该方法因其综合了空间、形体、交通、市政工程、社会、行为和心理等分析变量，比较接近城市设计的实际需要，所以具有较好的可操作性（图 1-4-17）。

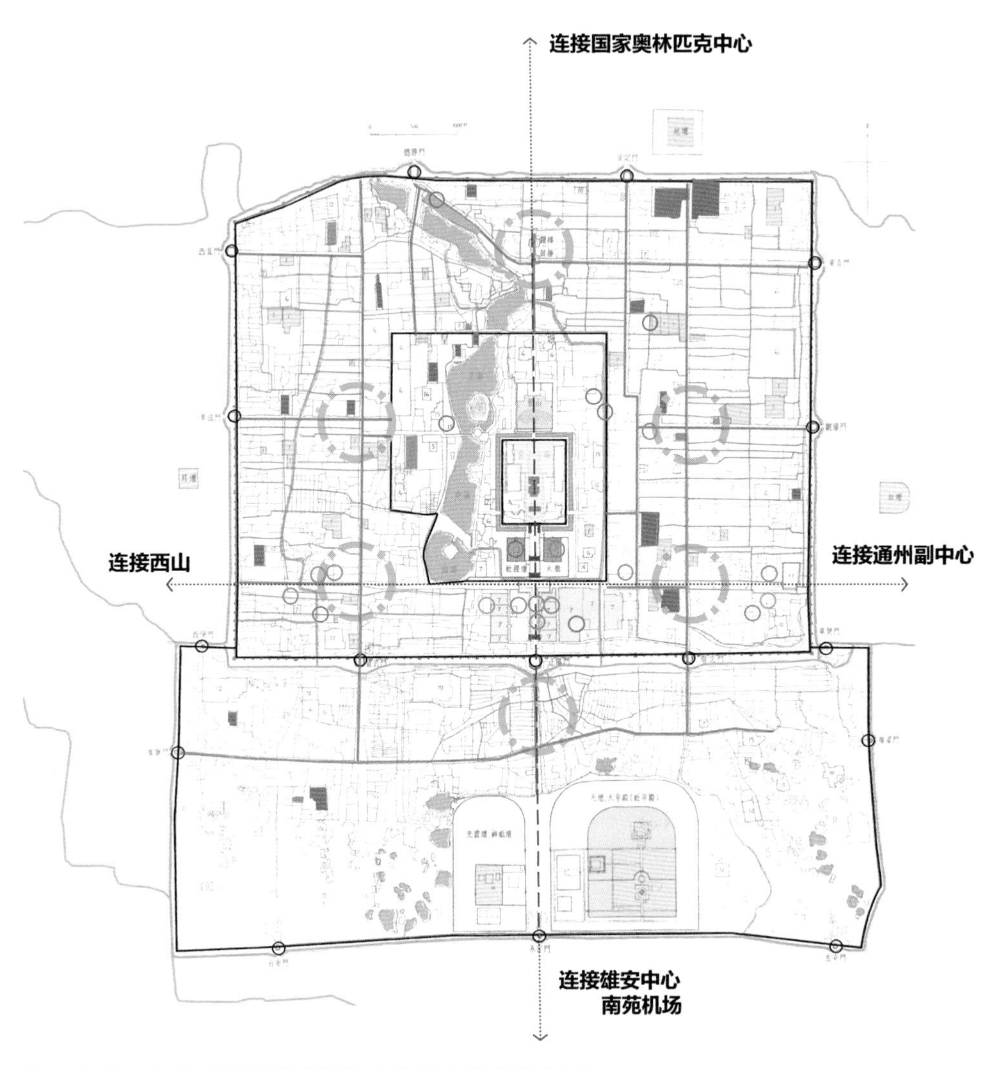

图 1-4-17　北京老城历史信息相关线—历史都城域面的综合分析
资料来源：作者自绘 .

在实际运用中，需要注意形态组织类方法的尺度效应问题。除非运用诸如大数据技术、虚拟现实漫游等专门的分析技术工具和方法，个人通过常规的主观认知和分析判断的城市空间形态及其适用设计方法是有尺度边界的，如视觉美学分析方法。如果处理不好尺度问题，用中微观方法分析宏观和大尺度客体对象，或者用宏观大尺度的分析和形态方法决定中微观的城市空间形态塑造和场所营造，就会造成人居环境建设的缺失。所以，城市设计处理好包括形态组织类方法在内的不同尺度适用方法之间的关系和衔接就是一项极具智慧的工作。前些年有些规划学者提的“用设计做规划”，以及笔者倡导的“从城市维度看建筑”就表达了这种跨尺度关注对城市形态组织的认识。

4.3 设计管理类方法

设计管理类方法主要针对城镇环境和空间形态建构和形成在时间维度上的长效性保障，“为管理而设计”在今天已经是大尺度城市设计首先需要考虑的核心理念。城市物质空间环境和人居场所的营造是一个连续过程，即使有规划管理和城市设计工作的持续介入也是如此。

控制性详细规划是我国管理城市建设和各类设计最主要的手段，可以很好地实现“定功能性质、定开发量、定位置、定边界”的控制作用，但在城市建设实践中，控规编制主要承接了上位总体规划各类指标的地块落实任务，本身对关注生活、审美和体验品质的设计类问题考虑很少，各个编制单元地块之间的高度与开发强度也缺少系统组织。如果将城市控规拼合起来，很容易发现城市公共空间七零八碎不成体系，这种片段化、缺乏整体性考虑的建设管控弊端显著（俞滨洋，2015）。由于整体协调机制的缺乏，个案的弹性增量累计可能会导致系统性超载风险（周劲，2016）。因此，现阶段需要的不仅仅是详细层级城市设计对控规的完善与补充指引，更需要总体城市设计层面对控规的统一协调作用。近年来不少城市都在总体城市设计中增加对应控规管理单元的分图则编制内容，或在总体基础上单独编制重点地段的深化指引，以加强与控规的衔接[①]。

经典城市设计成果中有“城市设计政策”（policy）、“城市设计导则”（guideline）

---

① 花辟芃. 城市设计转型背景下空间导控要素的数字化传递路径研究 [D]. 南京：东南大学，2020.

以及“城市环境运维”（maintenance）等面向技术管理的内容。

其中，“城市设计政策”指的是设计实施、维护管理及投资程序中的规章条例，也是为整个设计过程服务的一个行动框架和对社会经济背景的一种响应。同时它又是保证城市设计从图纸文本转向现实的设计策略，主要体现在有关城市设计目标、构思、空间结构、原则、条例等内容的总体描述中。

“城市设计导则”是最有特色的成果形式，今天在中国很多场合下与控制性详细规划结合，并将规划的指标要求纳入，改称之为“图则”。城市设计导则在编制时通常可以分为通则（定性为主）和导则（定性和定量结合）两部分。由于城市设计将公共利益作为设计目标，因此，为了引导和管控不同的开发建设行为，建设或者改变现状的项目设计评价和审查就需要遵照导则或者参照通则的要求（图 1-4-18、图 1-4-19）。导则涉及开发建设实施后的环境品质和空间形态整体性。有时，导则会对城市某特定地段、特定意图区，或者城市单一要素，如建筑、天际线、街道、广场、色彩、雕塑、夜景等，专门提出编制。城市设计导则编制和实施的著名案例包括美国的旧金山和长滩、加拿大渥太华、日本横滨未来港口 21 世纪地区等，新近中国的北京、上海等城市也开始了城市设计导则的编制和管理工作等（图 1-4-20）。东京丸之内地区由三菱地所设计编制了面向未来图景

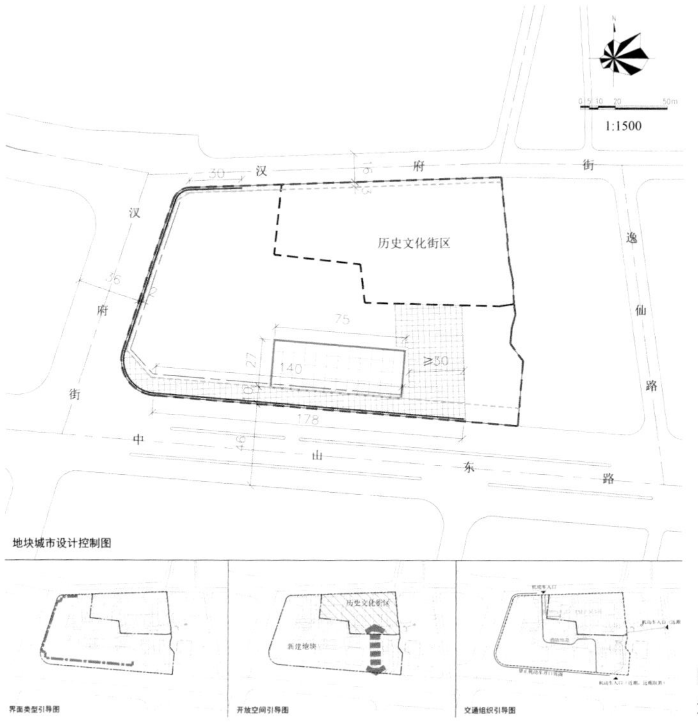

图 1-4-18　南京钟岚里地块城市设计图则

图 1-4-19　根据城市设计图则试做的建筑设计

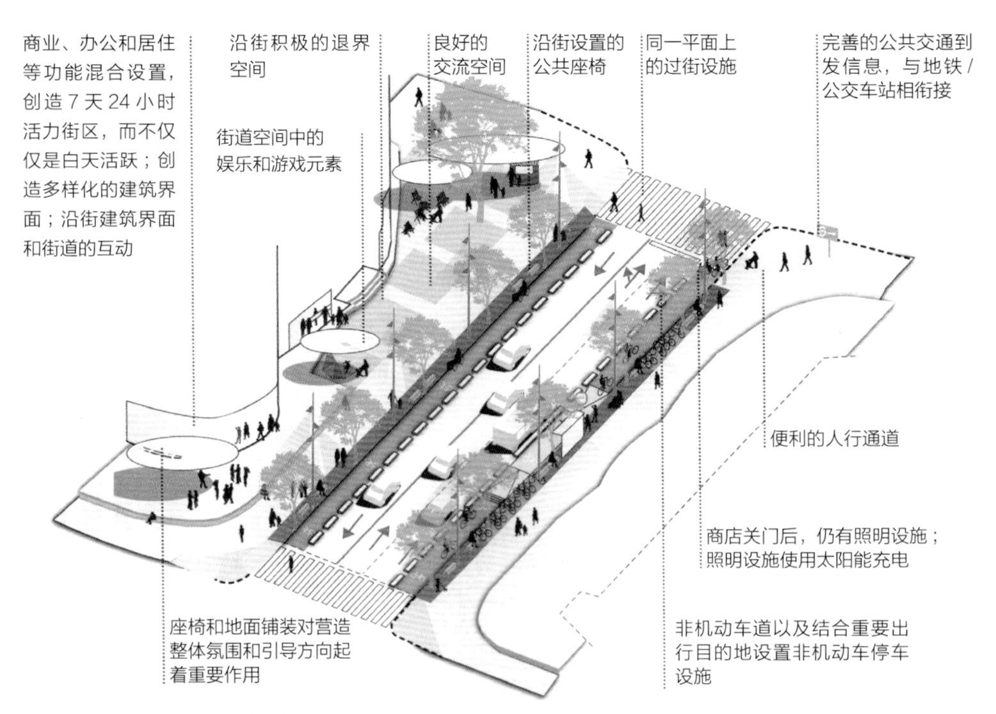

商业、办公和居住等功能混合设置，创造 7 天 24 小时活力街区，而不仅仅是白天活跃；创造多样化的建筑界面；沿街建筑界面和街道的互动
沿街积极的退界空间
街道空间中的娱乐和游戏元素
良好的交流空间
沿街设置的公共座椅
同一平面上的过街设施
完善的公共交通到发信息，与地铁 / 公交车站相衔接
便利的人行通道
商店关门后，仍有照明设施；照明设施使用太阳能充电
座椅和地面铺装对营造整体氛围和引导方向起着重要作用
非机动车道以及结合重要出行目的地设置非机动车停车设施

图 1-4-20　上海编制的城市街道设计图则

资料来源：上海市规划和国土资源管理局，上海市交通委员会，上海市城市规划设计研究院 . 上海市街道设计导则 [M]. 上海：同济大学出版社，2016.

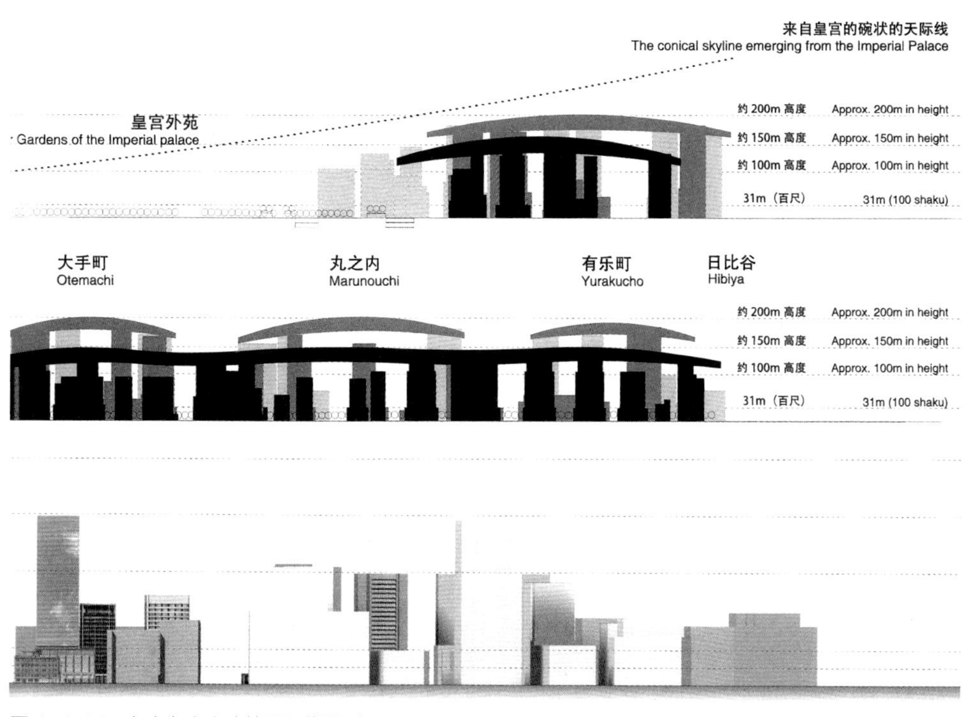

图 1-4-21　东京丸之内建筑天际线导则
资料来源：三菱地所设计．丸之内——世界城市“东京丸之内”120 年与时俱进的城市设计 [M]. 北京：中国城市出版社，2013：89.

8 个目标的城市设计导则，包括方便、舒适行走的街区；人们集聚繁荣和有文化品位的街区；应对信息化社会的信息交流、传播的街区；地域、行政、来访者协力培育的街区；引领时代的国际商务街区；安心、安全的街区；与环境共生的街区；风格和活力协调的街区[①]。同时，导则对建筑天际线和地块特性提出了明确的引导要求（图 1-4-21、图 1-4-22）。

“城市环境运维”主要针对城市设计政策和导则实施后效果保障的长效机制建立，涉及城市环境的日常维护和监督管理程序。环境运维体现了城市设计的动态性、过程性和整体性。巴奈特曾经说城市设计是一个“连续决策过程”，很多情况下，让政府管理部门全职管理环境维护是不现实的，而且也会受换届或其他因素影响，一般需要社会各方的协作和共同参与才能完成。因此，通过社会契约及能够持久的日常运营政策和管理机制方式来维护城市的公共空间品质，就会相对有效和持久。不少运维措施和机制的设计本身就是城市设计的基本内容之一，如

① 三菱地所设计．丸之内——世界城市“东京丸之内”120 年与时俱进的城市设计 [M]. 北京：中国城市出版社，2013：62-63.

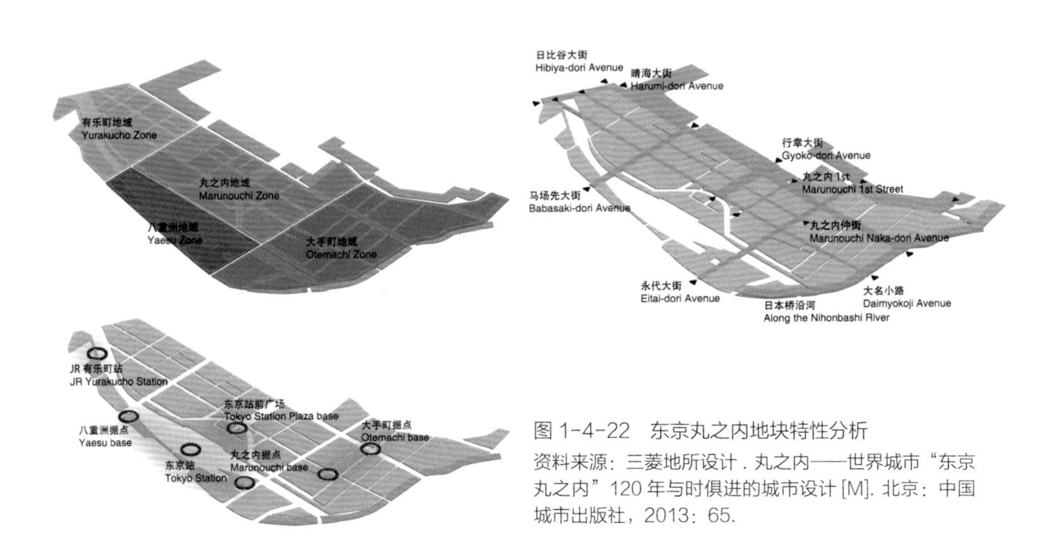

图 1-4-22 东京丸之内地块特性分析

资料来源：三菱地所设计 . 丸之内——世界城市“东京丸之内”120 年与时俱进的城市设计 [M]. 北京：中国城市出版社，2013：65.

日本东京丸之内地区城市设计中建立的行政和民间协力合作机制（亦即 PPP，Public-Private Partnership），今天其他国家也常用这一机制建设和管理城市。再如，日本横滨伊势佐木町步行街于 1982 年编制的环境维护管理的协定条款，内容包括了街区内建筑物新建、增建、改建形式的规范和申请程序；广告招牌设置规定；停车空间处理；街区绿化之推动等，并成立了专门的“街区设计委员会”执掌此项工作[①]。

以上有关运维管理的工作主要针对的是中小尺度或系统性要素的城市设计。但是，中国比较普遍的大尺度城市设计，特别是总体城市设计的最主要的工作成果就是服务于长效的城市风貌和空间形态的设计管理，这就需要当今大数据科技发展背景下的数据库成果和整体系统的数字化成果[②]。

除了上述设计成果外，城市设计过程和针对环境管理的组织建构也非常重要。城市建设中的不同角色，如政府官员、规划设计专业人员、项目业主和普通大众心目中的城市建设诉求和理想不尽相同，人们看到的城市建设结果，受到了来自不同背景的人的综合影响。城市建设成功的关键在于，城市设计师要向决策者提供合理的建议，协调并保证尽可能全面吸纳各方面共同拥有的广泛知识，从而形成综合的城市设计决策，而这些无疑必须通过一个城市设计的协商过程来组织[③]。由于在具体城市建设中，决策者、投资者、建设者、使用者以及他们与设计者的关系很难定

① 王建国 . 城市设计 [M]. 南京：东南大学出版社，2011：284-285.

② 王建国 . 从理性规划的视角看城市设计发展的四代范型 [J]. 城市规划，2018，42（1）：9-19，73.

③ 王建国 . 城市设计 [M]. 南京：东南大学出版社，2009：272.

义，设计者究竟为谁提供技术服务，形成的技术成果如何为长远的城市人居环境的持续优化服务就成为很重要的问题。同时，设计真正服务的使用者和使用功能有时也不清晰，这时，设计就需要一些思维逻辑和技术理性的猜测，并预留方案改变优化的空间。在与城市建设和环境营造关联的众多利益相关者中，公众了解真实情况的渠道和能力往往有限，处于信息不对称的状况。所以，“公众参与”“听证”和“访谈”等方法也可以归类为设计管理类方法，目前已经有很多专论和成果，而如今有了大数据支持后，这些参与方法就更加完善和有效。

在过去的四十多年，中国进入了史无前例的城市化进程，城市社会经济发展和建设突飞猛进，出现了面广量大的城市老城城市更新、新区规划和新城建设等各类大尺度城市设计编制的需求。随着城市市域尺度的变化，总体城市设计类的工作近年也得到很大的加强。

大尺度城市设计面对的是多重尺度的空间形态，不但包含物质空间系统，而且包含城市发展的价值取向、社会系统、建设导引和规划管理，涉及市场经济条件下的各类产权地块的合理处置，需要达成的设计目标比以往更加复杂而多元，且需包容一定的冗余度。因此，我们必须针对多重尺度的客体对象，贯彻城市规划和形态整体性的思考，其中为城市空间形态持续优化和特色彰显而设计的长效管理途径就非常重要。

在具体的设计层面上，通过可与城市规划共享的数据集取、分析和管理平台，城市设计不再会出现由于三维形态评判因人而异的主观性而无法应对大尺度城市空间形态的情形。大数据加深并改变了人们对城市形态和空间组织规律性的认识，一定程度上重构了人们心目中对城市形态的认知图式，数据库已经成为城市设计全新的成果形式，而且可以直接植入到当下以数字化为特征的规划管理中。同时，数据库成果可以通过整体关联联动的方式实现持续完善的动态更新。

笔者曾经在广州总体城市设计编制时提出“七分管理、三分自为”的原则。亦即，这项城市设计的成果大部分是为广州市总体规划及后来的国土空间规划实施管理服务的，成果需要融入法定的规划体系成果中。但同时，总体城市设计中所凝练的城市山水格局特色、千年城市演化中蕴含的城市选址、依山傍水的城市建设原理、街道肌理、重要公共建筑布局等历史经验等是城市设计特有的成果，是带有永恒性价值的，且不会因为法定规划实施的有效时间而改变。正是总体城市设计的这些成果，才能保证广州作为一座“千年城市”的特有品质、风貌形象和永久魅力。

历史上的城市建设和设计管理主要是通过基于安全和健康要求的立法、规制建立和城市设计导则来开展的。如莫里斯提到的“前城市地籍簿”（Pre-Urban Cadastre）[①]。这是一种指代原来就有的人为土地地产的界线、区域道路、排水渠等的技术管理术语，城市聚落就在此基础上扩张发展，或被新的城市形态规划所承认。从最早开始，一旦土地成为私人财产，边界就受到“法律”的保护，成为土地权属的领地，并一定程度上决定了城市的形态和走向。

1666年9月2日凌晨，伦敦发生大火。大火持续了4天，几乎毁灭了城市。而这个火灾却成为伦敦遵循近代城市的功能要求改进城市的契机。克里斯托弗·仑（Christopher Wren）提出了重建伦敦的规划。虽然该规划没有很好地结合现状与地形，且要求大规模改变贵族和富人的私有用地产权，所以没有得到官方采纳，但因其重视现代城市经济发展和交通组织等职能的主导作用，在城市建设历史上具有划时代的意义。大火后，伦敦为城市改建设立了专门委员会。规定部分城市道路重建时加宽，形成防火缓冲空间，使街道一面的火灾不致蔓延到对面；同时规定建造房屋必须用砖石等耐火材料，根据街道宽度限定房屋建筑层数：主要街道的住宅为4层，普通街道和街巷为3层，小巷为2层。1667年颁布了《重建伦敦市法令》，还规定了三种房屋形制。这些城市设计和房屋建造的管理规定对伦敦后来的建设产生了深远影响。

针对步行者、牲畜、车轮运输的管理和规制立法，也对城市街道系统的需求产生影响。第一种——优化或增加现有系统的容量，同时又不影响城市形态的方法；第二种——扩充或者改变现有系统——将会带来彻底的影响。今天大家都切身感受到机动车交通对城市环境的影响，既带来便利，又造成拥堵，必须要通过科学的管理调解波峰和波谷的矛盾。历史上，伊斯兰城市因为主要采用骆驼进行运输，将大街和巷道宽度的设计与其适配。

为了规避1451年和1452年的大火再现，阿姆斯特丹在1521年制定一项法律，要求在建筑业中用砖瓦代替木材和茅草。该市通过的另外一项有关城市居民健康的法令实施引发人口的迅速增长，但新建的密集多层住宅缺乏卫生设施，污水随意倾倒在运河和大街上的情形十分常见。因此，1533年，阿姆斯特丹进一步制定了管理的法律：房主必须连接有铅制污水管的水槽，禁止修建覆盖管道和下水道的建筑，除非它们在合适的间隔里能够安装可以打开的检查盖。1565年，法令进一

---

① A.E.J. 莫里斯．城市形态史——工业革命以前：上册[M]. 成一农，王雪梅，王耀，等译．北京：商务印书馆，2011：48.

步修订健全，要求地基打桩需要得到政府监督员的批准，每一宗地上都应该建有厕所，税收用于修建道路、人行道和运河堤坝，这项法令直到 19 世纪早期仍然有效。

设计管理类方法并非一味关注相对枯燥的行政管理手段，而是要围绕城市设计对风貌特色和形态管控引导的要求，通过科学分析来研究确定管控的要素以及改善建议。

以广州总体城市设计为例，我们基于城市设计“建构机理”及其在规划设计层面的交互整合，系统地运用多源大数据方法，初步实现了全域性，多维度、多向量的分析研判，加强了城市设计的科学性和成果的可靠性。如手机信令、Flickr、业态和活力 POI 大数据分析为城市人群流动和城市风貌意象研究提供了数据支撑。通过这些大数据分析技术方法，初步揭示出广州城市的整体空间结构和空间引力意象的热点分布。为了增加大数据分析判断的精准度，笔者团队又同时在重点片区采用小数据调研进行矫正，并结合合作单位已经开展的城市设计和城市更新项目，做到精细化设计和对未来的精准环境管控。在城市建筑高度和特色天际线研判和管控引导方面，我们基于三维数据模型的城市高度控制预测，建立广州市域范围城市空间模型海量数据库，以 GIS 为平台，分 3 个步骤，建构了三维城市形态互动模型，建立秩序协调的三层分区、十级高度作为引导基准的高度分区。在中观尺度则建立了与城市中心体系呼应的城市高度“梯级秩序”，这些都已经成为环境品质和建筑精细化管理的依据，有效辅助了各个尺度层次的规划设计（图 1-4-23）。

为了对城市人居环境品质的改善提出建议，我们又对风环境与风廊系统进行了专题研究。具体包括三个方面的工作：第一，结合广州气象监测数据与天气预报模式模拟（WRF），创新性地开展基于广州及周边地区空间形态的区域级风环境研究，深入挖掘宏观风环境特征与通风问题。第二，综合应用计算机流体力学

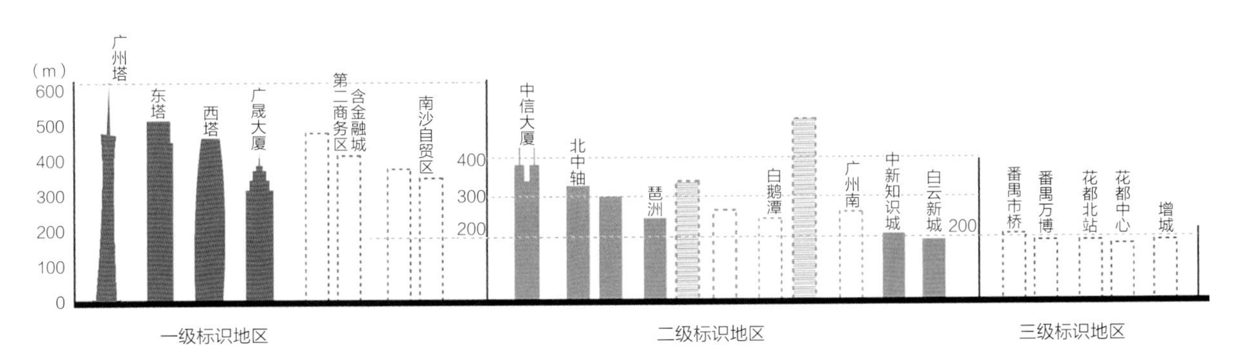

图 1-4-23　广州市域建筑高度三级标识地区图解

资料来源：广州总体城市设计 .

（CFD）与 3S 技术，开展中观风环境与风道模拟，识别并优化构建市域与中部地区主次通风廊道系统与风环境控制区。第三，基于多尺度的风环境调控研究，构建面向市域—中部地区—重点地区—场地的通风环境优化策略与指引，优化城市空间形态、建筑、开放空间、街道等布局与设计，最终达到指引各层次规划逐级传递落实城市风环境优化策略的管理目标（图 1-4-24）。

在未来城市设计实务工作中，将涉及更为广泛的城市环境尺度多重系统并置处理、公共和私有等多重主体的利益分配和协调、复杂产权地块与规划设计引导和管控的关系、多重尺度城市建筑形态处理、特色场所营造等方面的知识和技术驾驭能力。而这些恰恰是城市设计师和规划师今天需要在以往计划经济和“统管统批统建”的存量思维定式外，适应新时代城市发展转型所必须“终身学习”的内容。

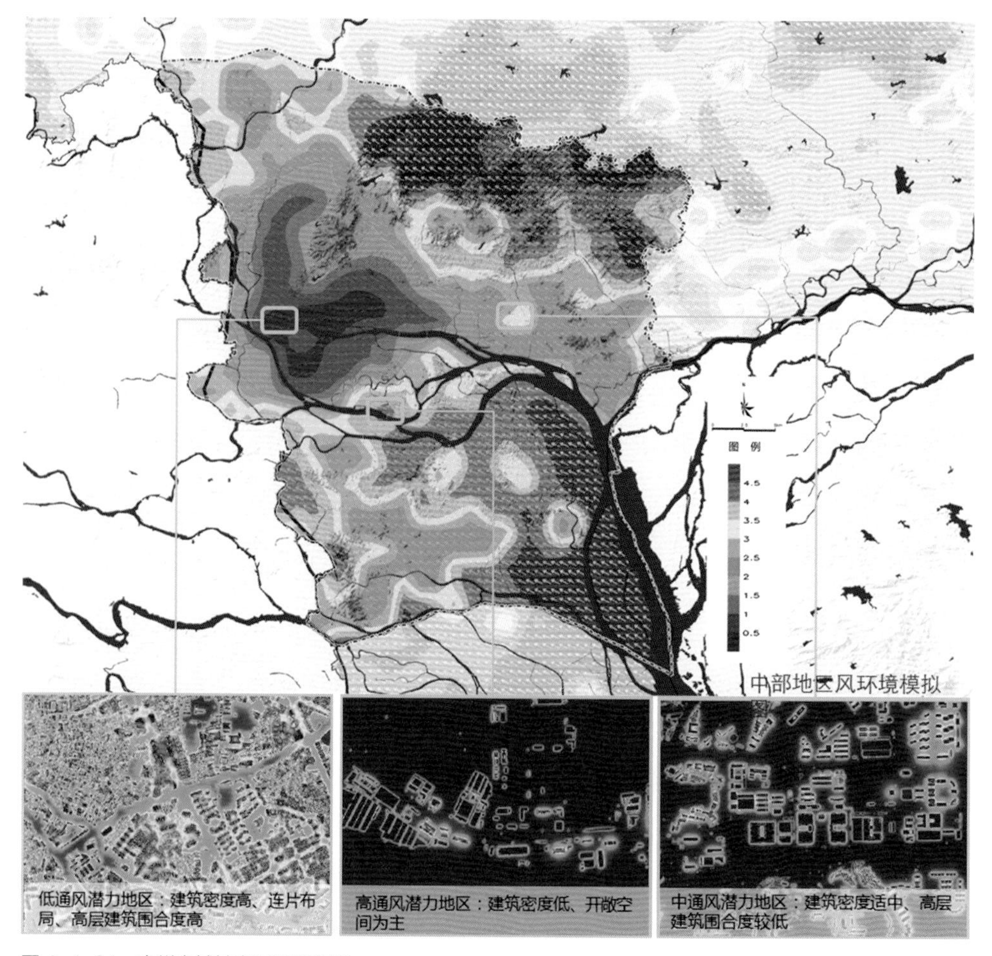

图 1-4-24　广州市域城市风环境分析
资料来源：广州总体城市设计 .

城市设计具有自身的专业学理和独特性，其真正的发展历史比规划更为悠久，小尺度城市设计偏向于建筑学的学理逻辑，而大尺度城市设计则必须依托相关的法定空间规划或者城市规划，亦即所谓的“七分管理、三分自为”。“自为”主要是指城市设计所关注的城市山水格局、理想人居环境、历史人文传承等内容并不受规划编制时限的约束，是“千年城市”所必须具备的基本品质。总体看，城市设计是城市规划在空间形构安排实施的基本保障和具体化，是形成基于产权地块的场所感知丰厚度、空间利用和社区活动的杂糅多样性、保障建筑设计价值体现的主要手段和技术支撑。最终，城市设计将营造有“温度”“厚度”“精度”“深度”的城市空间形态和场所环境。

城市形象包含城市的天际线、山水格局、三维高度格局、地域植被景观、滨水景观展开面、建筑风貌等，都代表了人们对城市的美学追求。然而，在长达数千年的城市发展史上，人们已经拥有很多可以定性分析、表述和形容的城市特色风貌，但却还没有形成可以比较完整地认知、识别、分析、设计优化并可以针对优化进行管理的方法。以数字化为重要代表的科技新时代的到来，为我们科学合理应对并处理城市风貌这一棘手的“千年难题”带来希望。

例如，我们今天可以通过科学遴选城市视点，甚至通过 GPS、眼动仪分析方法评价城市特色景观、划定视线廊道及天际线。结合网络摄影平台数据（Flickr、Panoramio、图虫、百度热度等）校核，对城市重要观景点、观景区域及天际线景观进行定位与保护。基于 GIS 开发 DEM 数字地形相关分析工具可以对城市的自然环境要素进行较为全面的分析，进而依据山水格局明确城市的形态与轮廓发展方向，顺应地形地貌，因地制宜，随山就势。通过城市用地属性的影响因子互动模型建构，加上相似性分析及迭代计算，可以对城市的高层建筑分布现状进行解读与梳理，判断城市高度的分布状态，并结合建筑控高予以调整，以形成协调有序的高度形态①。结合遥感测绘数据分析可以塑造地方性植被景观特色，对原有空间进行再组织②。通过色彩分析确定城市主要色调等方法也常用于城市形象分析中。

这些城市特色的认知识别和优化途径主要服务于城市空间形态优化和城市设计实践管理，更宽泛地，这部分工作也是国家法定规划管理内容不可分割的一部分，而以往这部分往往让位于城市经济、产业布局、人口规模和科技进步等直接与城市之间 GDP 竞争相关的部分。

---

① 王建国 . 从理性规划的视角看城市设计发展的四代范型 [J]. 城市规划，2018，42（1）：9-19，73.

② 李军 . 城市设计理论与方法 [M]. 武汉：武汉大学出版社，2010.

第 二 章

城市设计的编制

01

编制类型

1.1 目的视角

1.1.1 概念型城市设计

概念型城市设计主要应对城市中相对重要的片区与地段。这些片区与地段在建设发展的特殊阶段，由于外部环境的复杂性与不确定性，希望通过城市设计工作寻找适合的发展目标与路径。为尽可能挖掘用地发展的多种可能，概念型城市设计多采用竞赛征集的方式，要求参赛单位对项目做出概念求解，以拓展思路、集思广益，进而整合众多成果形成后续深化方案的工作基础。

以深圳市蛇口太子湾概念性规划设计国际咨询为例。作为深港高端服务业中心之一，太子湾片区于 2000 年初拟定填海计划，改造为国际邮轮、港澳客运码头及产业配套区，以塑造深圳市最重要的海上门户[①]。2012 年，组织方邀请 OMA 和 SOM 两家设计公司参与概念方案设计咨询[②]。

SOM 公司考虑到用地临近香港和珠三角的区位优势，提出了以创新办公和娱乐设施为主的多功能综合开发，形成具有独特城市体验和人才吸引力的世界级“智慧乐活城”。设计依据“山水融合”的设计构想，通过贯穿开发地块的绿地通廊，联系起地块南北两侧的南山公园与深圳湾。进而以通廊为界将场地划分为东西两片，西侧为高端商务服务聚集区，即智慧城，区内布置棋盘式路网并于中心处设置公园；东侧为乐活城，依据用地现状布置有机路网和灵活的公共开放空间[③]（图 2-1-1）。

---

① 郭永刚，叶树南 . 历史为经 生活为纬——深圳市蛇口太子湾片区（新客运港区）改造概念规划设计有感 [J]. 理想空间，2007（21）：93-100.

② 招商局蛇口工业区 . 太子湾规划国际咨询项目正式启动 [EB/OL].（2012-10-24）. https：//www.cmhk.com/main/a/2015/k13/a23099_23154.shtml?2.

③ SOM 有限公司 . 招商蛇口太子湾综合开发项目概念性规划设计 [Z]. 2013.

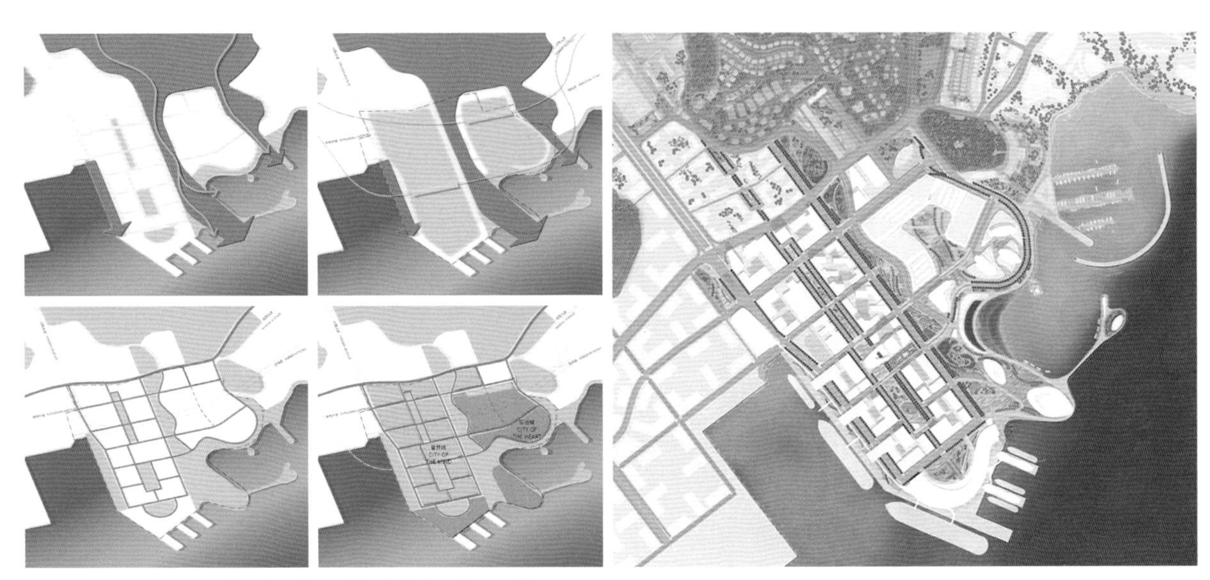

图 2-1-1 SOM 太子湾概念规划设计概念生成及总平面图
资料来源：SOM 有限公司 . 招商蛇口太子湾综合开发项目概念性规划设计 [Z]. 2013.

OMA 建筑事务所综合太子湾片区的用地现状特征与空间设想推演，提出“花园城区”的总体构想，并引入“坊”概念，形成“一城三坊”的总体结构。其中内陆部分设定为花园城区，设置整齐井然的网格街区，滨海位置回应现有的岸线形态，设置“港务坊”“商业坊”“社区坊”三个重要节点，作为花园城区和滨海地区间的空间过渡[①]（图 2-1-2）。

1.1.2 实施管控型城市设计

实施管控型城市设计也称实务型城市设计，通常具有相对明确的规划实施意图，目的在于指导下一阶段的建设开发与管理。因此与概念型城市设计相比，设计更关注各种现实问题的制约与方案落地的可行性，操作中常常与不同层级的法定规划同步编制，便于将成果纳入后者成为引导城市建设的法规文件。对于其中具有明确实施主体的中微观尺度用地，实施管控型城市设计常常还会协同规划管理部门、开发建设主体等相关利益群体，就其中的建筑建造、环境景观、设施小品等内容提出共识性的工程技术设计方案。

① OMA. Prince Bay [EB/OL].（2019-05-31）. https://oma.eu/projects/prince-bay.

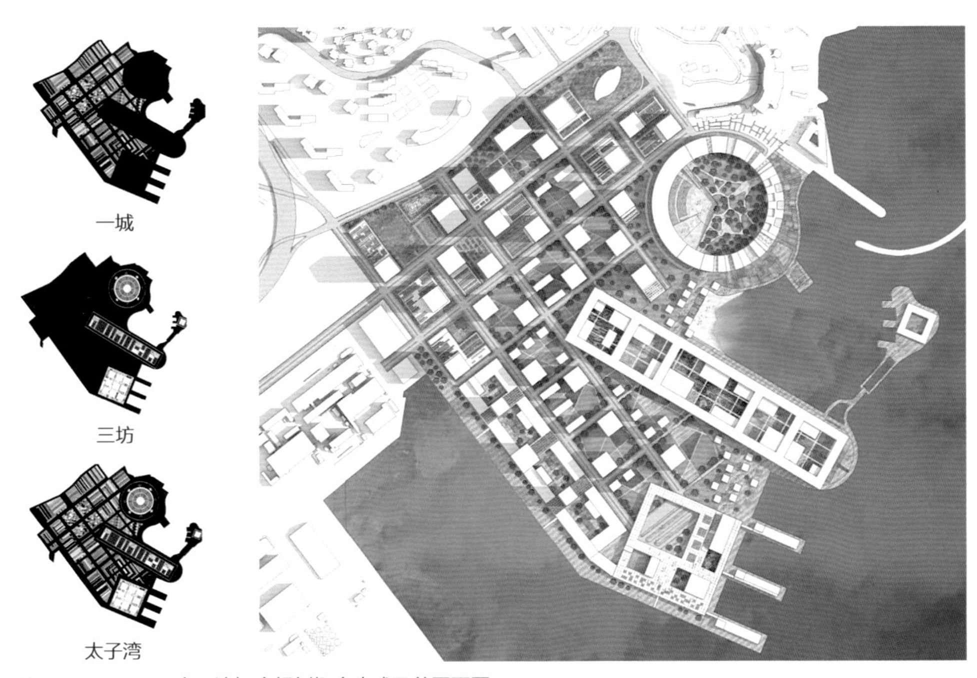

图 2-1-2 OMA 太子湾概念规划概念生成及总平面图
资料来源：OMA 建筑事务所 . 招商蛇口太子湾综合开发项目概念性规划设计 [Z]. 2013.

仍以深圳太子湾地区规划设计为例。在概念性城市设计国际咨询完成后，组织方委托深圳市城市规划设计研究院以 OMA 方案为基础进行方案整合，结合场地实际情况进行内容调整与细化，完成实施管控型城市设计。成果最终形成《太子湾片区综合开发项目详细蓝图》，经审批修订后作为土地出让与开发建设的重要依据。

其中，在功能上，设计对概念方案中提出的商业、办公、居住、邮轮母港四个主题进行了细分，并从片区角度对建设指标与容量展开面向开发实施的校核。在空间结构上，考虑到滨水空间的连续性与土地出让的可行性，设计对 OMA 方案中的“三坊”尺度和形态进行调整，同时结合 SOM 方案中“城市山水互联”的构思，在花园城区内部打通多条具有景观渗透效果的山水通廊，形成“一湾三坊花园城”的空间结构。在交通与市政方面，设计通过轨道交通、地下道路、地下空间、市政管线协调等针对性专题研究支撑整个片区的开发建设。在开发管控上，设计通过开发单元落实控制细则，形成单元开发图则，对每个单元的功能、项目、开发容量等内容提出强制性要求，并对建筑高度、公共空间、二层连廊、地下空间等内容提出引导性要求（图 2-1-3、图 2-1-4）。

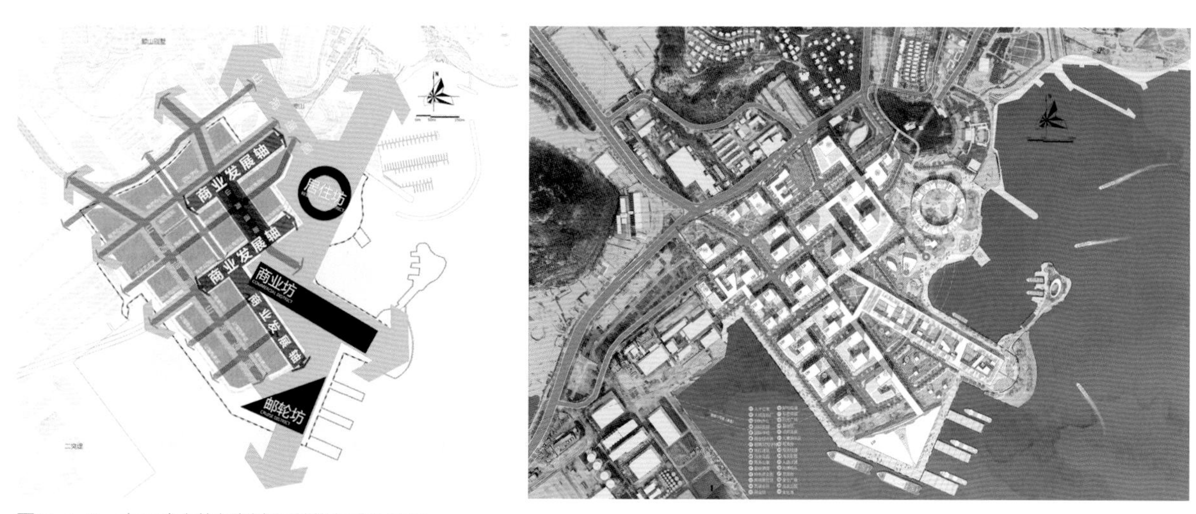

图 2-1-3　太子湾实施规划空间结构与总平面图
资料来源：深圳市城市规划设计研究院．招商蛇口太湾片区综合开发项目详细蓝图 [Z]. 深圳：深圳市城市规划设计研究院，2015.

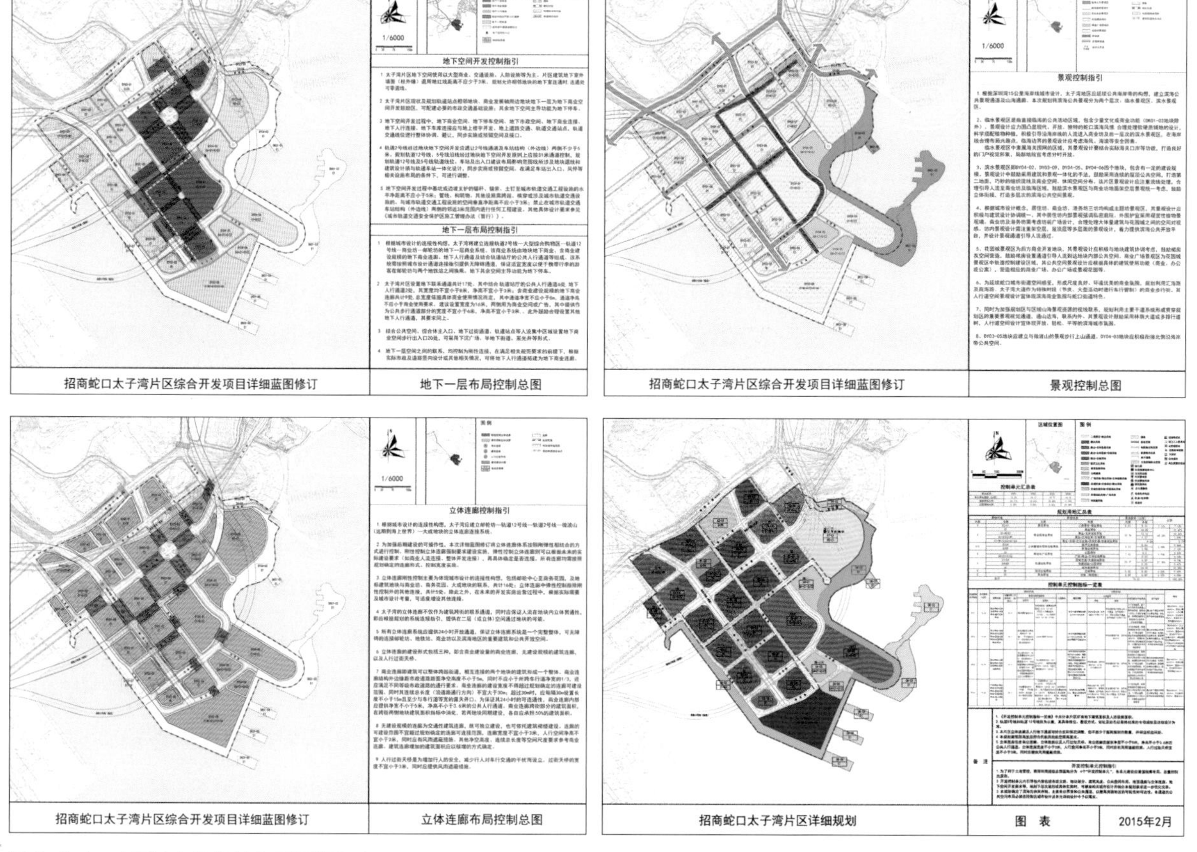

图 2-1-4　太子湾实施规划专项设计图则
资料来源：深圳市城市规划设计研究院．招商蛇口太湾片区综合开发项目详细蓝图 [Z]. 深圳：深圳市城市规划设计研究院，2015.

1.2 内容视角

1.2.1 综合型城市设计

综合型城市设计是针对一定面积的城市用地进行的全方位设计，在内容上强调整体解决场地中的问题和矛盾，一般情况下没有特别注明类型的城市设计都是综合型城市设计。具体内容可以参见本章 1.3 节，此处不做详述。

1.2.2 专项型城市设计

依据《城市设计技术管理基本规定（2017 征求意见稿）》，专项型城市设计是对城市发展建设中的特定要素或系统开展的城市设计[①]，在内容上侧重于对城市公共空间与对象的感知与控制，例如广场、街道、天际线、第五立面等与日常生活密切相关的城市要素，又如绿道、色彩等具有空间、层级分布与关联特性的城市公共系统。

专项型城市设计具有较强的问题导向，常常根据建设中的实际情况与需要进行灵活编制，例如《广州市建筑景观设计指引》为提升环境品质，专门针对城市建筑景观和公共空间环境的整体风貌问题，从城市街景、建筑场地、步行系统、城市标识设计、城市夜景等方面展开专项城市设计[②]；《上海市街道设计导则（2016）》则面对现代道路带给街区活力、人文传承与城市安全等的压力做出专项设计，以推动城市道路向人性化方向的转变，满足市民对街道生活和社区归属感的向往[③]。

由于专项型城市设计多聚焦于城市要素与系统，较之前文综合型城市设计的独立用地对象呈现出覆盖范围广、要素数量多的特点，因此成果多具有研究性，常常以类型学的方法与设计导则的形式对设计内容做出控制与引导，因此也被称为策略型城市设计。

以《上海市街道设计导则（2016）》（本节以下简称《导则》）为例。《导则》提出城市交通设计的目的将从“以车为本”转变为“以人为本”，形成“安全、绿色、

---

① 东南大学城市规划设计研究院，中国城市规划设计研究院 . 城市设计技术管理基本规定（征求意见稿）[S]. 南京：东南大学城市规划设计研究院，2017.

② 广州市规划和自然资源局 . 广州市国土规划委发布《广州市建筑景观设计指引》[EB/OL].（2017-11-13）. http：//ghzyj.gz.gov.cn/xwzx/gzdt/content/post_2751836.html.

③ 上海市规划和国土资源管理局，上海市交通委员会，上海市城市规划设计研究院 . 上海市街道设计导则 [M]. 上海：同济大学出版社，2016.

活力、智慧”四个价值导向，塑造高品质的城市公共空间。在第四章安全街道中，《导则》提出“步行有道”的子目标，强调“为行人提供宽敞、畅通的步行通行空间”（表 2-1-1）。

《上海市街道设计导则（2016）》“步行有道”设计引导　　表 2-1-1

<table>
<tr><th>条目</th><th>设计图则</th></tr>
<tr><td>人行道分区</td><td>应对人行道进行分区，形成步行通行区、设施带与建筑前区，分别满足步行通行、设施设置及与建筑紧密联系的活动空间需求。
仅有步行通行区
Only for pedestrian
步行通行区+建筑前区
Pedestrian thruway + front area of buildings
步行通行区+设施带
Pedestrian thruway + facility belts
设施带+步行通行区+建筑前区
Facility belts + Pedestrian thruway + front area of buildings</td></tr>
<tr><td rowspan="2">红线内外空间统筹利用</td><td>沿街建筑底层为商业、办公、公共服务等公共功能时，鼓励开放退界空间，与红线内人行道进行一体化设计，统筹步行通行区、设施带与建筑前区空间。
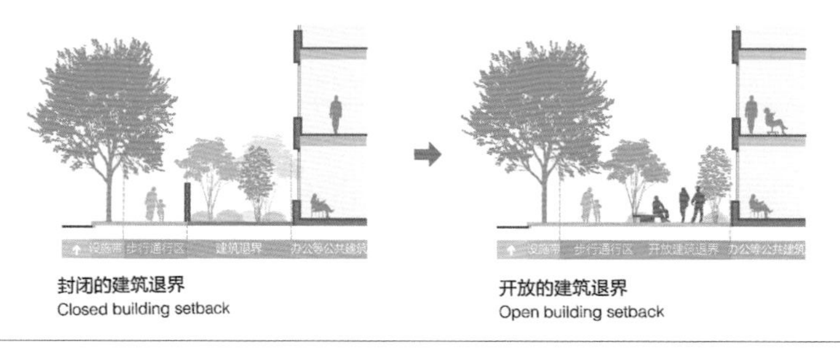
封闭的建筑退界
Closed building setback
开放的建筑退界
Open building setback</td></tr>
<tr><td>以上海大学路人行道退界空间统筹利用为例。大学路将红线内外的 4m 人行道与 4m 建筑退线进行一体化设计，重新划分为 2m 设施带、3m 步行通行区和 3m 建筑前区。建筑前区作为沿街餐饮的外摆区域，设施带用于种植行道树、设置自行车停车架。以此避免建筑周边消极的绿化设施并保障了步行通行区的路权和沿街商业的活力。如步行需求继续增加，可将餐饮外摆区域调整至人行道外侧与设施带合并，使步行通行区拓宽至 4m，强化行人与建筑界面的互动。
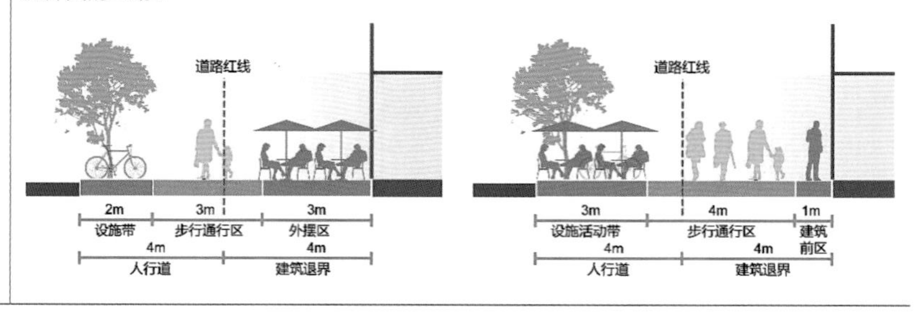
</td></tr>
</table>

续表

条目	设计图则
步行通行区	步行通行区宽度应与步行需求相协调。综合考虑道路等级、开发强度、功能混合程度、界面业态、公交设施等要素，合理确定步行通行区宽度。 临围墙的人行道 Adjacent to wall 临消极街墙界面人行道 Adjacent to inactive wall / boundary 临积极界面或主要公交走廊沿线人行道 Adjacent to active boundary or along main transit corridor 主要商业街、轨交站点出入口周边 Major business street and within the rim of entrances to transit stops 主要商业街结合轨交出入口位置 Major business street with entrances / exits of transit stops 主、次干路两侧人行道 On both sides of artery / sub-artery

人行道类型	宽度建议
临围墙的人行道	≥ 2m
临非积极街墙界面人行道	3m
临积极界面或主要公交走廊沿线人行道	4m
主要商业街，以及轨道交通站点出入口周边	5m
主要商业街结合轨道交通出入口位置	6m
主、次干路两侧人行道	加宽 0.5~1m

资料来源：上海市规划和国土资源管理局，上海市交通委员会，上海市城市规划设计研究院．上海市街道设计导则 [M]. 上海：同济大学出版社，2016.

1.3　层次规模视角

1.3.1　总体城市设计

总体城市设计主要针对市域或所辖主要城区的建成地带，研究在城市总体规划前提下的城市特色、结构体系与人文活动组织，明确未来城市空间形态的总体框架与发展思路，体现社会、经济、功能、审美等方面的综合要求。

由于工作对象范围巨大，这类城市设计常常涉及上百甚至上千平方千米的用地，各种建设发展的不确定要素夹杂其中，因此在技术路线上宜体现“有所为有所不为”的指导思想，即设计的核心任务不在于为每一块用地提供具体的空间约束，而是通过梳理凝练城市未来发展的风貌特色，从城市整体格局的视角提出空间体系与控制底线，为后续城市设计的展开提供原则、内容与边界条件，类似于后续小范围城市设计项目的城市设计先导工作。

以南京总体城市设计（2009）为例，设计针对总面积 6500km^2 的用地，通过资料解读与重点地段实地调查，提出“山、水、城、林”这一长期以来的南京城市特色在时代变迁中发生了内涵拓展，其中“山、水”要素及其体验格局在长江时代不断扩张，“城、林”要素则从原先的城墙、陵墓、林荫道三种遗存扩充为南京丰富的生态资源与历史文化资源。在此基础上，设计归纳南京城市特色发展趋势为“在城市规模不断扩张的同时，努力寻找城镇建设发展与虎踞龙盘、襟江带湖的自然格局，以及沧桑久远、精品荟萃的历史人文生态资源的再度协调与交融”。

基于此，设计提出南京城市空间形态优化主要面临的“如何串联、如何保护、如何塑造、如何展现”四个核心问题，并从“总体格局、特色意图区、空间景观、高度分区”四个方向进行系统建构，最终形成 6 类、合计 129 处的城市空间优化体系与要素（3 个圈层、20 个区域、12 条路径、43 个节点、42 条视线、9 个历史要素），并以文字导则与优化策略的形式提出相应设计原则与要求（图 2-1-5）。

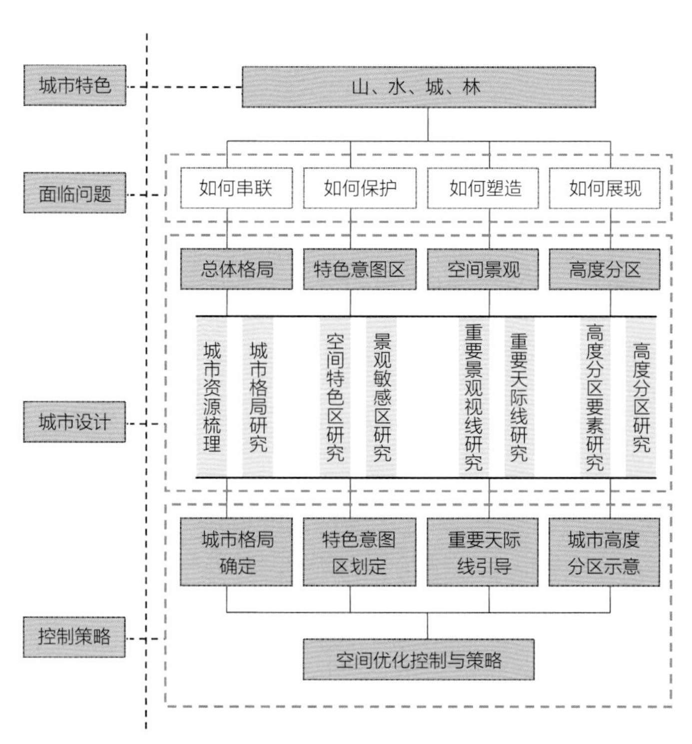

图 2-1-5　南京总体城市设计技术路线

资料来源：东南大学城市规划设计研究院，东南大学建筑学院．南京总体城市设计[Z]. 南京：东南大学城市规划设计研究院，2009.

再如，郑州中心城区总体城市设计中，项目通过对上位规划、现状诸多条件资源的分析，从都市空间骨架（中心体系、轴线体系、标志体系）、生态绿地骨架（水绿体系、道路体系、游憩体系）、文化活动骨架（文化承载体系、风貌体系、活动体系）三个视角展开九个系统的建构与叠合，提出“一脉贯通，双心凝核，三轴为枢，四环聚城”的总体空间结构与控制原则，明确“塑轴、强心、织网”的实现途径，明确涉及的建设项目、开发总量以及近期建设项目名录，为后续城市设计与规划管理提供支持（图 2-1-6、图 2-1-7）。

图 2-1-6　郑州中心城区总体城市设计涉及的建设项目
资料来源：东南大学城市规划设计研究院，东南大学建筑学院．郑州中心城区总体城市设计 [Z]. 南京：东南大学城市规划设计研究院，2012.

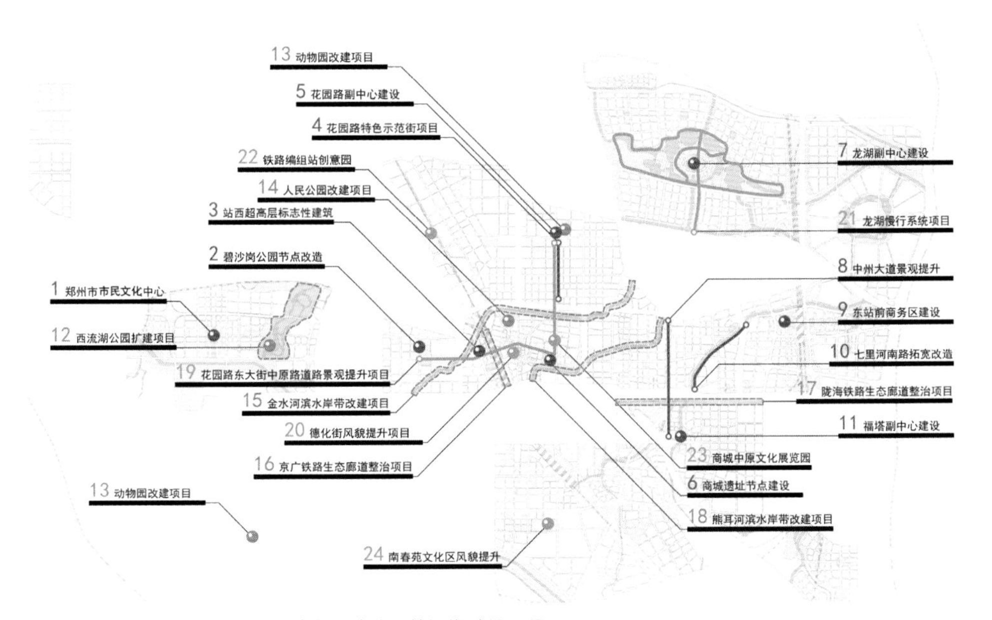

图 2-1-7　郑州中心城区总体城市设计涉及的近期建设项目
资料来源：东南大学城市规划设计研究院，东南大学建筑学院．郑州中心城区总体城市设计 [Z]. 南京：东南大学城市规划设计研究院，2012.

1.3.2　片区城市设计

在城市设计体系中，片区位于规模层次的中观层级，也是实践中数量最多、最典型的设计类型。这一类型的城市设计主要针对城市中功能相对独立、具有一定环境整体性的用地，依据总体规划和总体城市设计等要求，在设计范畴内予以落实与深化。

片区城市设计通常与我国城乡规划体系中详细规划的技术深度衔接，通过分析该地区对于城市整体的价值，强化地区特点与开发潜能，弥补详细规划中以功能分区为主要土地控制模式的不足，为改善城市空间利用与环境品质提供设计策略和操作引导，成果是相应详细规划编制时的重要参考与依据。

以江宁东山府前及周边地区城市设计中的景观视线设计为例。设计对城市总体设计提出的保护“河定桥—东山视觉廊道”与“从周边地区观赏东山景观风貌”两项要求进行衔接。

在现场调研的基础上，设计提出，除应上位规划要求保护的“河定桥—东山视觉廊道”外，建议增设“东山桥—东山视觉廊道”，两者分别应对从南京主城进入江宁地区与从江宁地区进入府前地段两种不同的观赏人群。在用地控高上，设计提出前者视廊范围内建筑高度不高于24m，确保东山上部1/2山体不受遮挡；后者视廊范围内建筑高度不高于 12m，确保东山上部 2/3 山体不受遮挡（图 2-1-8、图 2-1-9）。

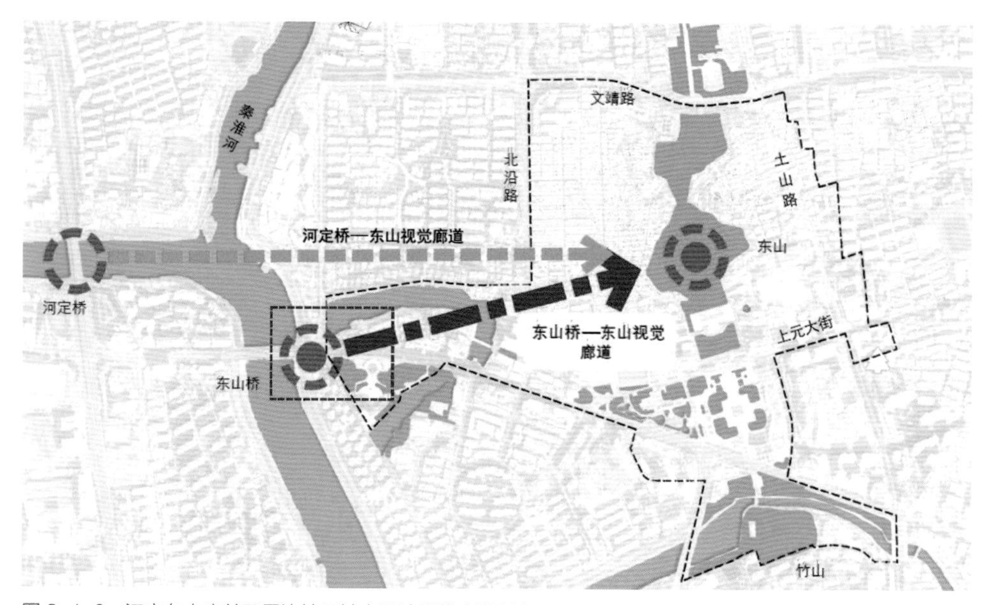

图 2-1-8　江宁东山府前及周边地区城市设计视线廊道判定

资料来源：东南大学城市规划设计研究院，东南大学建筑学院 . 江宁东山府前及周边地区城市设计 [Z]. 南京：东南大学城市规划设计研究院，2019.

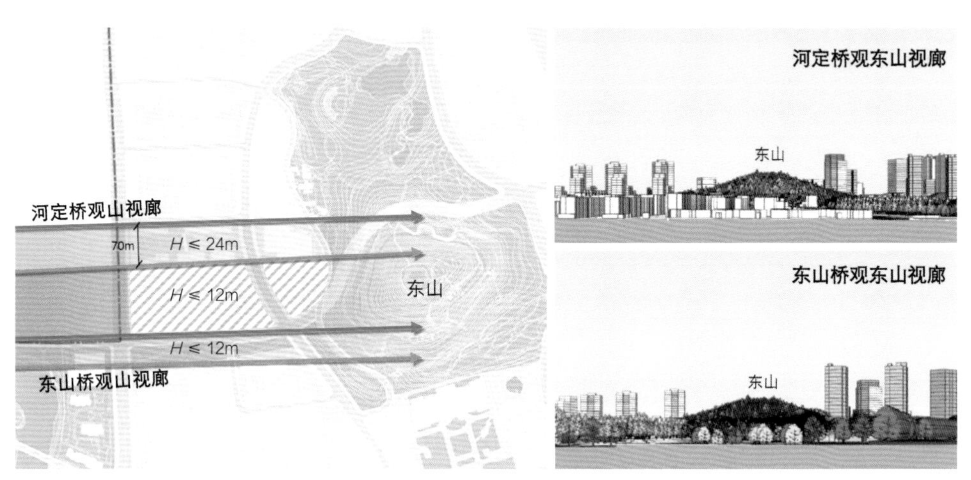

图 2-1-9　江宁东山府前及周边地区城市设计相关高度控制引导
资料来源：东南大学城市规划设计研究院，东南大学建筑学院．江宁东山府前及周边地区城市设计 [Z]. 南京：东南大学城市规划设计研究院，2019.

1.3.3　地段城市设计

地段城市设计在城市设计体系中位于规模层次的微观层面，主要针对一些用地规模虽然不大但是对于城市面貌有着较大影响的开发项目，如城市广场、交通枢纽、建筑群、建筑综合体等。可以认为，地段城市设计的人员在很大程度上是建筑设计师，他们在设计时需要依靠自身对城市设计观念的理解和自觉，跳出建筑红线的界限范围，处理好用地与城市环境的关系，展现用地内部在功能、形态、交通、景观等方面的设计意图，提供用地开发前期类似可行性研究的工程产品取向成果。

另一种对于地段城市设计的理解可以参考《城市设计技术管理基本规定（2017 征求意见稿）》中“地块级城市设计”的概念，指针对重要的城市地块或地块群，深化上一层级详细规划与城市设计的要求，统筹用地内的建筑、公共空间布局与交通组织，提出有关建筑高度、体量、风格、色彩、景观、市政设施等方面的控制要求[①]，成果多纳入土地出让时的规划设计条件，成为指导和约束用地开发建设的直接依据。

① 东南大学城市规划设计研究院，中国城市规划设计研究院．城市设计技术管理基本规定（征求意见稿）[S]. 南京：东南大学城市规划设计研究院，2017.

02

编制内容

本节主要依据本章 1.3 层次规模视角下的城市设计分类（总体城市设计、片区城市设计、地段城市设计）论述其编制内容。本书引言中指出，地段城市设计更多偏向工程项目导向，工作主体主要是建筑师，因此本节主要就规划师主导的总体城市设计与片区城市设计展开探讨。

2.1 总体城市设计

参考《城市设计管理办法》与《城市设计技术管理基本规定（2017 征求意见稿）》中的表述，总体城市设计的编制任务主要在于确定城市整体风貌特色与空间结构，成果具有政策和导则为主、空间形体为辅的特点，具体可以划归为以下 6 个方面[①②]，具体阐述如下：

（1）综合自然环境、历史文脉、发展愿景等因素确定城市风貌特色。风貌特色推演宜从历史、发展、公众等多角度出发叠合形成，即通过文献解读形成城市特色历史本底，通过对普通市民的认同调查完成特色演进的迭代更新，同时通过对城市相关政策、工作计划等梳理体现城市未来的发展方向与蓝图愿景。

（2）保护山水格局，体现城市的山、海、湖、河等自然景观特征。我国是典型的多山多水国家，大部分城市都在一定程度上涉及山水的保护与利用问题，设计应

---

① 中华人民共和国住房和城乡建设部. 城市设计管理办法（中华人民共和国住房和城乡建设部令第35号）[S]. 北京：中华人民共和国住房和城乡建设部，2017.

② 东南大学城市规划设计研究院，中国城市规划设计研究院 . 城市设计技术管理基本规定（征求意见稿）[S]. 南京：东南大学城市规划设计研究院，2017.

立足可持续发展的世界共识，强调对山水资源的生态保护，并将其与城市特色关联起来，使得山水文化成为塑造地方风貌的有力依托。

（3）统筹老旧城区与新城新区在建筑高度、密度方面的总体布局，优化城市形态格局。建筑高度与密度是最易于感知的城市空间形态要素，设计宜依据城市性质定位、用地功能等规划条件，结合现状情况与发展思路，形成城市整体高度控制与密度控制的基本分区与总体原则。

（4）明确城市广场、公园等重要公共空间布局，确立公共空间体系。广场、公园、街道、绿道等活动场地与人们日常生活品质密切相关，设计宜根据城市功能与活动需求，结合资源现状形成公共空间体系，优化以慢行为特征的通道系统，并对其中涉及的广场、公园等特定节点与区域做出重点控制。

（5）梳理城市特色景观要素，建立城市景观框架。设计中常依据“城市意象五要素”的经典结论，在城市总体风貌特色指导下，确定城市重要轴线、景观道路、视线视廊、天际线、道路界面、地标门户、风貌区域等内容，提出要素保护或分级保护的原则与要求。

（6）划定城市设计重点区域，并提出原则要求。即综合前述城市设计分析结论，提出总体城市设计实施的行动策略与近远期安排，形成后续城市设计的任务清单，明确需要编制的专项城市设计与重点地区城市设计及控制要求。

2.2　片区城市设计

片区城市设计的编制内容，可以参考《城市设计管理办法》与《城市设计技术管理基本规定（2017 征求意见稿）》中有关重点地区城市设计的内容表述。

因为片区城市设计的划定，往往是在更大范围的区域城市设计中明确出来的、对于塑造城市风貌特色有重要影响的局部区域，其编制任务主要在于落实深化上一层级的规划设计要求，建立局部用地的设计结构与城市意向，优化物质空间形态，具体包括“塑造城市风貌特色，注重与山水自然的共生关系，协调市政工程，组织城市公共空间功能，注重建筑空间尺度，提出建筑高度、体量、风格、色彩等控制要求等[①]”。实践中也常常将其称为特色（特定）意图区设计。

① 中华人民共和国住房和城乡建设部. 城市设计管理办法（中华人民共和国住房和城乡建设部令第35号）[S]. 北京：中华人民共和国住房和城乡建设部，2017.

《城市设计管理办法》将常见的城市重要片区归纳为以下 7 种类型，分别是城市核心区和中心地区、历史风貌地区、新城新区、重要街道（包括商业街）、滨水地区（包括沿河、沿海、沿湖地带）、山前地区，以及其他能够集中体现城市风貌特色的区域。针对这些不同类型，城市设计的编制内容往往各有侧重（表 2-2-1）。

不同类型片区的城市设计核心编制内容　　表 2-2-1

片区类型	基本理念	核心编制内容
核心区 中心地区	集约发展 活力提升	✧ 提出用地兼容、地上地下建筑复合利用的控制与引导 ✧ 完成公共空间系统、公共交通步行系统、景观系统的复合建构与控制引导 ✧ 提出建筑形态组合与地标建筑的控制与引导
体现历史风貌的地区	历史传承 有机更新	✧ 明确地区风貌特色与空间结构 ✧ 提出保护建筑适应性再利用的控制与引导 ✧ 提出新建建筑与改扩建建筑在高度、体量、风格、色彩等方面的控制与引导
滨水地区 山前地区	生态修复 显山露水	✧ 提出生态修复、体现地方特色的控制与引导 ✧ 完成公共空间系统、公共交通步行系统的复合建构与控制引导 ✧ 提出场地竖向的控制与引导 ✧ 提出景观视廊与天际线的控制与引导 ✧ 提出建筑在高度、体量、风格、色彩等方面的控制与引导
城市街道	特色彰显 活力提升 安全舒适	✧ 明确街道特色定位与空间结构 ✧ 完成公共空间系统、公共交通步行系统的复合建构与控制引导 ✧ 提出街道景观的控制与引导 ✧ 提出街道空间界面感知连续性的控制与引导 ✧ 提出街道空间典型断面的控制与引导 ✧ 提出街道家具与市政设施的控制与引导

资料来源：1. 中华人民共和国住房和城乡建设部 . 城市设计管理办法（中华人民共和国住房和城乡建设部令第 35 号）[S]. 北京：中华人民共和国住房和城乡建设部，2017.

2. 东南大学城市规划设计研究院，中国城市规划设计研究院 . 城市设计技术管理基本规定（征求意见稿）[S]. 南京：东南大学城市规划设计研究院，2017.

03

编制过程

城市设计编制是一个综合上位规划与发展现实间的差距，寻找适当路径作用于设计对象，尤其是物质形态环境，并借助规划管理手段予以落实的过程。从这点上说，城市设计的编制过程与城市规划相对接近，两者皆以上位规划作为编制前提，依据其提供的定位与要求作为后期设计的约束条件，同时两者在过程上都遵循“先诊断后治疗”的原则，强调通过对研究对象的认知与分析寻找解决方案，形成“调查—分析—结论”的操作步骤。

但是城市设计与城市规划又有差别。城市规划的基本价值可以概括为效率与公平，而这恰恰是工业时代生产的逻辑，即把社会和人看成是同一性的抽象客体与要素。城市设计则不同，它更关注因为不同的时间、地点与人群变化而形成的城市空间环境，因此城市设计对于空间形体的安排更多涉及人本属性，强调人的体验，并反映在对其中场所感知的丰富性、对社区活动杂糅的多样性以及文化价值彰显的在地性上，这种特征贯穿于城市设计编制的全过程。

3.1 基础资料搜集

作为城市设计的起点，基础资料搜集的目的在于解读上位规划要求作为后续设计的前提条件，进而研究用地所处的环境和特征，把握用地价值，梳理系统要素，辨析城市特色和意象。

因此城市设计现状调查的基础资料主要包括相关规划与资料、相关历史信息、现状空间信息和现状人群信息四个部分，其中现状空间信息又包括功能结构、交通组织、景观风貌、建筑风貌四个基本内容。基础资料搜集应做到准确、实用、精炼，每一部分能够得出简明扼要的结论，同时也应根据设计的阶段进展不断进行针对性的内容补充以指导后续分析（表 2-3-1）。

城市设计基础资料内容列表　　表 2-3-1

序号	方面		内容
1	相关规划与资料		✧ 地形图、航空和遥感照片 ✧ 气象、水文、地形、地貌等环境资料 ✧ 相关规划、政策与文件要求 ✧ 相关社会经济发展现状及发展目标 ✧ 相关部门发展计划与设想
2	相关历史信息		✧ 历史文化背景与传统民俗民情 ✧ 历史发展沿革与形态格局变迁 ✧ 重要历史事件和历史遗址
3	现状空间信息	功能结构	✧ 用地权属情况 ✧ 土地利用与城市功能布局体系 ✧ 轴线、节点等空间结构体系 ✧ 街道、广场等公共开放空间体系
		交通组织	✧ 道路体系与交通组织 ✧ 公共交通体系 ✧ 停车体系 ✧ 慢行体系
		景观风貌	✧ 风貌特色区域与景观视线体系 ✧ 标志性建筑、建筑高度分区和天际轮廓线
		建筑风貌	✧ 建筑风格、色彩、空间形式、组合方式等特征内容 ✧ 文化遗产保护的相关内容与要求
4	现状人群信息		✧ 人口现状及相关资料 ✧ 人群出行调查与交通需求 ✧ 人群活动类型、场所、路径、强度与感受 ✧ 居民相关意见与建议

资料来源：1. 王建国 . 城市设计 [M]. 北京：中国建筑工业出版社，2009：117-119.
2. 庄宇 . 城市设计的运作 [M]. 上海：同济大学出版社，2004：126-141.
3. 熊明，等 . 城市设计学：理论框架与应用纲要 [M]. 2 版 . 北京：中国建筑工业出版社，2010：32-38.

3.2　分析与构思

分析与构思是设计过程中的主体阶段。由于设计对象的不确定性，构思过程并非一成不变，但从方法论角度可以划分为“用地定位、基本概念、方案深化”三个基本环节。

确立用地定位是城市设计的工作统领。在分析构思阶段，首先要对前期基础资料进行整合关联，这一过程常常会运用 SWOT 分析法，综合发展需求、压力、机会、意愿等内容，发挥用地优势条件，归纳核心问题，分析设计用地在城市范围内的价值与地位形成综合定位。综合定位的内容可能包括功能、经济、社会、形象等不同方面的分项目标，并在此基础之上形成未来发展的蓝图愿景。

明确设计定位以后便要寻找实现目标的相关途径，建立用地空间形态的初步框架。为扩展思维，这一阶段常常会展开系列案例搜集与分析，通过经验借鉴与头脑风暴触类旁通，形成潜在概念。为验证这些概念的发展可能，多方案设计成为方法首选，即通过多个快速设计摸索方案概念在功能、交通、景观等方面的体系建构与空间布局。值得注意的是，此时方案设计的特征在于彼此间拉开差距、突出概念特征，表达上可以采用概念注解与意象图示，不必过于强调图纸的规范与精准（表 2-3-2）。

在多方案快速设计的基础上，可以进一步完成各设计在目标愿景、空间设计、落地操作等方面的优劣评估，以辨识最佳方案或是综合几个方案形成最终设计概念

南京江宁东山天印广场多方案设计及比选　　表 2-3-2

	方案一	方案二	方案三
方案设计			
优势	传统轴线强化与突显：设置高架桥强化传统中轴线及其对称布局，桥体直接连接东山公园与天印广场，并增加桥上观赏视点	地下空间利用与激活：依托广场原有地下柱网，部分用地下沉，通过地下空间形成连接地铁站、天印广场、东山公园的立体轴线，并激活原广场地下空间的商业功能	绿地空间改善广场品质：增设绿化设施，创造园林景观，改善广场环境，天印广场一侧设弧形桥联通东山公园入口，其余地上地下空间皆保持现状，改造成本较低
劣势	高架桥桥面距离过长	地下空间改造成本较高	传统中轴线显现不足

资料来源：东南大学城市规划设计研究院，东南大学建筑学院 . 江宁东山府前及周边地区城市设计 [Z]. 南京：东南大学城市规划设计研究院，2019.

展开深化设计。深化过程中，需要充分考虑设计对象的现状条件与实施可能，将概念构思逐步落实到用地系统与具体空间形态中，同时对可能造成的不利结果进行优化与消减，最后通过文字表述、系统图纸、意向图、效果图、模型、动画等多种方式表达设计理念，突显设计意图。

总体上说，分析构思是一个极具创造性的环节，需要将项目愿景、现实限制、专业知识、设计技能等要素结合起来发挥合力效果，在此过程中如下几点思考值得关注。

3.2.1 加强整体判断

整体着眼、统筹考虑是城市设计的核心思维方式，提倡“不谋万世不足以谋一时，不谋全局不足以谋一隅”。这种全局性的视野，即从更大的范围、更高的层次、更长久的时间去思考需要解决的问题，得到的结论判断往往更加合理、更能够直面设计的核心问题与挑战。

2012 年伦敦奥运会场址设计项目充分体现了这一点。尽管历史上奥运规划的出发点几乎都是为赛事准备，提升城市的窗口形象，但是伦敦不是第一次举办奥运会，市民们对此普遍积极性不高，甚至认为此举劳民伤财，弊大于利。因此设计方 AECOM 提出，这次项目不仅仅是伦敦奥运会的场址设计，更是伦敦 150 年来最大的城市更新案，目的在于为伦敦甚至英国带来新的社会价值与经济增长。

在具体操作上，设计先为奥运会结束后的工作生活做好规划，再基于奥运的 17 天赛事做调整，所以整个项目不仅仅着眼于比赛的 17 天，更是一个谋长远的城市设计。设计最终选址在伦敦东区的夏利亚山谷，一个常年受化工厂污染的贫穷落后地区。设计除了完成常规赛事的规划工作以外，努力实现以下目标：回收当地材料、清洁受污染土壤；通过奥运场地规划联系周边社区，确保 30min 到达城市其他主要地区；创造就业居住机会，塑造伦敦规模最大的市民公园。

带着这些目标，设计中 70% 的建设预算留给了城市更新，30% 用于奥运赛事的直接投入。该项目成果的评估结果呈现出良好的经济收益，仅门票收入一项就已经基本实现收支平衡，同时还给伦敦市以及英国创造了 3 万个就业机会，促使原本发展落后的地区转变成为充满活力的城市发展新社区[①②]（图 2-3-1、图 2-3-2）。

---

① 刘泓志 . 21 世纪中国城市设计发展前瞻——城市设计的中国智慧：现场报告 [R]. 南京：国际工程科技发展战略高端论坛——城市设计发展前沿高端论坛，2017.

② 刘泓志 . 中国的城市设计智慧财富值得与全世界分享 [EB/OL].（2021-02-05）. https：//www.sohu.com/a/337476356_775247.

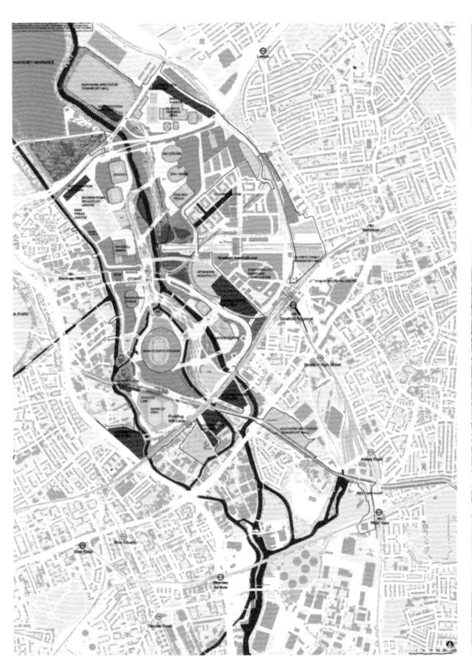

图 2-3-1　2012 伦敦奥运会场址城市设计总平面图
资料来源：AECOM. AECOM 公司中国官方网站 [EB/OL].（2021-02-05）. https：// aecom.com/cn/.

图 2-3-2　2012 伦敦奥运会场址城市设计鸟瞰照片
资料来源：AECOM. AECOM 公司中国官方网站 [EB/OL].（2021-02-05）. https：// aecom.com/cn/.

3.2.2　利用现实限制

分析构思时常常会遭遇各种限制条件，形成设计难点与瓶颈，产生无从下手之感。但换一个角度，这些设计条件并非全然坏事，因为限制不一定是自然、客观和顺理成章的外界压力，更多是个人意念的产品，是主观的产物，所以要用各种怀疑的眼光看待它们[①]。尽管设计会因此变得困难，但决策选择的范围却因此扩大，常常可以另辟蹊径，达到“柳暗花明又一村”的效果。

以南京明外郭“上方门—高桥门”段城市设计为例。明外郭是南京明代都城四重城郭的重要组成部分，与明都城城墙具有同等的文物价值，其保护、彰显与利用是整个外郭设计的核心思想。

但外郭“上方门—高桥门”段的外部设计条件非常特殊，现状用地以非城市建设用地与转型期的工业仓储用地为主，水网资源丰富，全长 2.7km 的外郭遗址基本完好，但交通情况极为复杂。建设中的京沪铁路与宁杭城际铁路毗邻同时部分穿

① Reinborn. D，Koch.M. 城市设计构思教程 [M]. 汤朔宁，郭屹炜，宗轩，译 . 上海：人民美术出版社，2005：43.

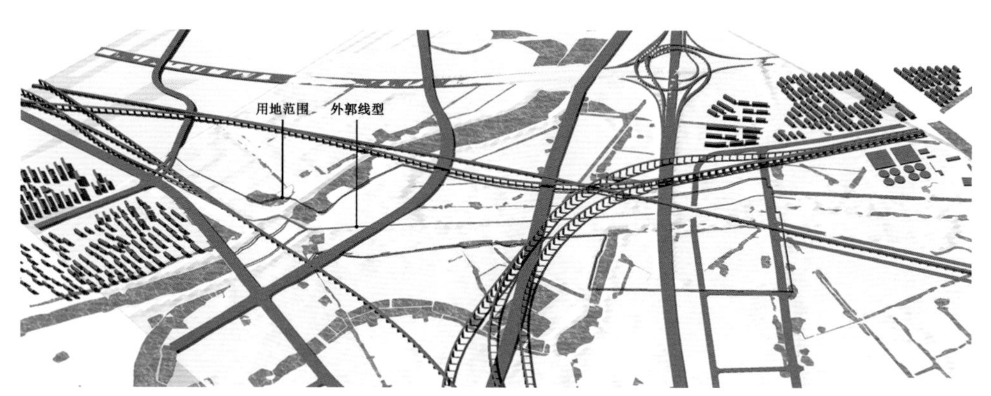

图 2-3-3　南京明外郭“上方门—高桥门”段城市设计用地现状图
资料来源：东南大学城市规划设计研究院，东南大学建筑学院．南京明外郭修建性详细规划文本 [Z]. 南京：东南大学城市规划设计研究院，2010.

越用地，苜蓿园大街南延线、天印大道北延线、京杭高速公路南北方向穿越用地，其中苜蓿园大街与天印大道上跨外郭，最终造成用地在郭体延展的东西方向上被切割成碎片化的 6 至 7 个段落（图 2-3-3）。

如何在如此破碎的用地条件下实现对外郭的保护与利用？分析之下，现实条件中其实也蕴含了一个假象与一个新视点。假象在于所有铁路线和苜蓿园大街、天印大道两条城市干道都是以上跨方式穿越外郭，因此外郭周边虽然分布有各种路桥桩体，但平面连续性并未真正破坏。同时正因为各种上跨路桥的存在，该段外郭得以被高度 15~25m 的多个空中视点俯视，加之用地位置距离南京南站不到 2km，列车进出站的较慢时速也满足观赏需求。综合以上，这种高空俯视的观赏方式恰恰成为“上方门—高桥门”段特有的、对外郭加以感知的亮点所在。

为此设计提出“大地景观”的设计概念，即针对现状多种不规则地形及多条复杂交通线分隔的客观条件，以高桥门位置为核心，通过花田地景进行整合，创造在半高空、中慢速俯视时的良好视知觉效果。同时针对现状场地水网密集的特点，设计提出“水陆交通并举”的策略，以上方门位置为核心治理现状水系，设置水上码头与公园，利用水上交通弥补用地陆地交通可达性不佳的问题，同时也创造出在水上游船中观赏外郭的新体验（图 2-3-4）。

3.2.3　避免简单复制

设计构思需要对场地内部信息进行深入分析，也需要通过外部信息形成借鉴，以更好地处理核心问题形成设计对策，而这些外部信息往往就是各种经典案例。借

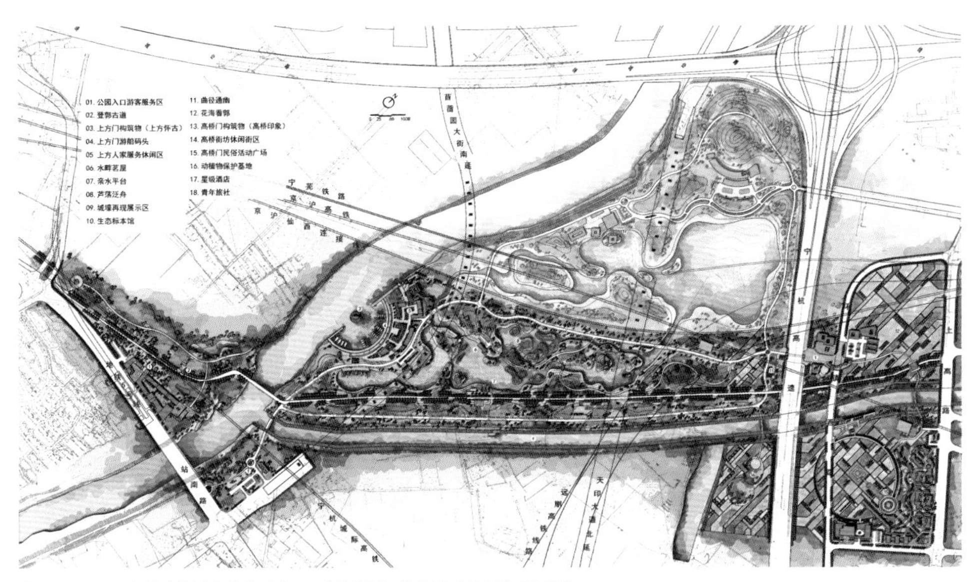

图 2-3-4　南京明外郭“上方门—高桥门”段城市设计总平面图
资料来源：东南大学城市规划设计研究院，东南大学建筑学院 . 南京明外郭修建性详细规划文本 [Z]. 南京：东南大学城市规划设计研究院，2010.

鉴案例是构思中经常使用并且行之有效的方法，通过寻找在特征问题上与设计项目相似的案例做法得到构思解答。

然而在借鉴过程中，成功案例的解决方案不能够只是简单复制，尽管有时它们非常著名而且使用频率非常高，易于造成“就是应该使用的典范”的错觉。但大多数情况下不存在最好的设计方案，所谓的经典案例只不过找到了多种可能性中的一种，而不是全部或者放之四海而皆准的规范[①]。为此，设计需要在广泛搜集成功案例的基础上，结合设计用地的现状条件与自身特点，完成对经验措施的针对性校验与改善。

在武夷山市赤石村（国家风景名胜区北入口）片区城市设计中，对用地进行旅游服务设施的功能配置是重要任务。为此，设计首先依据《风景名胜区规划规范》要求，确立设计用地隶属的服务等级及应配建的设施门类，并在全国范围内遴选出 4 个服务等级与规模大小一致的典型案例[②]，以平均值法归纳设计用地在理想状态下的旅游服务设施门类与用地规模的大体配比（表 2-3-3）。

进而，设计着眼整个武夷山国家风景名胜区周边旅游服务用地进行统筹，重点协调与基地位置临近的南侧武夷山度假区与东侧杜坝组团。调查数据显示，这两个

① Reinborn. D，Koch. M. 城市设计构思教程 [M]. 汤朔宁，郭屹炜，宗轩，译 . 上海：人民美术出版社，2005：43.

② 分别为黄山风景名胜区屯溪老街、漓江风景名胜区王城历史街区、九寨沟风景名胜区九旅颐和藏民居国际度假村、钟山风景名胜区中山陵商业街。

旅游服务基地的建设开发均已完成，且在用地总量上呈现出显著的住宿用地占比过高、餐饮用地不足的特征（表 2-3-4）。基于此，设计对用地的旅游服务设施做出调整，具体为大幅增加专营性餐饮用地，适当增加专营性娱乐用地，减少住宿用地并加强差异化和特色化发展（表 2-3-5）。

经验案例旅游服务配套设施用地规模配比　　表 2-3-3

用地类型	餐饮用地	住宿用地	购物用地	娱乐用地	保健用地	旅游管理用地	交通用地	其他用地
比例（%）	10~15	10~15	10~30	5~10	0.5~2	1~3	15~20	10~20

资料来源：东南大学城市规划设计研究院，东南大学建筑学院．武夷山市赤石村（国家风景名胜区北入口）片区城市设计 [Z]. 南京：东南大学城市规划设计研究院，2012.

周边已有旅游服务基地配套设施用地规模配比　　表 2-3-4

用地类型	武夷山度假区		杜坝组团	
	面积（hm^2）	占比（%）	面积（hm^2）	占比（%）
餐饮用地	1	0.1	0.2	0.1
购物用地	22	1.9	5	0.7
住宿用地	344	30.3	298	48.0
娱乐用地	18	1.6	22	3.5
保健用地	1	0.1	—	—
旅游管理用地	3	0.3	10	1.6
交通用地	108	9.5	101	16.3
其他用地	640（高尔夫）	56.2	184（公共绿地）	29.7

资料来源：东南大学城市规划设计研究院，东南大学建筑学院．武夷山市赤石村（国家风景名胜区北入口）片区城市设计 [Z]. 南京：东南大学城市规划设计研究院，2012.

设计用地旅游服务配套设施用地规模配比　　表 2-3-5

用地类型	配设建议	理想比例（%）	建议比例（%）	备注
餐饮用地	必须设置	10~15	20~30	饮食店 / 一般餐厅 / 酒吧 / 茶社
购物用地	必须设置	10~15	10~15	小卖部、特色商铺 / 集市墟场
住宿用地	可以设置	10~30	5~10	建议以家庭式 / 钟点式的小型旅舍客栈为主
娱乐用地	可以设置	5~10	8~15	文博展览 / 艺术表演 / 游戏娱乐
保健用地	可以设置	0.5~2	0.5~2	门诊所
旅游管理用地	可以设置	1~3	1~3	宣讲服务点、导游点
交通用地	必须设置	15~20	15~20	非机动交通 / 邮电通信 / 机动车船
其他用地	可以设置	10~20	10~20	居住 / 绿地

资料来源：东南大学城市规划设计研究院，东南大学建筑学院．武夷山市赤石村（国家风景名胜区北入口）片区城市设计 [Z]. 南京：东南大学城市规划设计研究院，2012.

3.3　决策与成果

设计决策位于城市设计编制过程的后期，是一个从设计方案到公共政策转化的环节，一般通过城市设计评审程序实现。

城市设计评审委员会多由城市设计专家以及相关利益主体共同构成，评审内容一般包括以下两方面。一为设计咨询，即对多个城市设计方案进行评比，挑选潜力方案；二为专家评审，即判定城市设计内容是否完成预期目标。通过评审的城市设计项目均需按照评审意见展开深化与修订，修订后的成果报地方人民政府或地方城乡规划行政主管部门审批。自成果批复之日起 20 个工作日内，城市设计成果还需通过政府信息网站以及当地主要新闻媒体予以公布①，接受社会监督。

城市设计决策与后续实施运作都以城市设计成果为媒介。通常情况下，城市设计成果可以分为设计成果、导控成果与数据库成果三类。

3.3.1　设计成果

设计成果是城市设计方案意图的总体呈现。在内容上主要包括方案生成的基础研究，即通过上位规划与现状分析等研究形成的用地定位、专题探讨与基本概念。其次为设计方案，主要为方案总平面、系列系统图示（功能结构、土地利用、道路交通、景观绿化、开放空间、强度控制等）与重点地段详细设计。最后为设计意象表达，即通过效果图、三维模型、多媒体动画等形式对前述各种空间设计效果进行直观展示，便于公众理解方案意图。

3.3.2　导控成果

导控成果是将城市设计从方案构思转化为控制引导的图示与文字，通常有导则与图则两种形式。

导则的表达形式相对自由，内容也没有统一规定，多由城市设计项目自行编制、表达设计意图。在深度上，导则分为规定性与绩效性两种。规定性导则直接限定设计采用的具体要求，如建筑高度、体量、材质等，后续设计只有符合规定要求

---

① 中华人民共和国住房和城乡建设部 . 城市设计管理办法（中华人民共和国住房和城乡建设部令第 35 号）[S]. 北京：中华人民共和国住房和城乡建设部，2017.

才会被评定为通过；绩效性导则则提供后续设计需要达到的特征与效果，并通过提供“为什么”“怎样做”的原因与方法鼓励达到效果的多种可能途径，所有可能实现效果的途径都可以被评定为通过。相较之下，规定性导则易于保障效果的可控性，绩效性导则易于为后续设计创作提供有限理性的弹性空间。

图则在表达上主要借鉴规划图则的形式，图表与文字配合使用。目前设计图则的具体要求多由地方城市设计行政主管部门以地方法规的形式加以明确，一般会对系列控制性内容（边界范围、道路断面、建筑退界、建筑高度、视线控制等）和引导性内容（空间组织、景观组织、节点空间、建筑布局、建筑风格等）[①] 做出规定。与表达内容及形式相对灵活的导则相比，城市设计图则的规范性更强，与规划成果的契合度更高，更利于与后期规划管理的衔接（图 2-3-5、图 2-3-6）。

3.3.3　数据库成果

城市设计数据库成果的出现源于 21 世纪前后移动互联网、数字地球、智慧城市、人工智能等技术手段的日益发展，城市设计的专业认识、作业程序与成果平台都因此发生了巨大的改变。

总体上说，城市设计数据库是以城市三维空间为对象构筑的多元数据集合。这种集合可以通过调整三维空间的单元大小控制数据的精细程度，匹配不同尺度规模用地

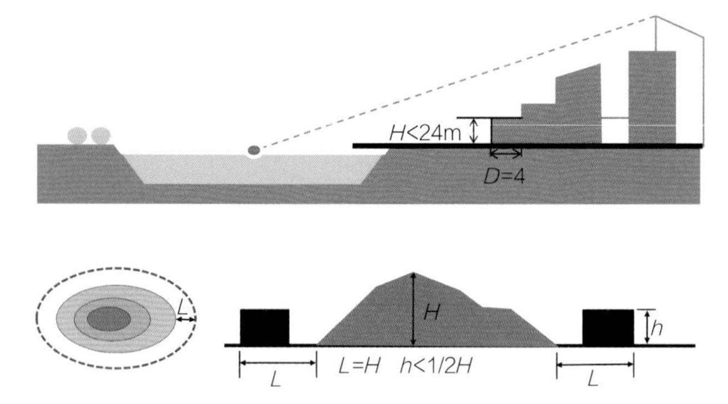
滨河建筑要求第一层建筑 4m 进深内建筑高度一般不超过 24m。
临山建筑要求山体范围线向外扩山体高度一倍的距离作为缓冲区，其中的建筑高度控制在 1/2 山体高度以下，相连山体按各独立山峰高度计算。
H<24m
D=4
L
H
h
L=H　h<1/2H
L
L

图 2-3-5　镇江滨河临山建筑高度控制导则

资料来源：东南大学城市规划设计研究院，东南大学建筑学院．基于风貌保护的镇江中心城区城市设计高度研究 [Z]. 南京：东南大学城市规划设计研究院，2018.

① 中国建筑工业出版社，中国建筑学会．建筑设计资料集：第 8 分册 [M]. 3 版．北京：中国建筑工业出版社，2017：10 城市设计 / 总论 / 工作流程与成果．

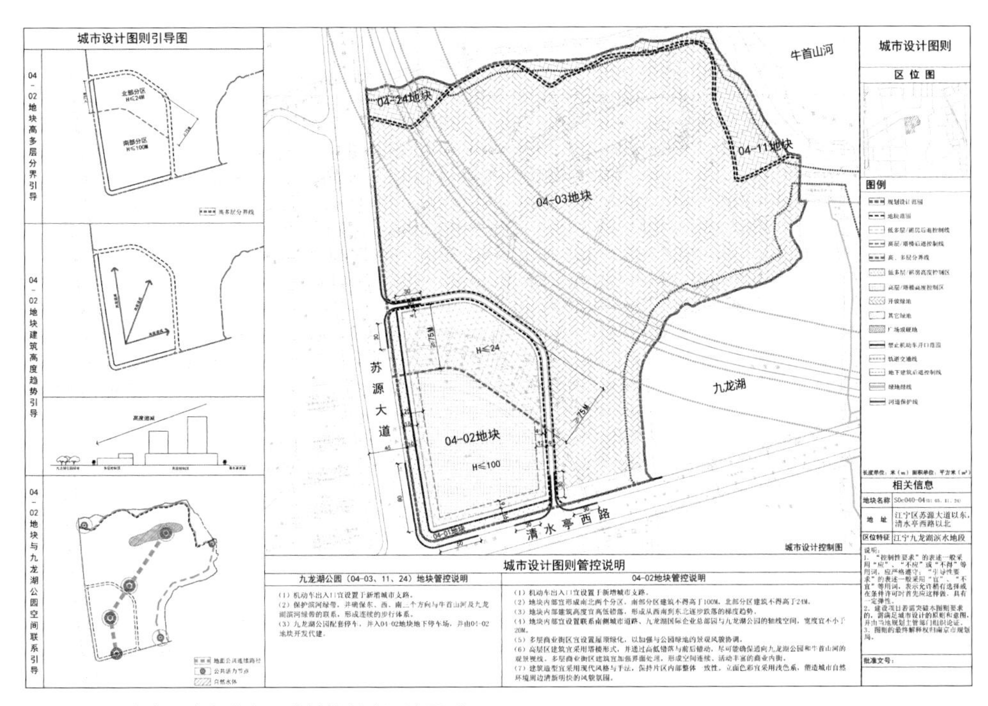

图 2-3-6　南京江宁九龙湖西北地块城市设计图则

资料来源：东南大学建筑学院．南京江宁九龙湖西北地块城市设计控制研究 [Z]. 南京：东南大学建筑学院，2019.

的城市设计要求。同时，针对同一个空间单元，数据库成果能够将功能、交通、人口、经济、环境、建筑等多种要素进行连接，建立数据子集，支持高效便捷的设计分析。

在规划管理层面，长期以来城市设计和城市管理分属两种不同的语境，数据库成果部分改变了这种“两张皮”的情况，其成果可以直接植入当下以信息电子化为特征的规划管理中，通过整体关联实现动态更新和完善，更好地应对城市形态模型建构和导控的复杂系统，实现与城市规划管理工作的实质性衔接[①]。

3.4　参与式设计[②]

城市设计的最终目标在于改善人居环境品质，体现“以人为本”的核心宗旨。从这一意义说，城市设计的对象本体并非全然的物质空间要素，也涉及社会内容的思考与建构。正如国际著名城市设计实践大师巴奈特所说，“现代城市设计是一种

① 王建国．从理性规划的视角看城市设计发展的四代范型 [J]. 城市规划，2018（1）：9-19.

② 徐奕然．“互联网＋”时代背景下参与式城市设计方法的传承与拓展 [D]. 南京：东南大学，2017.

公共政策，是一个连续决策的过程[①]”，以通过相关利益主体的参与机制，减少城市建设带来的潜在冲击，围绕公共导向平衡各方利益，而这种融入多方利益相关者共同参与城市设计的过程就是参与式设计。

步入 21 世纪，在“互联网 +”的时代背景下，日新月异的网络数据和媒体环境引领着信息通信技术与传统行业的不断融合，城市数据信息的获取相比传统调查渠道更加多样、动态与精确，而新媒体结合数据可视化与交互技术也为设计参与提供了实时开放的交流途径，设计参与的技术方法得到有效拓展。

综合以上，参与式设计是城市设计的内在要求，也是时代发展的趋势所在，它贯穿于从资料搜集、分析构思到决策成果的设计全周期，并集中体现为数据采集、环境模拟与平台互动三种形式。

3.4.1 数据采集

数据采集是由设计师向公众单向收录城市设计相关信息，以辅助现状分析与方案生成的手段。传统的数据采集方式包括观察法、问卷法和访谈法。观察法指设计团队进入场地，通过观察或角色扮演记录切身感受和居民日常行为活动信息。问卷法是向目标人群发放调查问卷，通过针对性问题了解相关意见与需求。访谈法则是面向市民、专家、开发建设方、公益组织、政府机构等相关利益群体，以对话形式收集信息。

随着信息通信和物联网技术的发展，现代城市产生了以大数据为代表的信息数据，进而拓展出“网络数据挖掘”“智能终端数据采集”等新型数据采集手段。其中“网络数据挖掘”指借助爬虫软件抓取生活服务网站、移动社交软件中包含的地理位置、文本、图像、视频等用户信息，以帮助判定城市空间结构、业态分布、人群活动、空间喜好等特征。“智能终端数据采集”则是借助智能手机、GPS 导航仪、眼动仪等终端设备，跟踪采集记录人群的时空活动轨迹、个体生理及心理变化等数据信息，帮助判定城市区域间的关联度，特定人群的出行特征、职住规律及人们对城市空间不同要素的关注程度等，辅助城市设计策略研究。

在芜湖总体城市设计中，项目借助手机信令数据辨识人群活动的聚集中心、动态迁移特征与人流峰值区位，进而与城市现有功能区之间进行匹配评价

---

① Barnett，Jonathan. Urban design as public policy：practical methods for improving cities[M]. New York：Architectural Record Books，1974.

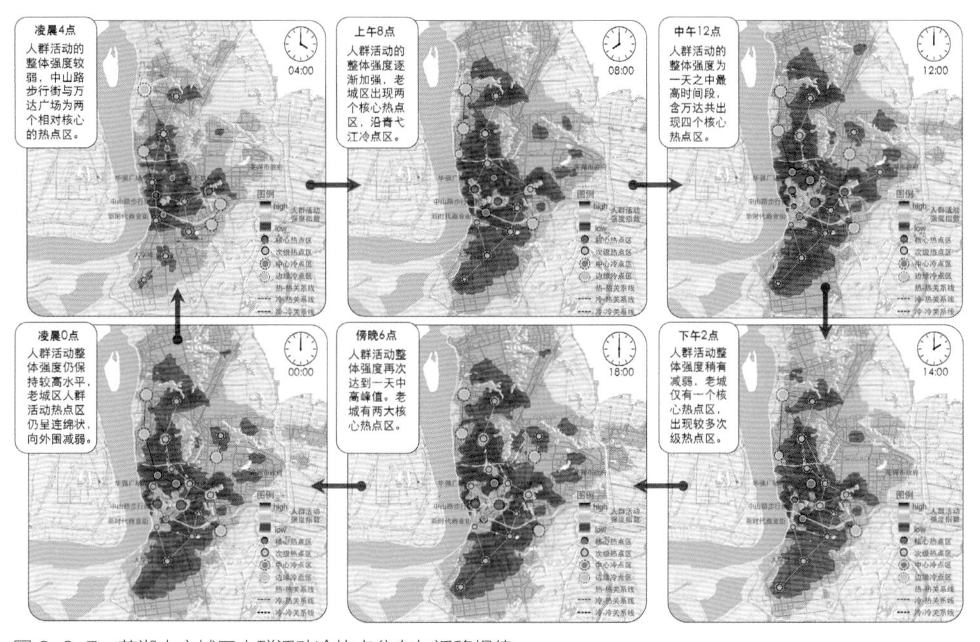

图 2-3-7　芜湖中心城区人群活动冷热点分布与迁移规律

资料来源：东南大学城市规划设计研究院，东南大学建筑学院 . 芜湖城市景观风貌规划暨总体城市设计 [Z]. 南京：东南大学城市规划设计研究院，2016.

（图 2-3-7）。在南京金陵船厂及周边地块城市设计中，项目借助眼动仪进行滨江城市天际线的视觉感知模拟实验。数据显示，市民在动态慢速行进过程中对于天际线景观的关注集中在城（滨江高层建筑群）、山（幕府山）、厂（金陵船厂龙门吊）、桥（长江大桥桥头堡）四个要素上（图 2-3-8）。

3.4.2　环境模拟

环境模拟是以图像和模型为载体，通过绘制、选择、拼贴等操作展开的一种空间体验活动，以唤醒与反映参与者的环境意象。

早期的城市环境模拟方法是认知地图。认知地图最早出现在《城市意象》一书中，是一种由市民在场地底图上绘制空间结构、活动路径等草图，以获取城市真实感受和要素意象的方法。由于具备较好的原始性和直观性，该方法至今仍被广泛应用。在南京江宁东山府前及周边地区城市设计中，项目以“圈注”形式获取市民对于地方中心的认同情况，结果显示府前地区是市民心目中认同度最高的中心所在地，与百度热力图中的活力度结果同构，在江宁地区四心合一的中心体系中占据重要地位（图 2-3-9）。

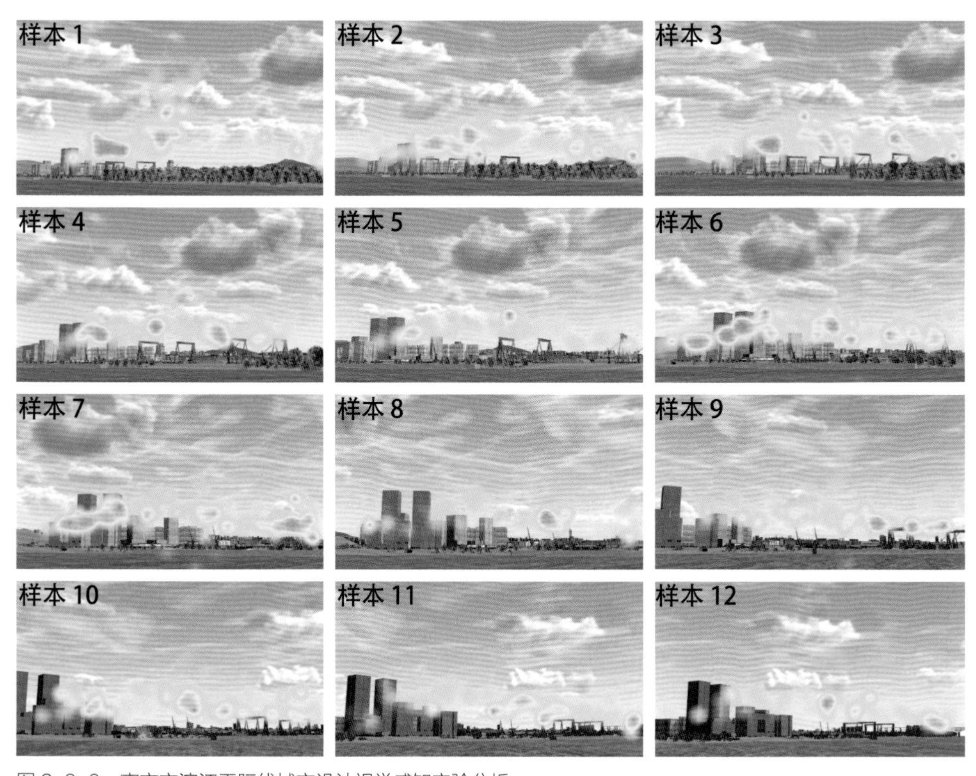

图 2-3-8　南京市滨江天际线城市设计视觉感知实验分析

资料来源：东南大学城市规划设计研究院，东南大学建筑学院 . 南京金陵船厂及周边地块城市设计 [Z]. 南京：东南大学城市规划设计研究院，2021.

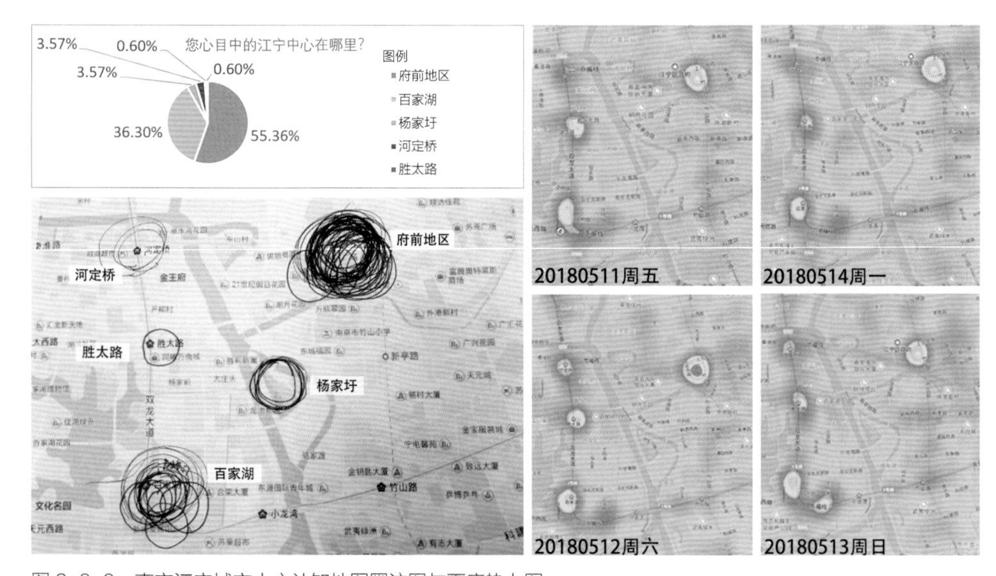

图 2-3-9　南京江宁城市中心认知地图圈注图与百度热力图

资料来源：东南大学城市规划设计研究院，东南大学建筑学院 . 江宁东山府前及周边地区城市设计 [Z]. 南京：东南大学城市规划设计研究院，2019.

在认知地图的基础上，“愿景卡片”“布局模型”成为进一步发展出的参与方式。其中“愿景卡片”主要针对设计区域的现状资源和现实问题，预先拟定未来的多个目标和生活场景，并以各种卡片形式引导参与者进行探讨（图 2-3-10）。“布局模型”则通过积木体块、彩纸条带等介质的排列、堆砌、粘连，由不具备专业设计能力的市民直接介入空间的设计与讨论，表达设计构想。

在数字技术不断发展的今天，以“虚拟现实”和“数字城市”为代表的数字模拟手段也逐渐被应用于城市设计实践中。其中“数字城市”是对真实城市时空双维度的数字化信息转译与复刻，并在时空记录精准性方面性能突出。虚拟现实技术则是一种基于可计算信息的沉浸式交互环境，使用者借助 VR 设备，从视、听、触多个感官感受三维空间，并通过手势、口令等交互操作参与三维模型的建造与修改。瑞典程序员将这一技术应用在沙盘游戏“Minecraft（我的世界）”中，参与者可以在设计师的引导下，使用 Minecraft 对设计场地进行区域划分、设施布局、建筑选

图 2-3-10 德国柏林某建筑师事务所为设计项目定制的愿景卡片套盒
资料来源：徐奕然摄 .

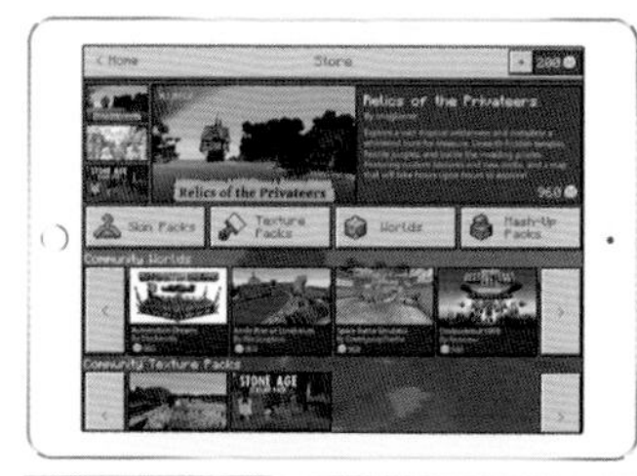

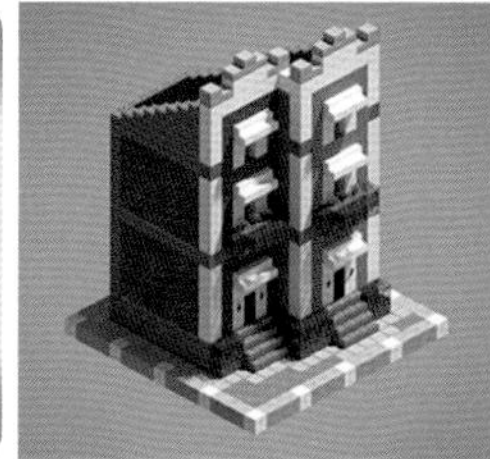

图 2-3-11 “Minecraft（我的世界）”电脑沙盘游戏操作界面及设计场景
资料来源：徐奕然．“互联网 +”时代背景下参与式城市设计方法的传承与拓展 [D]. 南京：东南大学，2017.

型、景观种植与活动策划，并对彼此的设计方案进行投票评价，最终找到多数人喜爱的设计方案（图 2-3-11）。

3.4.3 平台互动

较之“数据采集”和“环境模拟”，“平台互动”意在转变城市设计传统的磋商机制，形成以公众为主体、自下而上向城市设计献言献策的参与形式。通常情况下会通过开放展览、会议交流和系列主题活动吸引公众关注、展开主题讨论、助力社区营造、推动设计实施。

以南京市小西湖片区保护与复兴设计研究项目为例，项目策划的社区开放日就是一种通过开放展览与当地居民进行设计沟通的互动形式。团队将概念构想通过图板向小西湖居民进行展出和讲解，并听取意见倾诉。现场还平行开展了“画出美好家园”的涂鸦活动，小朋友们在打印好的场地三维底图上尽情挥洒对社区未来的畅想。通过这些方式，项目成功获取了居民对于项目前期工作的反馈意见，为下一阶段的设计深化提供了参考（图 2-3-12）。

另外，互联网强大的信息扩散和人气聚集效应拓展了多元利益主体间的沟通渠道，以“社交媒体”与“公众参与地理信息系统”为代表的互动新平台应运而生。其中“社交媒体”擅长信息传播、经验分享和观点交换，有利于整合社会力

图 2-3-12　南京市小西湖社区开放日现场

资料来源：徐奕然．“互联网 +”时代背景下参与式城市设计方法的传承与拓展 [D]. 南京：东南大学，2017.

量实现全过程公众参与；“公众参与地理信息系统”则既有传统 GIS 系统空间查询与分析的功能，又能让参与者以文字与图形的方式反馈意见，是官方信息发布与公众意见收集的有效渠道。北京城市象限科技有限公司研发的“云雀象限”便是基于微信小程序开发的城市空间交流平台。在北京市朝阳区双井街道开展的试点项目中，市民可以通过拍照留言的方式，针对道路交通、卫生环境、自行车停放等现实情况进行意见评论，便于设计团队动态掌握信息，不断完善相关设计[①]（图 2-3-13）。

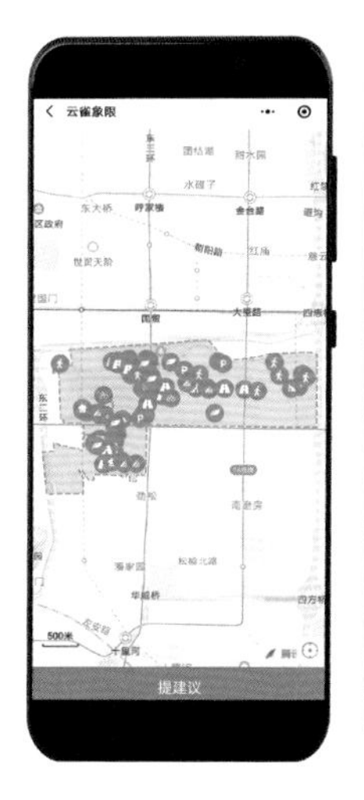

图 2-3-13　“云雀象限”微信小程序界面

资料来源：城市象限．数“治”城市 [EB/OL].（2020-05-10）. http：//pro.urbanxyz.com/index.html.

① 城市象限．数“治”城市 [EB/OL].（2020-05-10）. http：//pro.urbanxyz.com/index.html.

第 三 章

总体城市设计方法与实践

总体城市设计主要是针对城市市域或所辖主要城区范畴编制的一种大尺度项目类型。其主要任务在于依据城市自然、历史、气候等诸多客观条件，确定城市特色与空间结构，解决我国城市在快速城市化进程中普遍面临的“千城一面”问题。从这点上说，总体城市设计是每个城市都需要开展的工作内容，其成果也是地方总体城市规划成果的重要组成部分。

根据自身的城市特征与项目任务差异，本章遴选了 4 个典型城市。从面积规模上来说，既包括代表城市核心片区的南京老城（$40km^2$），也包括主城区范畴的镇江（$300km^2$）与市域范畴的常州（$2800km^2$）；从地域分布上来说，既包括江南城市南京、常州，也包括寒地城市呼伦贝尔；从自然资源特征上来说，既包括低山丘陵城市镇江，也包括多水城市常州与呼伦贝尔；从项目任务上来说，这 4 个城市的总体城市设计都涉及城市特色的建构，但又根据城市发展的不同阶段与面临的现实问题提出了针对性的目标，或聚焦城市风貌体系的建构，或关注城市空间形态的优化塑造，或强调城市公共空间的活力提升，或侧重历史保护条件限定下的高度管控。

以下即是这 4 个城市的总体城市设计实践与方法探索。

01

江南水城空间特色营造：水城空间特色塑造与活力提升体系建构
——常州总体城市设计（2800km²）

1.1 江南水城空间特色营造及活力提升的方法与思考

党的十九大明确了中国特色社会主义新时代社会主要矛盾已转为“广大人民群众日益增长的对美好生活的追求与不平衡不充分的发展之间的矛盾”。随着城镇化进程进入“下半场”，城市设计主要任务由对城市的空间增长设计转向内涵品质提升，城市活力在此背景下变成了一个十分重要的命题[①]。此外，新的城镇化建设阶段更加注重生态文明和绿色发展，长江三角洲区域一体化发展规划，将生态优先和绿色发展作为重要的发展理念。2014 年，中央财经领导小组第五次会议上提出“以水定城、以水定地、以水定人、以水定产”，强调了水资源对城市发展建设的重要支撑作用。

事实上，“城一水”关系一直是我国古代营城中的关注重点，《管子》乘马篇中“凡立国都，非于大山之下，必于广川之上。高毋近旱，而水用足；下毋近水，而沟防省。”阐述了在城市选址中与水的关系对城市运营维护的重要作用。其水地篇中则强调“水者，地之血气，如筋脉之通流者也”，并通过从植物、玉石等与水的关联论述了水作为万物之本原，并通过比较的方式阐述了由水的差异导致的地域性特色[②]。对于我国北方缺水城市，水在很大程度上决定了城市发展的规模，而对于南方水资源充足的城市，水与城市的空间形态关系则是更好地提升城市空间特色的重要载体。

常州作为典型的江南水城，全境水网纵横交织，湖泊星罗棋布。全市水域面

① 王建国 . 包容共享、显隐互鉴、宜居可期——城市活力的历史图景和当代营造 [J]. 城市规划，2019（12）：9-16.
② 管子 . 管子 [M]. 北京：中华书局出版社，2009.

积达 335.4km^2，水岸线全长 3509.3km，北临长江，南拥西太湖、长荡湖等湖泊资源，市区内有京杭大运河横贯其中，老城内呈现“城濠相依，重重相套”的水城关系，整体上则是“通江达湖，全面拓展”的大水系格局。此外，常州的人文底蕴深厚，历史遗存资源丰厚，经济基础良好，这些也促使常州市民对城市公共空间的活力具有更高的诉求。如何塑造出水城空间特色并提升城市活力是城市设计中需要重点关注的问题。在常州总体城市设计案例的汇总后，设计凝练如下方法与探索。

第一，现状问题梳理。总体城市设计涉及对城市复杂巨系统的解读、剖析和优化，往往需要根据城市特征，从子系统的角度展开对城市现状问题的分析。城市设计将城市分解为系统来剖析的目的在于从动态、混沌的城市环境中建构一个整体性的结构与流程以呈现常规设计活动中无法表达的总体关系①。大尺度城市设计在现状调研和问题分析中，由于所涉及的研究对象已远超个人实际感知和日常认识的范畴，仅仅依托传统的调研方法已难以形成对城市整体问题的把握，数字化技术的应用很大程度上丰富了总体城市设计方法②。为了建构研究问题与总体城市设计及数字管控三者之间的关联，常州总体城市设计探索了基于 GIS 数字技术平台，结合 MODIS 卫星数据分析、Phonics 风环境分析、包络分析、LBS 手机信令分析、卷积神经网络分析、POI 数据分析等多种数字技术于一体的城市设计分析新方法，围绕水城空间特色及城市活力两个方面，从宏观整体空间结构到微观的街区形态不同层面逐步展开分析（图 3-1-1）。

第二，水城空间特色营造。围绕水城空间特色塑造，设计提出 WOD（滨水开发导向）理念，从水城景观提升、历史文化彰显和城市微气候优化三个层面展开。水城景观层面主要包含了水系本体形态分类研究，水绿关系、滨水业态以及水体感知分析。历史文化层面主要包括历史资源利用现状、资源点空间分布与水系关联度和公众认知三个方面。城市微气候从城市热岛分布、沿河通风走廊建构两部分展开。基于对常州水城特色资源、现状特征、空间特色规律的整体把握，总体城市设计重点从城市子系统的梳理及地块高度的控制与引导来保护和塑造水城空间特色，以期通过滨水区开发提升城市公共空间品质。

第三，城市空间活力提升。设计应对城市活力提升提出 CAZ（中央活力区）

---

① 童明．项目导向还是系统导向：关于城市设计内涵的解析 [J]. 城市规划学刊，2017（1）：93-102.

② 王建国．从理性规划的视角看城市设计发展的四代范型 [J]. 城市规划，2018（1）：9-19.

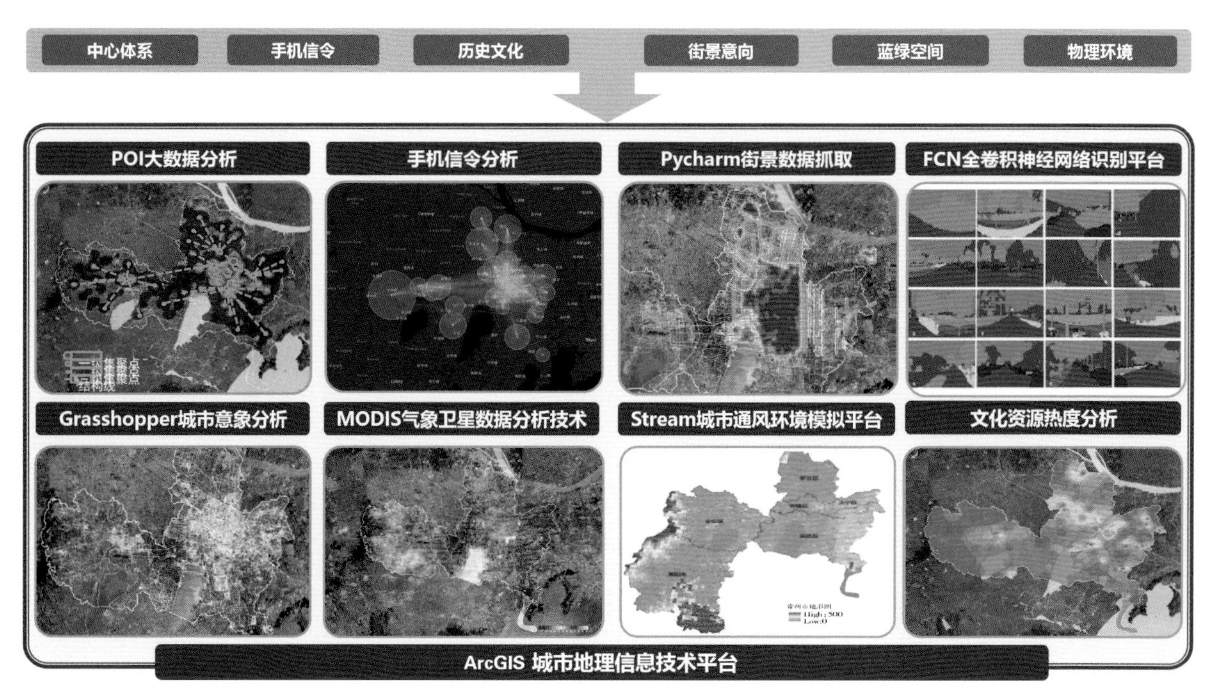

图 3-1-1　数字技术集合设计方法
资料来源：常州总体城市设计 .

理念，从人群活力引导、中心体系建构和街道景观更新三个层面展开。人群活力引导包含了活动圈层建构、动态活力建构及地段活力提升三个部分；中心体系建构涉及服务中心布局，重点区中心体系，城市中心区三维形态引导；街道景观更新包括街巷体系串联，街道分类控制和特色街道空间引导。基于对城市现状活力动态分布与城市空间形态关系的研究，设计从城市设计角度通过中心体系布局及形态优化合理地引导城市整体活力分布，结合街道空间景观的优化提升城市公共空间微观活力。

第四，多尺度城市设计空间导控要素传递。基于大数据样本分析及数字技术方法所建构的城市“整体性”认知，相对于传统的设计分析方法，具有客观理性、科学精确、全面动态的优势。然而，这一整体性的结构式构想如何转化到各层级城市设计中，长期以来是总体城市设计中的一项技术难点。本次城市设计首先通过数字化平台建构，以街区为单元将各分体系控制要素进行叠合校验，形成整体空间评价模型，将各个系统控制原则分别转化形成市域、中心城区及重点地段三个层级的控制要素。

1.2　常州城市概况与主城现状问题

本轮常州总体城市设计的范围约 2838km^2，包含了金坛区、武进区、新北区、天宁区、钟楼区。依据《常州城市总体规划（2016—2035）》成果，设计提出常州率先实现中国梦的“智造名城、常乐之州”的城市发展愿景，强调“十”字轴发展结构，东西联动、南北提升，建构“一心四片”结构。“一心”为打造融老城中心、行政文化中心、金融商务中心于一体的市级组合中心，“四片”为新北、经开、武进、金坛四个城市副中心（图 3-1-2）。

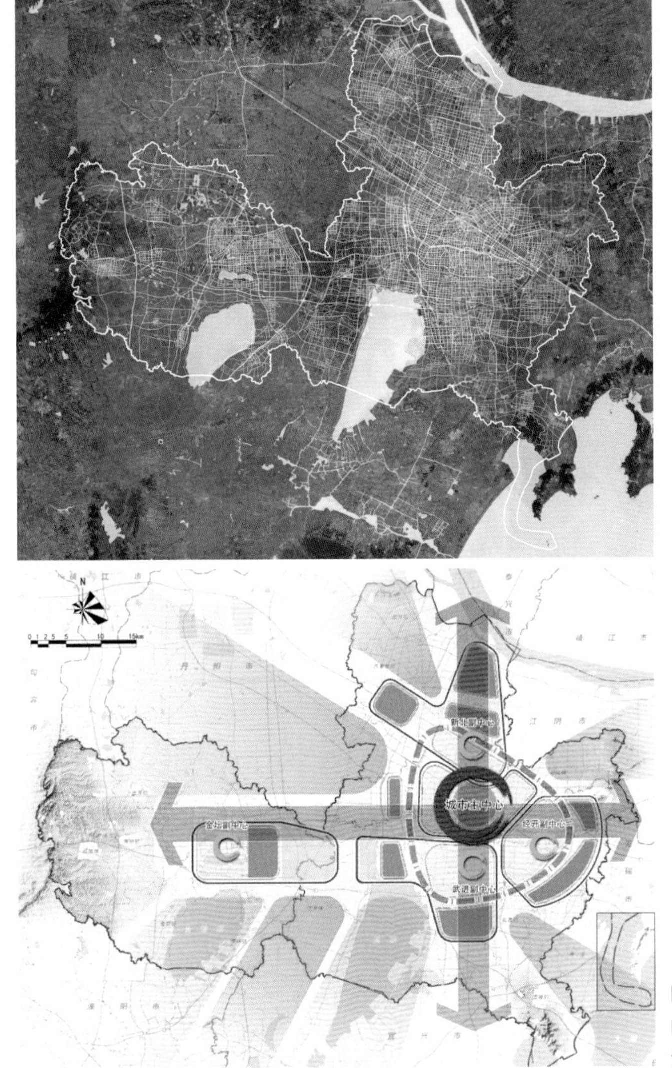

图 3-1-2　设计范围及上位规划空间结构
资料来源：常州总体城市设计 .

常州地貌属高沙平原，山丘平圩兼有。南为天目山余脉，西为茅山山脉，北为宁镇山脉尾部，中部和东部为宽广的平原、圩区。全境水网纵横交织，湖泊星罗棋布。全市水域面积达 335.4km^2，全市水线全长 3509.3km，市区内有京杭大运河横贯其中。《吴中水利全书》记载，“常州地势视苏、松为高，然北枕大江，南控太湖，水之猥集境内者，皆合于漕河奇分，而流注于江湖焉，盖亦百川之巨都也”。江南地区密集的水网体系，不仅孕育了悠久的农耕文化，在中国近现代起到了代替陆路运输的作用，为促进小规模私人产业分工体系的建构提供了必要的条件[①]。通过对历史水系和现状的梳理，设计定位常州为远山湖、广平原、支系水网密集型城市，市域内无大型山脉和湖泊，地势平坦开阔，城市中遍布毛细血管状细密水网，主城区支系水网岸线密度高达 30m/hm^2，在京杭大运河沿线城市中位列第一。我们在 GIS 平台以常州水系做半径 100m 缓冲分析后发现，相关用地覆盖了设计范围的 60%（图 3-1-3）。

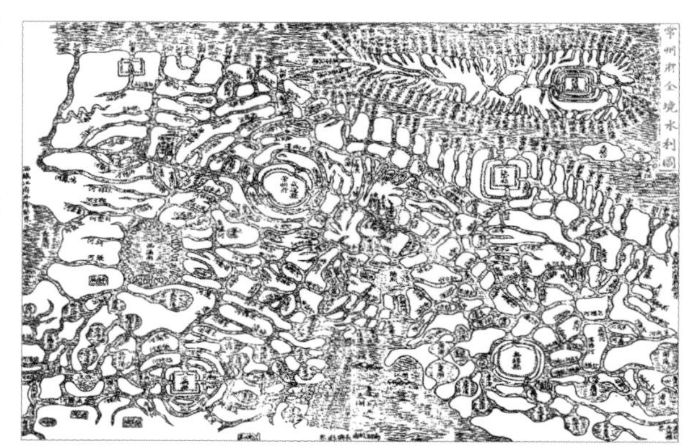

图 3-1-3　常州水资源
资料来源：常州总体城市设计 .

历史上的常州公共空间活力与城市水系有紧密的联系，淹城遗址是春秋时期中国以水营城的典范。事实上，常州在 1983 年前的主要发展方向即是沿京杭大运河沿线展开。关河和江南运河承载着市民重要的公共活动，红梅公园、东坡园、天宁寺、青果巷等重要的城市公共公园和历史街区均和河道有着密切的互动关联。此外，不少民居邻水而建，体现了当地逐水而居的传统特色。

---

① 段义孚 . 神州 [M]. 赵世玲，译 . 北京：北京大学出版社，2019.

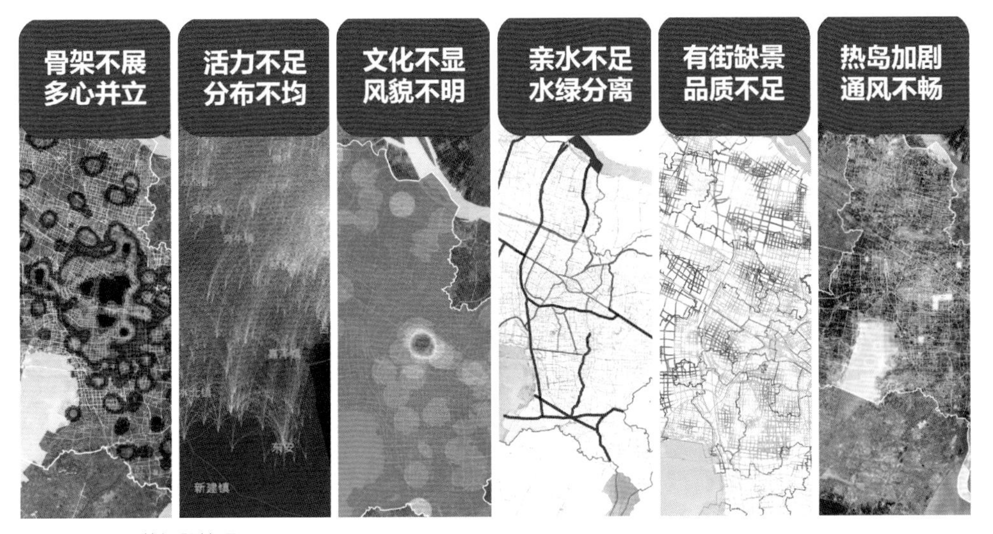

图 3-1-4　现状问题梳理
资料来源：常州总体城市设计 .

随着城市化进程的推进，常州城市建设全面展开，城市建成环境与水系的有机关系被打破，城市活力受到相应的影响。通过现场和数字化调研相结合的方法，团队总结了本次城市设计需要重点应对的 6 个现象和问题（图 3-1-4）。

现象一：城市中心体系层面，“骨架不展，多心并立”。从骨架结构和功能业态两个方面，综合运用 POI 大数据、十二项针对性分析技术、调查问卷等方式进行综合的研究与剖析发现，城市被各片区所包围，在区划调整的影响下，先向北后向南发展，导致中心体系的骨架结构呈南北向狭长的形态。城市已经形成一主两副的中心体系结构模式。其中，在市民认知中，老城仍然是生活服务的主要中心，并向北侧行政中心延伸。通过 POI 大数据的分析可以看出，其生产型服务业发展相对滞后，生活服务及购物餐饮职能突出，且各类功能业态的集聚也呈现出以老城为中心团块状集聚并向南北向轴线延展的特征。其中，综合体的特点最为突出。常州目前已建、在建及拟建综合体近四十个，且大量集中在老城、新北和武进中心区内，同业态竞争压力巨大。

现象二：人群活力分布层面，“活力不足，分布不均”。项目使用常州市域范围手机信令数据，利用手机信令数据实时定位、精准测量的优势，进行常州城市活力研究。常州人群活力呈现显著的组团化、多中心的人群动态结构，人群活力不足，分布失衡。主要有以下四点原因：①城市外围居住空间吸引力不足，中、高房价人群以及公职和商业商务职业人群难以向外疏解，高度集中于城市中心区域。②虽然

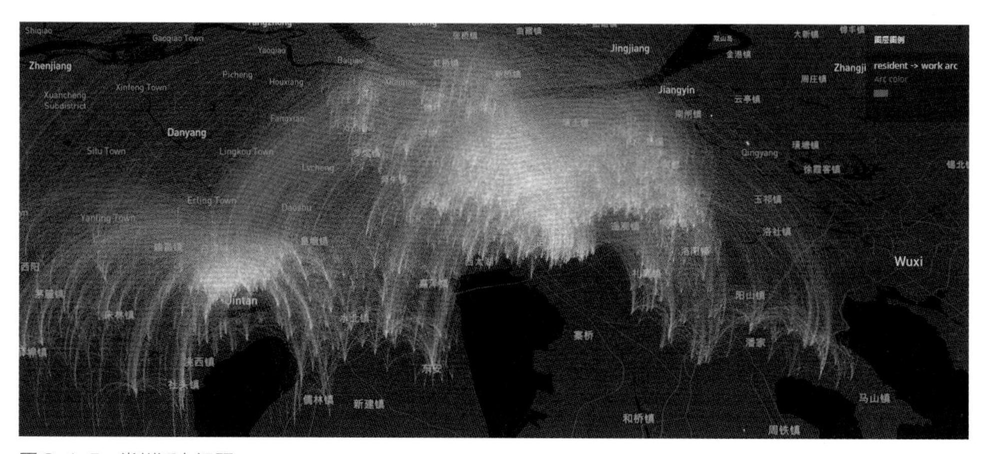

图 3-1-5 常州活力问题
资料来源：常州总体城市设计 .

产业就业空间相对均衡，但城市行政办公设施、公共服务设施、商业商务设施过度集中于少数片区，造成就业活动活力不足。③缺乏多层次、多类型的购物空间，购物空间过度集中于老城、武进、金坛，其他地段商业活力不足。④缺乏多层次、多类型的游憩空间（图 3-1-5）。

现象三：历史文化层面，“文化不显，风貌不明”。现状存在知名古城公园周边活力遗失，历史资源对城市发展的制约以及重点地段风貌不明的问题。在常州市内的 8 个国家级、省市级遗址当中，仅有淹城、圩墩、阖闾城三处目前相对有较为系统性的展示，且三大遗址的周边地区仍存在功能断裂、肌理混乱、活力缺乏、环境堪忧等问题。常州的部分景观道路和文化地段风貌不显，缺乏常州地方特色，需要结合历史片区保护和更新体现常州城市风貌和精神的空间特色，激发周边特色文化符号的价值（图 3-1-6）。

现象四：滨水空间层面，“亲水不足，水绿分离”。城市缺少优质的亲水空间、滨水的界面风貌破败、滨水环境嘈杂脏乱差、步行空间不连续等。就滨水空间而言，外围新城区滨水业态单一，缺少亲水活动区域，缺少滨水公园，水绿结合程度较低。从滨河视线景观角度看，部分重要视觉通道受城市高层建筑阻挡，视觉品质下降。从市民对水体的感知度看，京杭大运河、十里横河、新孟河、澡港河等河道水体，市民感知度较低。基于滨河地段的地价分析发现，滨水地块的价值并未得到最大化利用。

现象五：街巷空间层面，“有街缺景，品质不足”。项目在前期运用 Pycharm 技术提取了街景大数据，对街巷品质进行了分析。常州街巷空间的主要问题是功

图 3-1-6　常州文化及街景问题
资料来源：常州总体城市设计 .

能定位模糊、性质不明而导致的城市道路输配体系不完善，空间品质欠佳，缺乏市级层面的特色景观道路体系。部分街道机动车道、静态停车与步行空间冲突较大。常州街巷的界面往往只关注对红线和贴线率的控制，对于街道界面的品质和风貌缺乏管控和营造，使得街巷界面品质较差、失调、无序，影响街巷空间的整体品质和感受。

现象六：城市物理环境方面，“热岛加剧，通风不畅”。城市大规模开发导致自然地貌的改变及建筑密度的增加，使得城市下垫面变得更为粗糙，致使城市通风

图 3-1-7　城市热岛时空演变
资料来源：常州总体城市设计 .

不畅，风速呈现减小的趋势，继而引起空气污染和城市热岛加剧等气候问题。通过 MODIS 卫星数据抓取，在分析常州市历年热环境分布趋势后，我们发现城市中心区热岛效应最为严重，金坛区中心、中心区周边村镇中心、产业园区等热岛效应也日益凸显，暖城现象明显。通过 Stream 风环境模拟发现，由于城市中心高楼林立，大型绿地斑块较少，中心城区内，特别是老城厢片区、钟楼经济开发区、新北区新桥镇片区、武进中心片区等存在较多的静稳风区，风速低，不利于热岛的消散和空气疏通（图 3-1-7）。

1.3　常州水城空间特色营造

常州总体城市设计中提出 WOD 的城市发展模式（滨水开发导向），以滨水区为导向开发模式，提倡通过城市滨水空间的塑造提升人居环境品质，盘活土地价值。该模式是国内外不少城市构建公共空间网络、塑造城市风貌以及提升城市人居环境的重要抓手。WOD 模式注重 5 项原则：①可持续的绿色发展理念；②注重核心区与滨水经济带的协同发展；③依托高品质城市设计营造公共活动空间；④强调人文景观的塑造和城市精神和文化氛围的构建；⑤通过公共事件和大型节日庆典组织赋予滨水空间活力。根据上述原则，常州总体城市设计为水城空间特色营造提出三个策略（图 3-1-8）。

图 3-1-8　滨水开发模式
资料来源：常州总体城市设计 .

第一，营造亲水空间策略。策略包含四个部分。

（1）水带绕城：依据河面宽度、河道功能等要素对常州市域内现有河道进行梳理与等级评价，构建城市三级水网骨架，为常州塑造城市特色和提升城市人居环境提供抓手，形成水系与城市有机环绕的空间格局。京杭大运河、丹金溧槽河、新孟河、澡港河、通济河等 7 条水系构成一级水网，十里横河、北塘河、三山河等 14 条河流构成二级水网，其余支河构成三级水网，在此基础上对不同等级水网的生态修复、沿岸开发、文脉延续进行分类引导（图 3-1-9）。

（2）水带串珠：城市总体层面，设计首先打造完善的生态格局，发挥河道生态廊道功能，串联重要生境开敞空间，包括沿薛埠河—通济河—夏溪河茅山风景区，钱资湖湿地和西太湖湿地，沿北塘河联系黄天荡，沿舜河联系三山港湿地，依据水绿相依的总体原则，盘活核心区滨水绿地，通过道路景观优化和开敞空间视廊控制，创建公园绿地与滨河资源的良性互动，形成水绿相依的都市绿地格局。中心城区层面，设计则利用运河水脉景观走廊串联东坡公园、红梅公园等公共绿心，通过澡港河、新运河、北塘河等环城水脉，串联常州恐龙园、奥体中心等公共活动空间。老城厢片区则通过关河文化慢行环串联历史文化街区和特色街巷，形成特色滨水文化体验的路径网络。

（3）滨水视廊：针对不同层级的水网体系，选择重要的滨河景观眺望点，通过

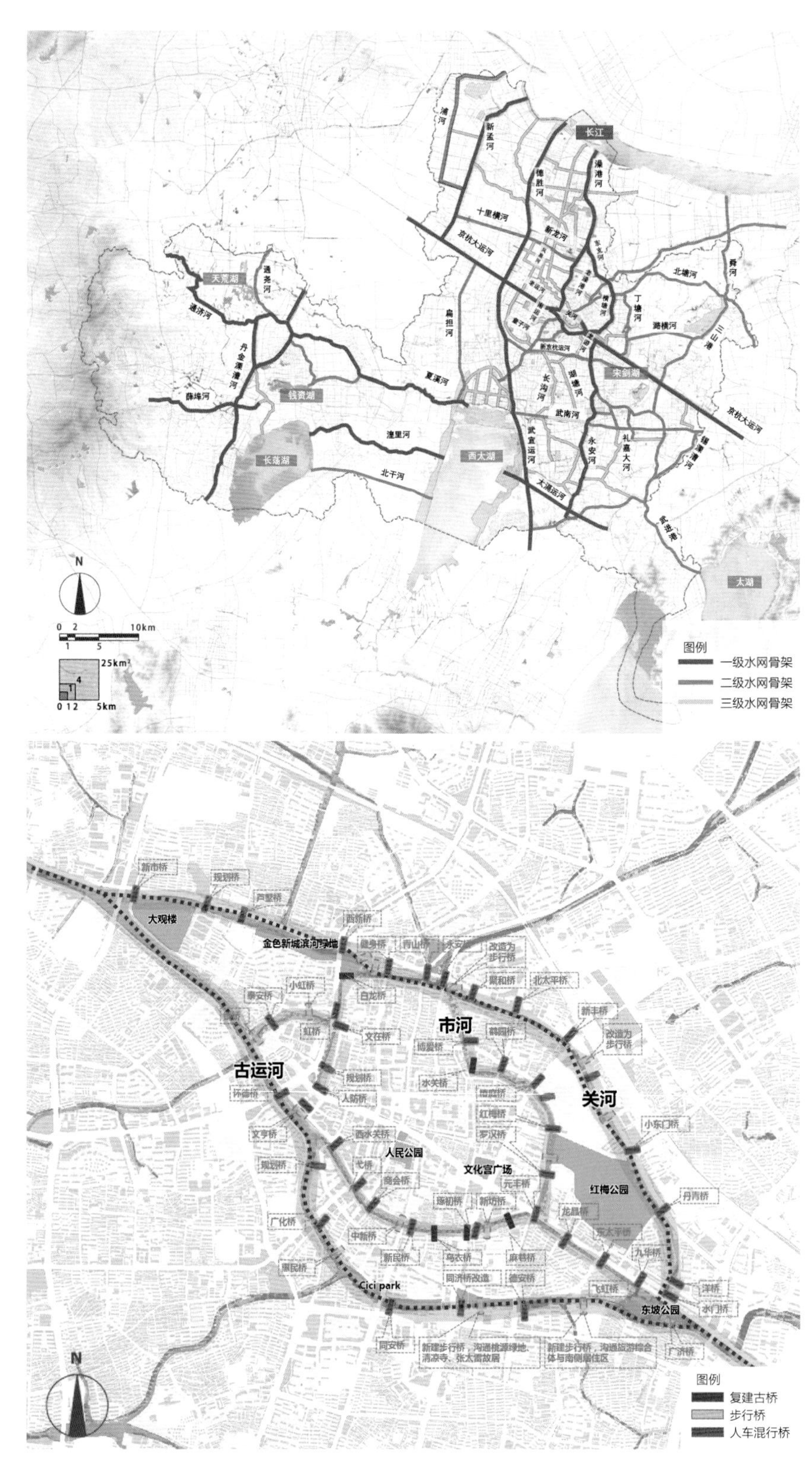

图 3-1-9　营造亲水空间策略

资料来源：常州总体城市设计 .

视觉锥角方法保护相对应的景观结构关系，对重要城市建设区中的建筑高度展开精确的梯度化控制，对标志性景观进行保护和引导。其中，东坡公园视点位于关河与老运河交叉口，对常州水城关系的展示具有重要意义，该视点的研究和设计重点在于保护东坡公园—天宁寺视线通道、关河南线两条视觉走廊，设计对重要视廊两侧建筑体量进行控制。

（4）水上之桥：在长江下游和中国南方水网密布的平原上，桥往往是引人注目的地标。无论是在乡村还是城市，桥梁都具有视觉的重要性。根据富格尔·梅耶在一本 1937 年的书中记录，在国内最富庶的地区，每平方千米约 5 座桥，最多的地方是江苏省的水乡泽国，每平方千米约有 8 座桥。桥口空间在历史上往往是市民展开交往、民俗、商业等活动的重要节点，本次设计中注重对特色跨河桥梁及桥口城市空间的塑造，为市民提供特色滨水公共活动空间。

第二，策划常州品牌策略。主要包含分类策划、串联体系、重点提升三条策略：首先，通过文化资源点认知度、热度、包络分析叠合，对资源点进行分类，在后续设计中进行对应的策略设计；其次，围绕老城文化核心区，重点打造三个文化特色区，串联一条连湖通江的特色脉络；最后，沿江、沿高速、沿江南湿地打造老街特色民俗文化带；激发老城活力，沿运河和老城主要道路重点打造一条展示常州空间特色的东西向文化主廊道（图 3-1-10）。

第三，构建通风廊道策略。城市总体层面，通过对 2001—2013 年常州 MODIS 地表温度数据叠加分析，本次研究中遴选出常州热岛问题最为严重的区域作为通风廊道建构的关注重点，并将常年低温区域作为城市重要的冷岛源。依据划定的城市水网道路等潜在通风廊道，基于水陆双网构建城市三级通风廊道，设计通过引入自然风，驱散中心区高热，缓解城市热岛问题。其中 4 条一级通风廊道，宽度不小于 150m，长度不小于 10km。二级通风廊道 12 条，宽度不小于 80m，长度不小于 1km，并对沿通风走廊周边的建设用地内部建筑形体组织做出引导（图 3-1-11）。

对于热岛问题严峻的老城厢地区，设计基于 Stream 对老城厢的四季通风情况进行模拟，筛选出显著的低风速片区，重点针对文化宫、人民公园等片区展开风环境优化设计，对建筑体量、组合方式、退线、高度进行控制和引导，并优化绿色植被的树种选择和空间分布方式（图 3-1-12）。

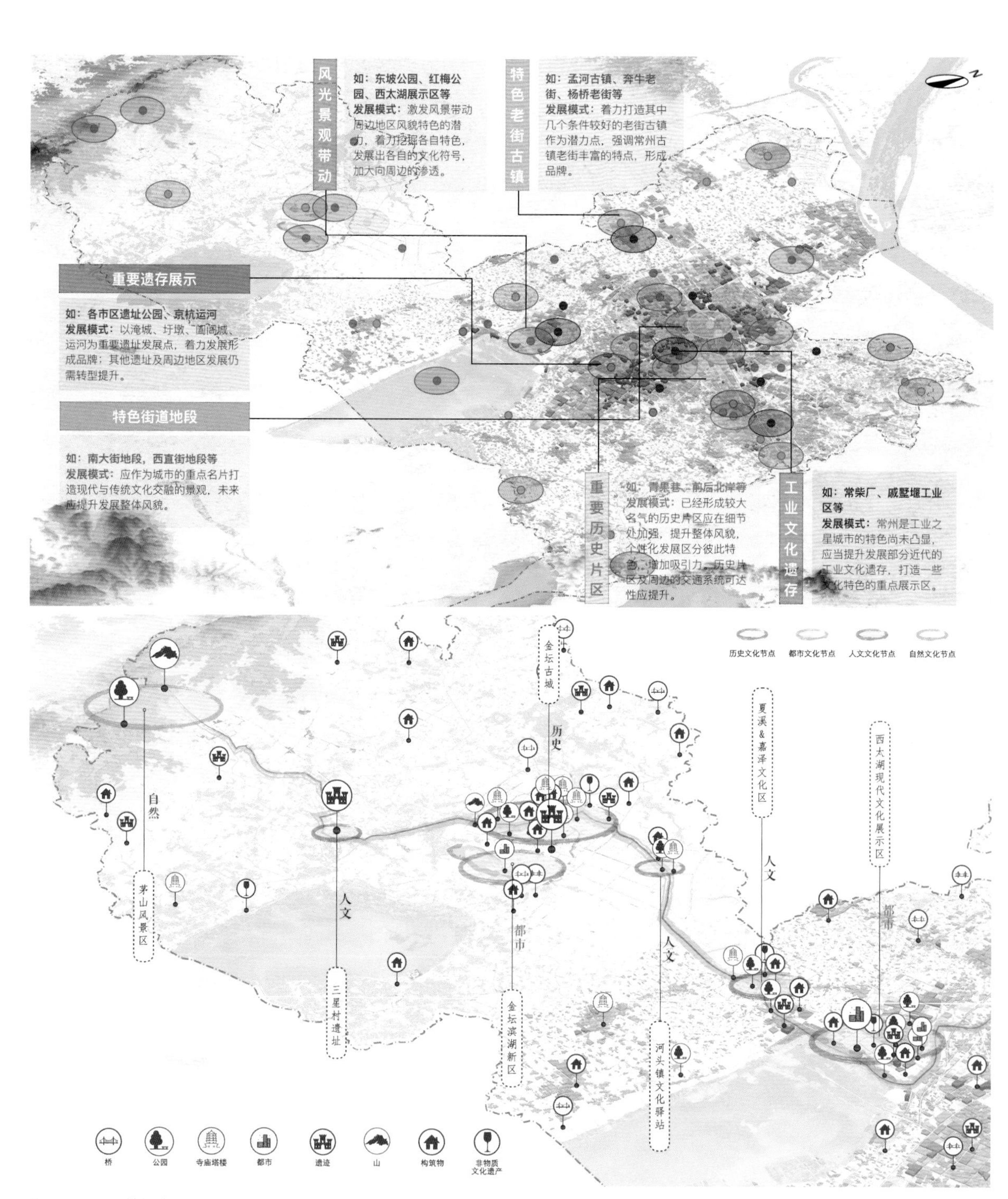

图 3-1-10　策划常州品牌

资料来源：常州总体城市设计 .

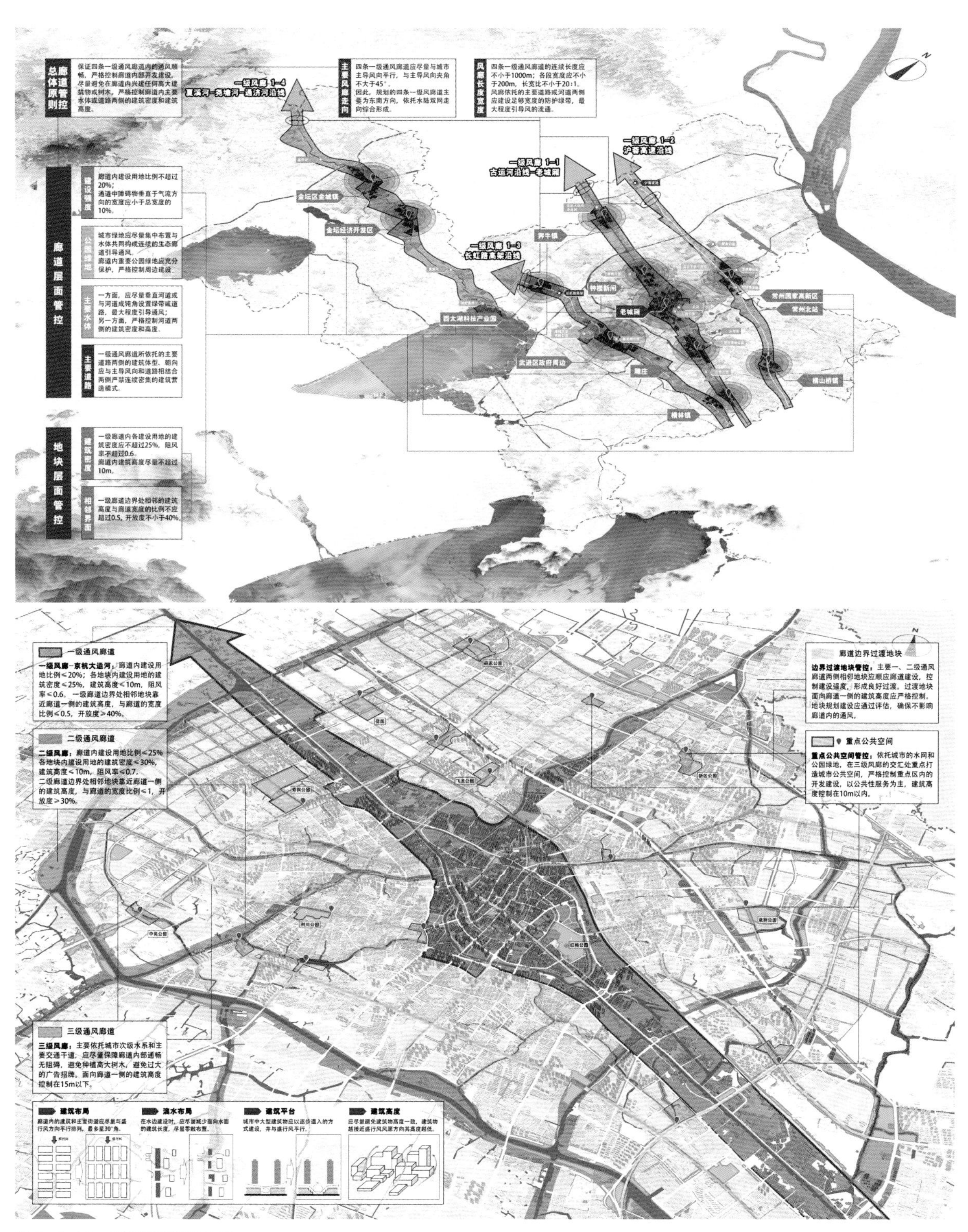

图 3-1-11　构建城市通风走廊

资料来源：常州总体城市设计 .

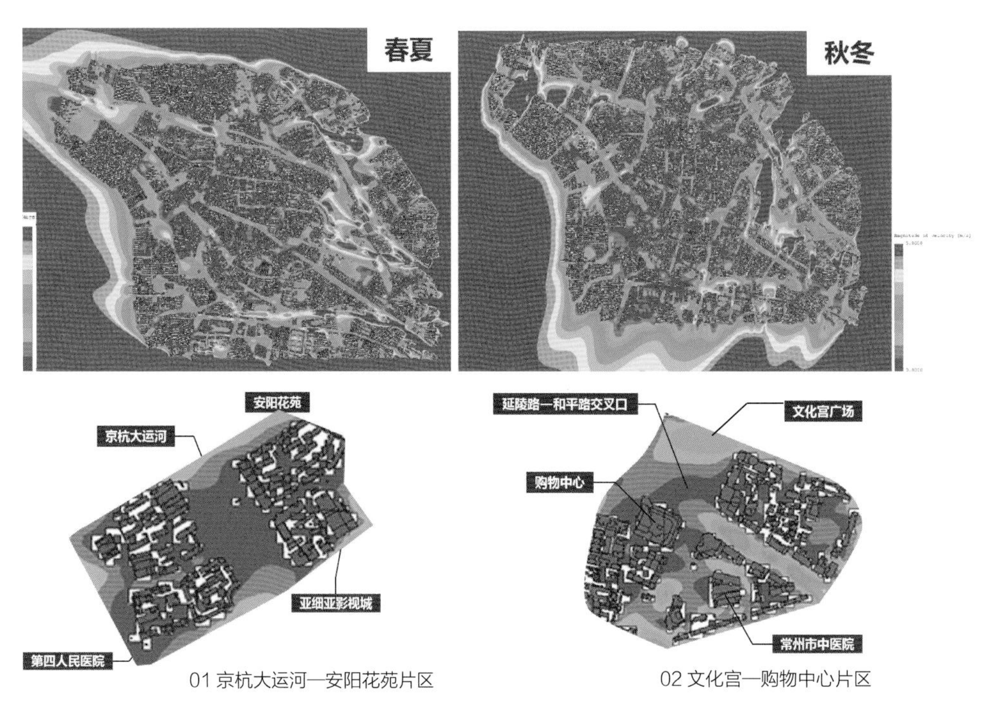

图 3-1-12　重点地区风环境优化
资料来源：常州总体城市设计 .

1.4　常州城市活力提升体系

常州总体城市设计中提出了 CAZ（中央活力区）建构的理念。相对于传统 CBD，CAZ 所涉及的城市用地面积更大，一般为 CBD 的 10~20 倍左右，功能更加复合，包含居住、办公、服务、休闲等多种业态。中央活力区建设注重 5 项原则：①紧凑且适合步行的空间环境；②人的空间尺度和高质量公共空间体系；③强调居住区的重要性；④注重标志性地表性景观的打造；⑤鼓励功能混合的用地规划。因此，在常州总体城市设计中提出以下三种策略：

第一，凝聚城市轴带策略。设计提出通江连湖，主副多轴；聚心成带，活力中央的规划策略。聚合城市南北向发展轴线上的各个中心区，形成北通长江，南联西太湖的中央活力带，集聚各类职能，激发城市活力，形成城市的发展主轴，其余中心则通过活力带上的核心节点向外辐射，形成多个联系性副轴；金坛区相对独立发展，以金坛区为主要中心，与外围次级服务中心相联系；此外，突出城市滨湖的特色，构建西连长荡湖，中依西太湖，东接太湖的城市滨江休闲带。

第二，激发都市活力策略。设计提出覆盖常州主要建成区的消费圈、通勤圈、游憩圈，形成骨架舒展、活力彰显的动态结构的规划策略。①乐活的消费圈：以3~5km作为半径构建日常消费圈，使常州各个片区市民都能够就近获得日常购物、消费服务，形成了常州城市活力提升的重要基础；构建老城主中心、金坛市区中心两个主中心，新北、钟楼、武进等17处副中心，并构建16处区级中心。②便捷的通勤圈：通过中心城区、近郊区、远郊区就业中心分别与周边的居住社区形成通勤联系，在城市不同空间尺度形成临近的通勤活动，构建常州居民便捷的通勤圈；建构34条通勤廊道连接居住区与重要就业地，包括串联就业中心与功能板块的圈层式通勤廊道与纵深通勤廊道。③宜人的游憩圈：通过对中心城区、近郊区、远郊区建构布局合理、规模适宜的公园绿地，在城市不同空间尺度形成适合市民休闲活动的游憩空间，构建常州居民宜人的游憩圈，包括串联大运河等城市水系绿地的滨河游憩带、串联西太湖等郊野景观的郊区游憩带（图3-1-13）。

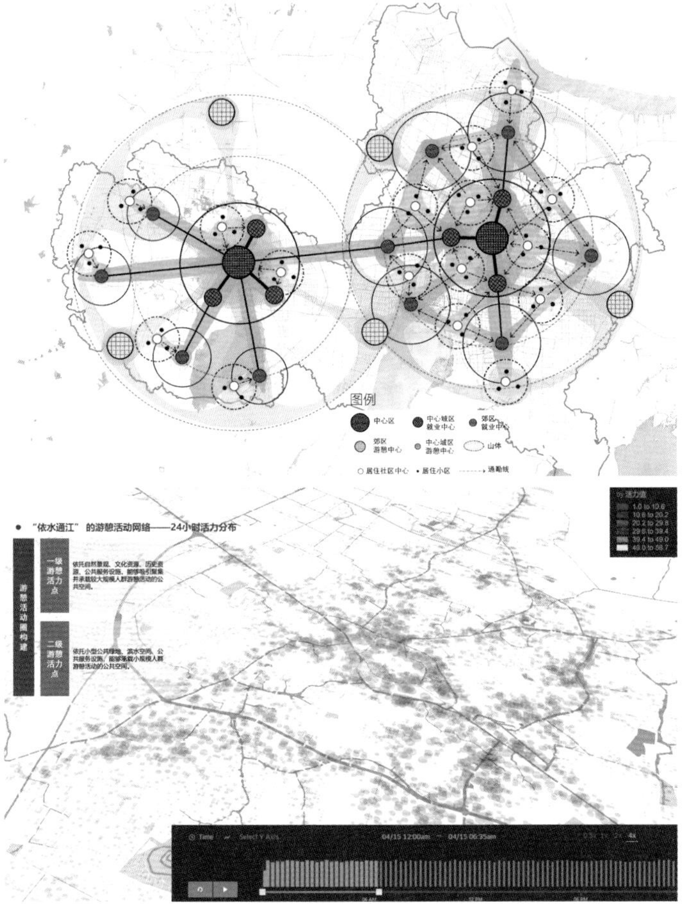

图3-1-13　城市活力圈建构及活力优化

资料来源：常州总体城市设计．

第三，塑造特色街道策略。常州各级道路总长约 7471.96km，滨水 50m 范围内路网总长 5648.24km，占 76%。常州特色水系与密集的路网在空间上形成水路相织、水路相依、水路相垂、水路相接的特色水路双网体系；在常州特色水网基础上，依托水系资源，串联城市中心、人文历史资源点、公园绿地等构建常州特色街巷体系；营造通江达湖的景观大道，串联城市中心的休闲街道，沿水舒展的滨水街道，环连城厢的历史街道；在此基础上，展开街道分类引导与管控，对于景观大道重点从街景互动、界面有序和景观多样性角度进行引导，例如对滨水街道主要从界面通透度、舒适宜人的尺度和生态绿色角度引导，对于休闲街道更多关注视觉的丰富度、界面的积极性以及人行的体验，对于历史性街道则强调风貌的协调、界面的传承和活力的注入。

1.5　多尺度城市设计空间导控要素传递

总体城市设计涉及多尺度城市空间，并不是简单的片区城市设计的拼合，而是以“整体性”“系统性”和“实施性”作为方法论的引导。设计在构想了总体城市结构和子系统设计的基础上，建构数字化平台，展开空间评价模型，对常州整体的强度进行评价，将总体的控制要素逐级传递到重点地段不同层级，形成从研究到设计再到实施管控的完整链，进而提高城市设计的“精度”“深度”“广度”和“温度”。

第一，总体结构。常州总体城市设计结构是围绕人与自然、人与历史、人与城市三个关系在物理环境、蓝绿空间、历史文化、街景空间、业态功能、人群活动六个分系统分析的基础上，提炼出 CAZ 和 WOD 两大发展理念，进而形成了“一区（CAZ）、五个特色中心、八脉（WOD）、九个活力节点”的城市总体结构（图 3-1-14）。

第二，中心城区。延续城市总体结构的控制要素，在中心城区层面建构中央活力区空间结构，形成“一核、两环、三廊”的空间结构。“一核”即为老城厢片区，“两环”为内环的关河水系，以及外环的由新澡港河、大运河共同构成的 42km 外环水系。“三廊”即东西向老运河走廊、南北向武夷路及和平路走廊。

第三，重点地段。结合总体城市设计方案中结构性战略要点及常州城市更新的实践需求，筛选出环城高架北线、京杭大运河、丹金溧漕河、西太湖及老城厢等重

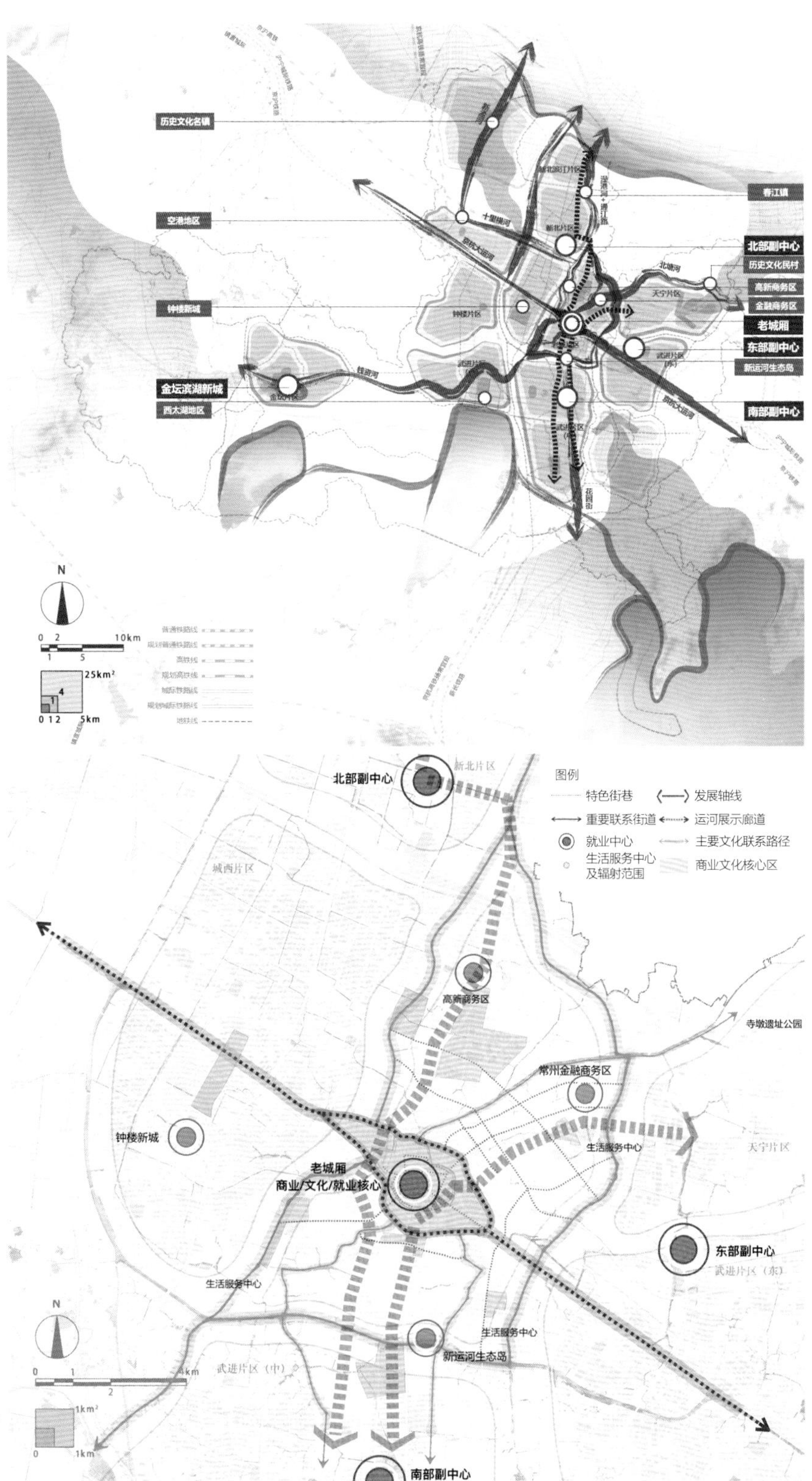

图 3-1-14　城市总体及中央活力区空间结构

资料来源：常州总体城市设计．

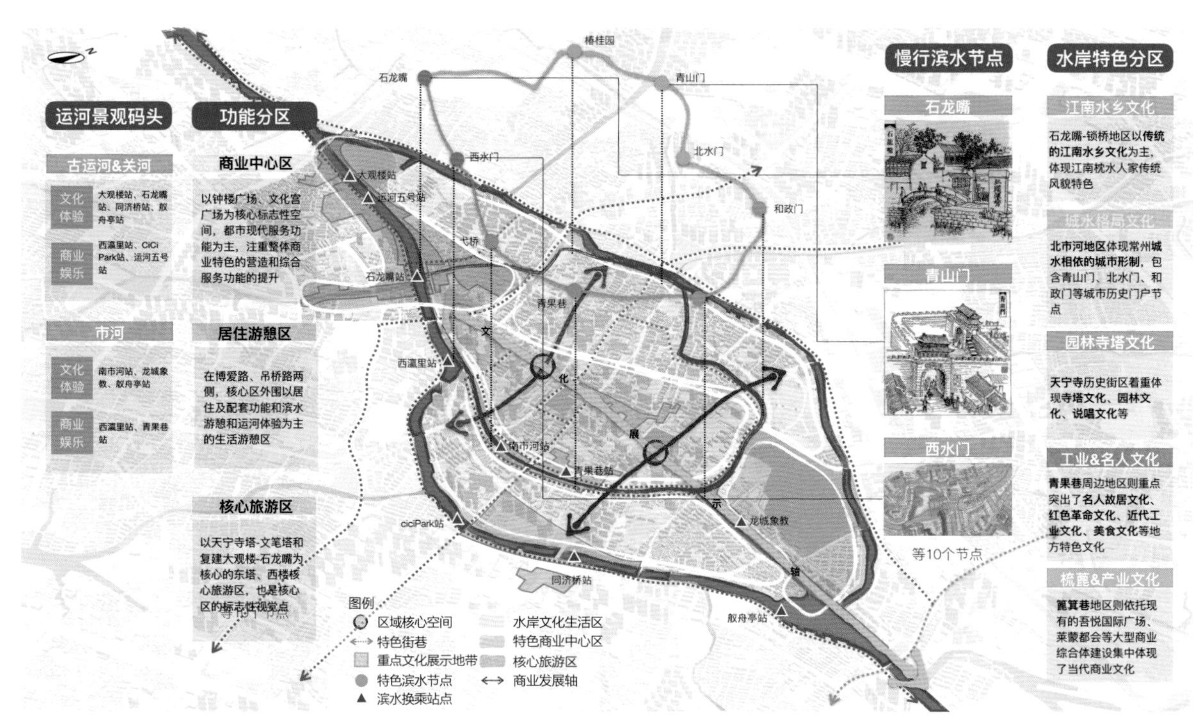

图 3-1-15　老城厢空间结构

资料来源：常州总体城市设计 .

点地段。以老城厢为例，设计承接总体城市设计中各控制要素，强调对老城片区脉络的疏通，依托两圈水环优化慢行体系，打造滨水精品空间，疏通生态通风廊道。突出打造一条运河文化展示轴、市河及关河两圈水环，塑造南大街和文化宫两个活力中心，天宁寺塔、大观楼以及青果巷三个节点。通过“历史水系 + 历史街巷 + 景观风貌”道路，结合城市的发展要求，串联历史资源，形成丰富的历史风貌体验体系（图 3-1-15）。

第四，数字化平台。在与常州控制性详细规划统一坐标与量纲的数字化平台基础上，建构常州的“空间评价模型”。选取中心体系因子、水体景观因子、景观绿化因子、道路可达因子、公共交通因子、历史文化因子以及地价因子形成评价影响因子评价体系。依据不同因子的影响范围、等级等要素进行分值配比，分别进行单因子用地评价（图 3-3-16）。

第五，本次设计对单因子评价结果进行不同权重的分配叠加，综合形成“集中式发展”与“均衡式发展”两种情景方案。结合本轮城市设计“CAZ+WOD”理念以及整体空间结构，综合二者形成最终的“空间评价分值模型”。通过与合理地

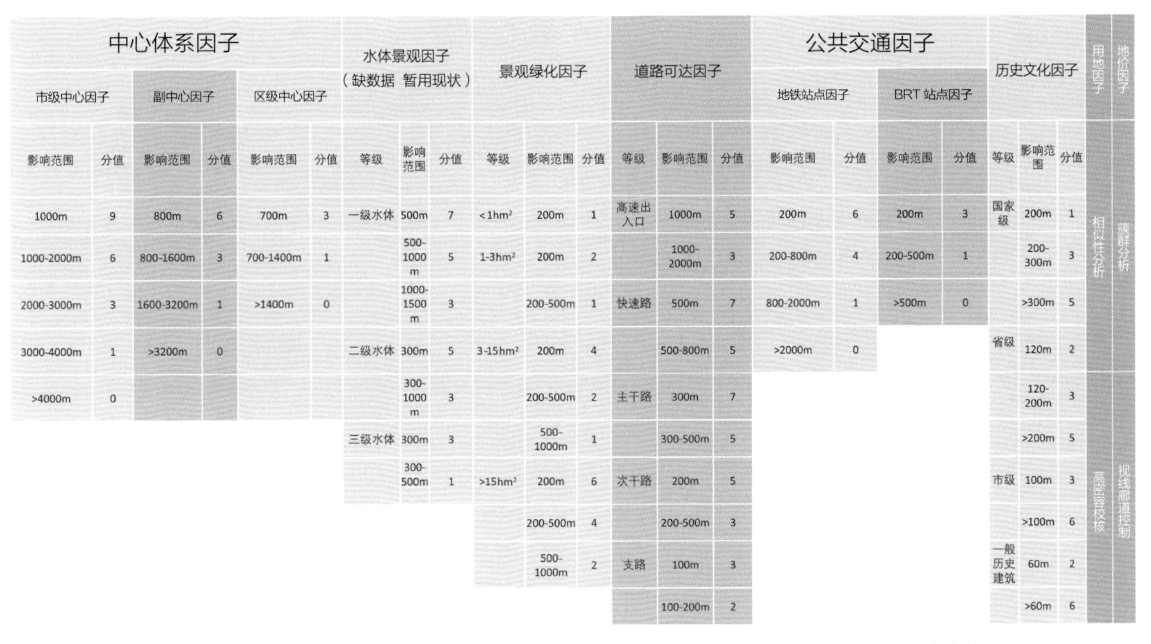

中心体系因子						水体景观因子（缺数据 暂用现状）			景观绿化因子			道路可达因子			公共交通因子				历史文化因子			用地因子	地价因子
市级中心因子		副中心因子		区级中心因子											地铁站点因子		BRT 站点因子						
影响范围	分值	影响范围	分值	影响范围	分值	等级	影响范围	分值	等级	影响范围	分值	等级	影响范围	分值	影响范围	分值	影响范围	分值	等级	影响范围	分值		
1000m	9	800m	6	700m	3	一级水体	500m	7	$<1hm^2$	200m	1	高速出入口	1000m	5	200m	6	200m	3	国家级	200m	1	相似性分析	簇群分析
1000-2000m	6	800-1600m	3	700-1400m	1		500-1000m	5	$1-3hm^2$	200m	2		1000-2000m	3	200-800m	4	200-500m	1		200-300m	3		
2000-3000m	3	1600-3200m	1	>1400m	0		1000-1500m	3		200-500m	1	快速路	500m	7	800-2000m	1	>500m	0		>300m	5		
3000-4000m	1	>3200m	0			二级水体	300m	5	$3-15hm^2$	200m	4		500-800m	5	>2000m	0			省级	120m	2		
>4000m	0						300-1000m	3		200-500m	2	主干路	300m	7						120-200m	3		
						三级水体	300m	3		500-1000m	1		300-500m	5						>200m	5		
							300-500m	1	$>15hm^2$	200m	6	次干路	200m	5					市级	100m	3	高密容校核	视线廊道控制
										200-500m	4		200-500m	3						>100m	6		
										500-1000m	2	支路	100m	3					一般历史建筑	60m	2		
													100-200m	2						>60m	6		

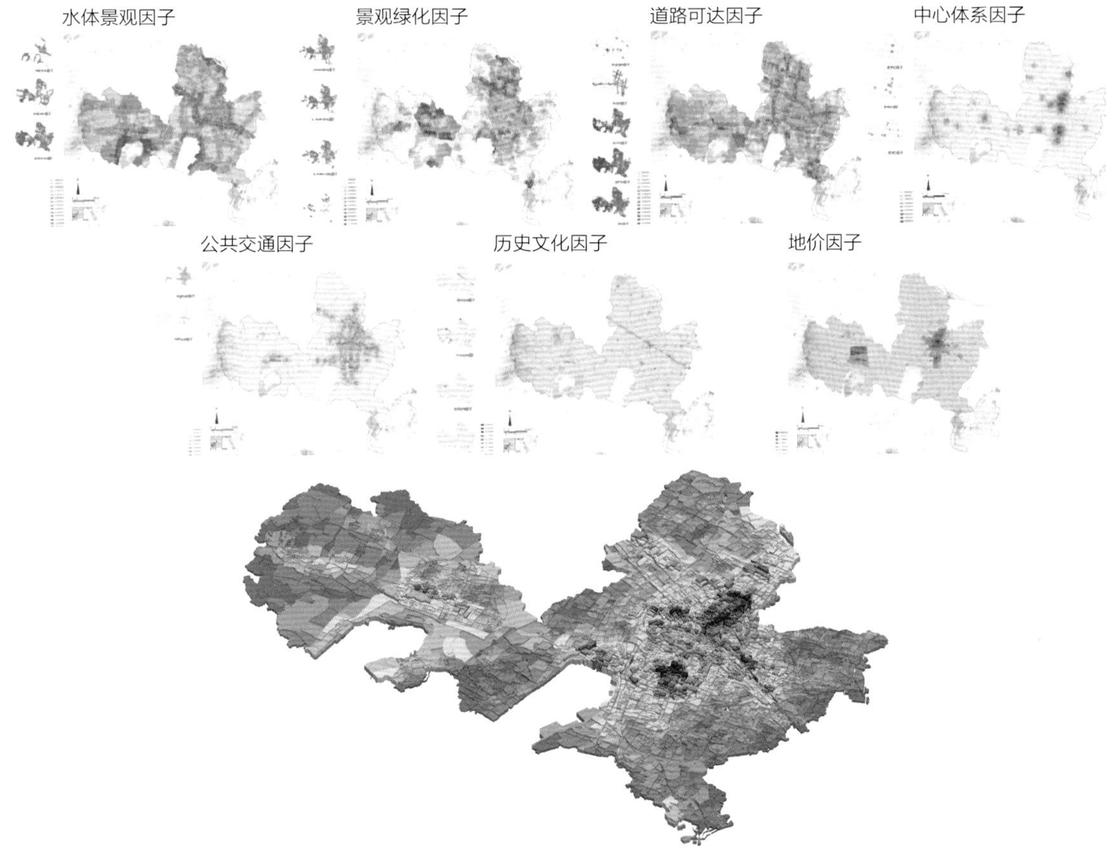

图 3-1-16　多因子评价平台
资料来源：常州总体城市设计 .

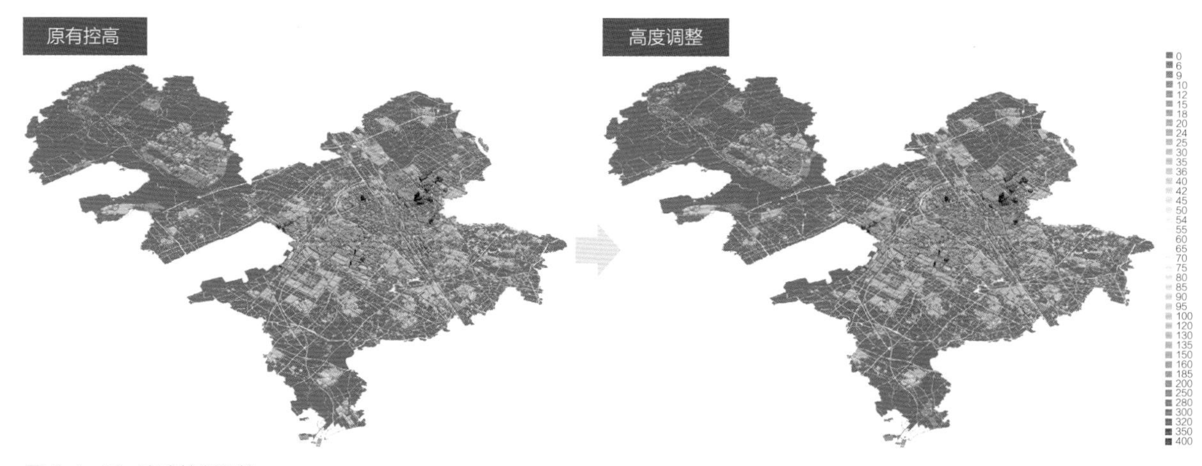

图 3-1-17　高度控制调控
资料来源：常州总体城市设计 .

块现状高度的回归相似计算，将模型评分换算为地块理想高度，将理想高度成果与原有城市控高指标进行比对，综合历史文化保护、大运河退让等刚性要求以及系统设计中对相应地块高度的优化诉求（视廊控制 / 天际线 / 标志物等）进行整体修正，共对 304 个地块原有控制高度进行调整（降低 67/ 提高 237），最终形成整体的高度控制成果（图 3-1-17）。

本轮常州总体城市设计围绕水城空间特色塑造和城市活力提升两个总体目标，横向通过分系统的方式对城市进行整体剖析，纵向则将城市理解成不同层级的单元集合体[①]，将分系统的总体城市设计空间控制要素从整体空间结构逐级传递到重点地块控制和引导要点，促进江南水网密集区总体城市设计方法的迭代更新。

项目主持：王建国院士

项目参与：杨俊宴、李京津、史宜、史北祥、郑屹、花薛芃、丁金铭、黄妙琨、周海瑶（东南大学城市规划设计研究院、东南大学建筑学院）；严玲、刘铭、顾逸佳等（常州市规划设计研究院）

① 斯蒂芬·马歇尔 . 城市·设计与演变 [M]. 陈燕秋，胡静，孙旭东，译 . 北京：中国建筑工业出版社，2013.

02

山水城市风貌保护：风貌特色推演与景观感知体系建构

——镇江主城区风貌保护设计（200km^2）[①]

2.1 山水城市风貌保护的方法与思考

我国是典型的多山水国家，大部分城市分布在平原、丘陵与盆地三种地形之上，其中丘陵与盆地两者合计占比达到国家适宜建设用地总面积的 50%，加之这三种地形分布彼此夹杂，是以山体景观在我国城市风貌中非常普遍。水体资源中，我国海岸线长度可观，其中大陆东、南海岸线长度达到 1.8 万 km，沿海城市分布 50 余座；流域面积超过 1000km^2 的河流达到 1500 多条，由此形成的七大江河水系几乎流经我国全部省份，仅长江、黄河、珠江三条水系沿线分布的城市就达近百座；湖泊与城市的结合也非常普遍，长江中下游地区分布着最大的淡水湖群，也分布着最集中的城市群[②]。

由此可见，良好的山水资源成就了我国相当数量的山水型城市，所以早在 1980年代，著名科学家钱学森教授就提出了“山水城市[③]”的建设构想。但是在近几十年的快速城市化进程中，建设开发千篇一律、环境特色消亡成为我国城市发展的普遍现象。至今，伴随城市建设从追求外显的速度规模向内敛的品质提升的共识转变，风貌特色保护成为城市建设的重要工作，而山水型城市所特有的自然资源使这一工作的展开具备得天独厚的条件，对党的十八大以来国家层面多次提出的“留住乡愁、留住基因、提升城市品质、坚定文化自信”的城市要求具有重要意义。

自然条件是山水城市风貌保护与彰显的关键，从这点上说，风光如画的巴西

---

① 本节图表如无特别标注，资料来源均为东南大学城市规划设计研究院，东南大学建筑学院 . 基于风貌保护的镇江中心城区城市设计高度研究 [Z]. 南京：东南大学城市规划设计研究院，2018.

② 数据来源：中国政府网 . 国情数据 [EB/OL].（2020-06-22）. http：//www.gov.cn/guoqing/index.htm.

③ 鲍世行 . 钱学森论山水城市 [M]. 北京：中国建筑工业出版社，2010.

城市里约可谓占尽天时地利。里约城市山体庞大，举世闻名的基督山高达 700m，与其形成对视关系的面包山、乌尔卡山等虽然规模明显缩减，但绝对高度也都在 200m 以上。因此，尽管山体周边高层建筑交错林立，连片的贫民窟也从山脚向山腰呈蔓延之势，但高大群山与海湾组合形成的整体城市风光多年以来并未受到太大影响。然而，大部分山水城市的自然禀赋无法达到如同里约一般、听凭城市建设自发开展依然能够安全承载的优越程度。因此，有意识的人为控制依然是山水城市风貌保护的主要思路。如何进行保护？镇江主城区风貌保护设计案例大体形成如下方法与思考。

第一，现状风貌问题梳理。这是自然而常规的解题思路，大部分城市的风貌保护诉求也多是从这样或那样的现状问题中突显而来。但是仅仅针对这些问题去制定风貌保护方案是不够的，因为问题的呈现很可能是个案的、局部的，解决了某一个问题不代表可以解决一类的、全部的问题，所以设计需要回归到全局观上建构对城市风貌的认知构架，在城市整体的特色层面上进行思考，针对风貌保护与塑造，跳出个案补丁式的修订，建立长效的工作机制。

第二，城市整体风貌特色推演。城市特色可谓驾驭风貌保护工作的根本，后续诸多保护举措都将围绕其展开。城市特色的判断与建构大体来自以下几个视角。①历史视角，即通过时间序列的脉络梳理研究城市特色的发展过程，寻找代际特征的拼贴、变化与更替，并挖掘特色演进的基本规律；②政策视角，即解读政府近期相关的方针政策与工作计划，提供特色推演的现实方向；③公众视角，即了解普通市民对于城市特色的认同情况与现实需求，构筑特色推演的群众基础；④设计视角，如果说前三个视角为特色建构奠定了相对理性的基础，设计视角则需要担负起最后的整合工作，通过感性设计的注入完成特色构筑。本书第一章曾提及著作论述的重点主要针对大、中尺度的城市设计实务工作，在这些通常以公顷与平方千米作为计量单位的设计范围中，理性推演可以提供数据信息的精准支持，感性设计可以更多地发挥统合作用，通过对自然资源禀赋的认知识别，综合城市发展的规律、特征和现状问题，运用中国山水形胜理论、营造原理等大尺度总体类城市设计方法，掌控城市宏观层面的风貌体验。

第三，依据总体特色建构风貌感知景观体系。风貌感知景观体系是城市特色集中化、体系化的呈现，在数量上求精不求多，在内容上将成为后期城市风貌保护工作开展的行动指南。需要指出的是，城市风貌是一种复合型的表征，“风”指风土、风物、风情，是由人文、历史、习俗等构成的一种气场和氛围；“貌”则具有诉诸视觉整体环境的可识别性，两者叠加呈现为地域气候、地理环境、文化传承、历史习俗等在空间上的综合表达[①]。因此，虽然风貌感知体系最终呈现为诸多可视化内容，形成过程却需要集城市生态、视线、文化、活动等相关系统内容进行叠合提取。此外就单独视觉体验的视角，也可以根据风貌对象的实际情况，综合如俯瞰、仰望、平眺、静观、动视等多种观赏方式与途径加以研究。

第四，结合现实需求的保护原则拟定。风貌保护体系不仅要明确保护内容，更需要提出保护的相关原则与建议。前期分析与视知觉原理是相关原则理论建构的基础核心，它们将为后续保护工作提供相对明确的判断标准与绩效要求。同时，应用过程中还需要针对城市建设的现实情况，综合经济、社会、市场、时间等客观因素，对初始原则进行适当的细化、分解与调整，完成从理论原则到现实操作的良性对接。

2.2 镇江城市发展概述与主城现状风貌问题

镇江是我国著名的历史文化名城，素有“山林城市、大江风貌”之称。

依据《镇江市城市总体规划（2002—2020）》（2015 修订版），镇江中心城区位于市辖区北侧，宁镇山脉以东，长江以南，总体布局呈现“一体两翼”结构，其中“两翼”为大港、高资工业开发区，“一体”为镇江主城区，即镇江市城市建设历史最悠久、功能开发最集聚、风貌特色最集中的地区，总面积约 200km^2（图 3-2-1）。

镇江主城区内山水资源丰富，内含大小山体约 30 座，长江运河等水系约 20 道。历史上镇江自然山体高大，长江水面辽阔，建筑低矮，基底平缓，运河水系婉转其间。历经政府与规划部门多年的管理引导，基本形成了“南山北水（金山、北固山，焦山—西津渡、大西路—伯先公园）”的基本格局，“天下第一江山”的美誉由此而来（图 3-2-2）。

在城市化进程中，镇江城市建设全面铺开（图 3-2-3），2009—2015 年间主城区内建成区面积扩张达到 23km^2，同时建筑实体体量也不断“长高长大”。2018

---

① 王建国．解读《关于进一步加强城市与建筑风貌管理的通知》[EB/OL].（2020-06-06）. http：//www.planning.org.cn/news/.

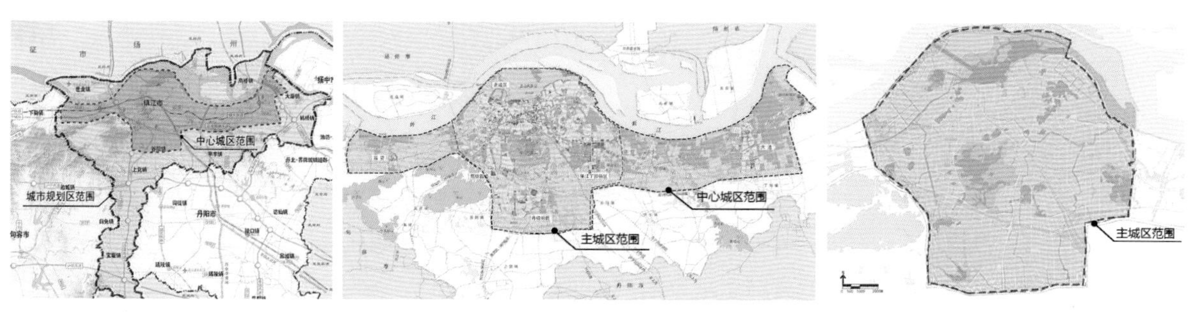

图 3-2-1　镇江主城区区位图

图 3-2-2　镇江主城北水片区城市风貌
资料来源：镇江市规划局提供 .

1985 年建成区图　　2000 年建成区图　　2015 年建成区图
图 3-2-3　镇江主城建成区分布示意（1985—2015 年）

年现状建筑高度数据统计显示，主城区内 50m 以上的高层建筑达 500 余栋，80m 以上 200 余栋，自然山水资源与建筑实体之间的历史平衡被打破，对峙局面逐渐呈现，城市风貌特色的保护与塑造问题浮出水面。

通过场地调研，归纳镇江主城现状风貌保护的 5 个核心现象与问题如下：

现象一，“挡”。即建筑开发排布密集，体量过高过大，遮挡重要的城市景观。在相关规划明令保护的 22 道视廊中，已有 12 道出现不同程度的遮挡。

现象二，“占”。即山水公园等城市公共资源缺乏有效的保护与管理，存在侵占、切割等私有化操作，并且转化为建设用地，造成生态资源联系的断裂。

现象三，“突”。即建筑开发在高度与体量上，与周边其他人工或自然环境之间尺度落差过大，形成视觉断层。

现象四，“平”。这里包含了两个角度的理解，一为平齐，即一定数量的建筑，尤其高层建筑高度过于一致或相似，呈现多处天际轮廓平齐、密质面状的呆板体验；另一为平淡，即城市快速景观路虽然绿化景观良好，但风貌雷同，缺少对特有山水资源的展示与利用，尤其门户节点位置缺少特色空间，辨识度不足。

现象五，“藏”。即一批城市风貌资源点隐匿于城市中，未能与山水环境、广场公园等城市公共空间之间建立有效的视线与交通联系，感知度与展示度欠缺。

可以认为，这 5 个现象背后呈现的是有关主城区内城市生态保护、文保资源利用、视线眺望、道路畅览、规划管理等多个方面的系统问题。面对上述问题，设计需要在城市建设用地扩展与更新的新阶段，重新定义镇江城市的形态特色，以协调优化不断“变化”的人工建成环境与相对“稳定不变”的山水自然要素之间的共生关系。

2.3 镇江主城风貌特色推演与文字诠释

历史演化视角下，镇江城市发展始终与山水要素保持着密切的联系，遵循“以水兴城，山城一体”的发展规律。古代镇江城顺延古运河、围绕“北固山—铁瓮城”南北向生长；近代长江开埠，“云台山—西津渡”成为城市东西向拓展的最好见证；直至今日，江河不再是镇江发展的主要动力，城内诸多水系成为融入日常生活的生态元素，同时伴随城市的向南拓展，“南山—南徐新城”这一新的山—城组合关系逐步显现。

政策梳理视角下，近期镇江政府相关规划、会议、报告均指出，镇江城在未来发展方式上将走出一条低碳化的道路，增强城市“宜居、宜行、宜业、宜游”功能，推进生态文明建设；在发展方针上则强调“质大于量”，充分利用自身山水资源，全面开展城市双修工作，塑造江苏最美的山水花园城市。

市民认知视角下，有关镇江城市风貌的高频文字数据分析显示，公众意识中普遍认可的风貌直观呈现为 10 处资源点，按词频数量从高到低分别为长江、三山景区（金山、焦山、北固山与西津渡）、南山、铁瓮城、京杭大运河、润扬长江大桥与中国醋文化博物馆，几乎都与山水资源相关（图 3-2-4）。同时，有关市民活

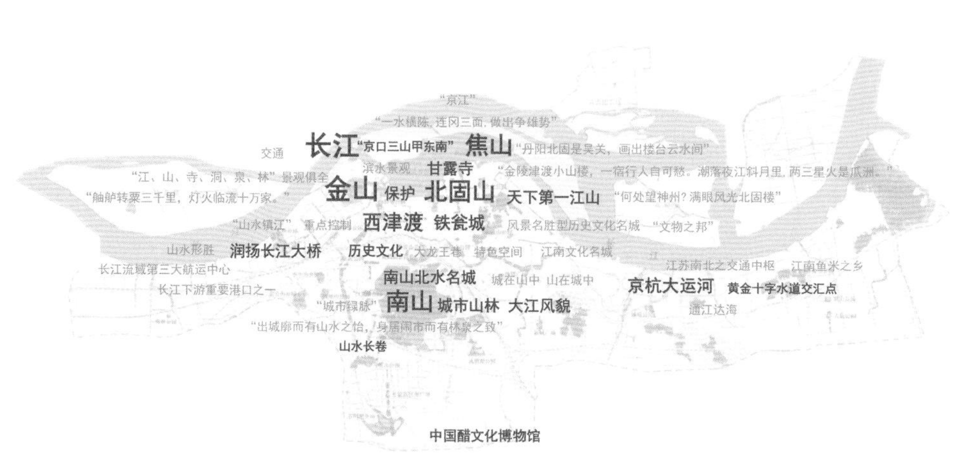

图 3-2-4　公众针对镇江主城风貌的高频文字图示

动与需求的问卷与访谈调查结果呈现，镇江市民有着保护与利用山水资源，形成城市、邻里双层级活动场所的强烈意愿。

由此可见，镇江城市特色源于"山—水—城"的关系，那么如何在城市形态上显现这一特色，中国传统的形势理论方法给出了解答。

晋代郭璞在《葬经》中称，"千尺为势，百尺为形"。北宋郭熙在《林泉高致》中称，"山水，大物也。人之看者，须远而观之，方见得一障山川之形势气象[①]"。后吴良镛先生、王其亨先生等学者亦借用上述理论强调在城市空间组织中要注意把握不同尺度的要领。相关共识可以归纳为，"形"指近的、小的、局部细节性的空间及其视觉感知效果；"势"指远的、大的、总体概略性的空间及其视觉感知效果。空间设计需注意不同尺度的营造特点，大范围中讲求气势，把握完整性与协调性，小范围内则要考虑具体造型与细部[②]；两者之间应在整体格局与远观效果的特色上立意，强调以势为本，以势统形，进而展开局部的近观效果处理[③]。

因此，面对镇江以长江、运河为代表的 20 多条水系与遍布主城的 30 座山体，设计通过更大、更远视角下对山水资源"势"层面的识别构筑总体城市特色。

由航拍地图可见，镇江坐落于两道显著的山水脉络之间，其中山脉为沿西南向东走势的连续山体（宁镇山脉—五洲山、十里长山—南山—禹山）；水脉为自西向东奔流入海的长江，两条脉络在三维模型中的体现更为明显（图 3-2-5、图 3-2-6）。

---

① 俞丰，译注．林泉高致今注今译 [M]. 杭州：浙江人民美术出版社，2018：11-22.

② 刘海燕，吕文明．风水形势论与中国城市传统空间的营造 [J]. 城市问题，2011（6）：20-23，39.

③ 王其亨．风水理论研究 [M]. 天津：天津大学出版社，1992：101-105.

图 3-2-5　镇江主城及周边地区航拍地图
资料来源：百度地图 [EB/OL].（2017-01-12）. https：//map.baidu.com.

图 3-2-6　镇江主城及周边地区三维地形示意
资料来源：镇江市规划设计研究院 . 镇江市城市空间特色规划研究 [Z]. 镇江：镇江市规划设计研究院，2012.

基于此，山水双脉成为镇江空间风貌的特色框架，并结合金山湖、南山两处大规模自然资源形成“双脉双心”的主体格局；剩余用地自然布局老城、南徐、丁卯、丹徒 4 个城市片区，由此构筑“双脉、双心、四片、四核、多路多点（遍布全城的多个公共活动网络）”的结构（图 3-2-7）。

结合主城特色结构，设计以“園”作为镇江风貌特色的文字呈现。在造字解析中，“園”可以拆解为“山（土，表示山体）”“水（从井字变为口字，表示水体）”“林（花字底，表示树木）”“城（围字框，表示城墙）”四种要素的组合，强调镇江各种自然要素与人工要素在城市中的叠合。需要指出的是，这一“園”字并

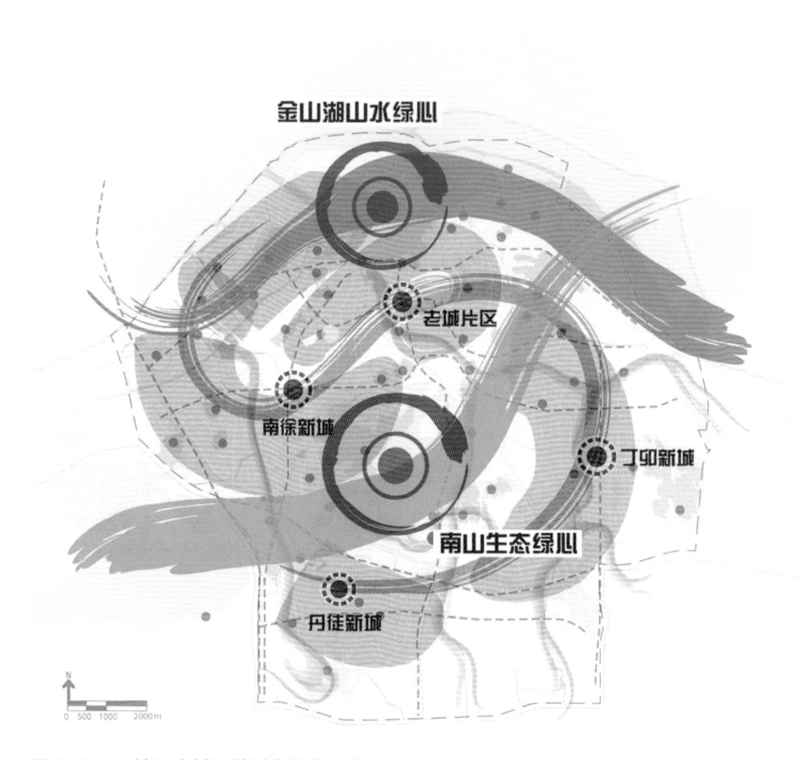

图 3-2-7 镇江主城风貌特色结构图解
资料来源：镇江市规划设计研究院 . 镇江市城市空间特色规划研究 [Z]. 镇江：镇江市规划设计研究院，2012.

非拥有山水城林要素即可冠之的指代，而是从整体层面予以镇江城的风貌概括，而这又要提及计成及其著述《园冶》。

计成是我国明代造园艺术巨匠，在游历祖国大川后，中年选择在镇江定居。计成的造园生涯始于镇江，造园理论也成于镇江，他在世界园林设计名著《园冶》自序中写道，“环润皆佳山水”，充分体现了对镇江真实山水体验的推崇。我国当代著名园林艺术家陈从周教授也多次表达过对于镇江山水的评价，认为镇江是真山真水的园林，它开朗、迂回，在城市总体布局上体现了借景与对景[①]。

所以虽然都以“園”著称，但镇江不同于苏州、扬州与杭州，其精华不囿于中微观的小花园，而更多体现在城市格局的层面，从这一意义上说，整个镇江城就是一座真山真水的山水园，需要从城市尺度上加以体悟。

---

① 张大华 . 明代计成《园冶》与镇江 [EB/OL].（2020-06-21）. http：//yishu.sdnews.com.cn/scqw/201212/t2012 1226_955456.htm.

2.4 镇江主城风貌感知景观体系建构

依据镇江城市风貌特色总结，设计针对现状背后呈现的系统问题展开精细评价与综合分析。

在山水系统中，依托生态资源本体，遵循山贵有脉、水贵有源的造园理念与生境保护原则，设计对相对散点式山水资源进行分区整合，建构以廊道、斑块为主体的山水体系，更好地发挥生态效应，满足动植物迁徙繁衍的需求，并在结果上呈现为 2 条山水廊道与 10 个斑块网络（图 3-2-8）。

在视线系统中，依据《林泉高致》“望之平远、仰之高远、眺之深远[①]”表述中提出的仰视、平视、俯视三种观赏方式及特点，设计遴选具有代表性的 114 条视线，通过景观地位、景观效果、公众可达性、开发潜力 4 个因素进行综合评估，

图 3-2-8 镇江主城山水系统分析图

① 《林泉高致》中称，山有三远，自山下而仰山巅，谓之高远；自山前而窥山后，谓之深远；自近山而望远山，谓之平远。高远之色清明，深远之色重晦，平远之色有明有晦。高远之势突兀，深远之意重叠，平远之意冲融而缥缈。

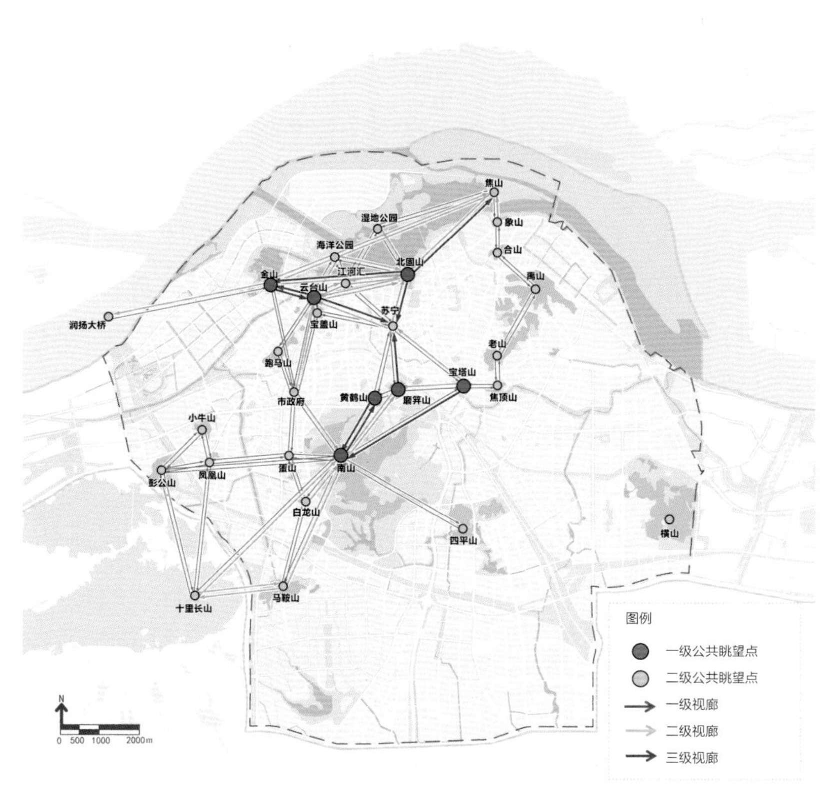

图 3-2-9　镇江主城景观视线系统分析图

并依据评估结果建构起主城区内一级视廊 8 条、二级视廊 32 条、三级视廊 74 条（图 3-2-9）。

在畅览系统中，设计针对动态行进状态下的城市景观展开评价，内容包括主城区内 18 条景观道路中的 56 处路段景观。具体通过景观品质、景观等级、景观潜力三方面因素进行评估分级，最终建构需要保护的 5 个城市门户出入口景观，以及一级景观路段 17 处、二级景观路段 22 处（图 3-2-10）。

在文化活动系统中，设计遵循结合山水资源、文化资源的原则，依据相关规划中的居住空间分布，通过现状保留、改善提升、新增节点三种方式，建构体系完整、层级分明的公共活动空间网络，满足市民 15~25min 步行距离内的活动需求，最终呈现为点状活动空间 64 个，线性活动空间 16 条（图 3-2-11）。

复合山水、视线、畅览、文化—活动体系内容，设计构筑宏观、中观、微观三个层级的风貌感知景观体系（图 3-2-12），明确感知内容明细列表（表 3-2-1），完成镇江主城风貌保护后续工作的行动指南。

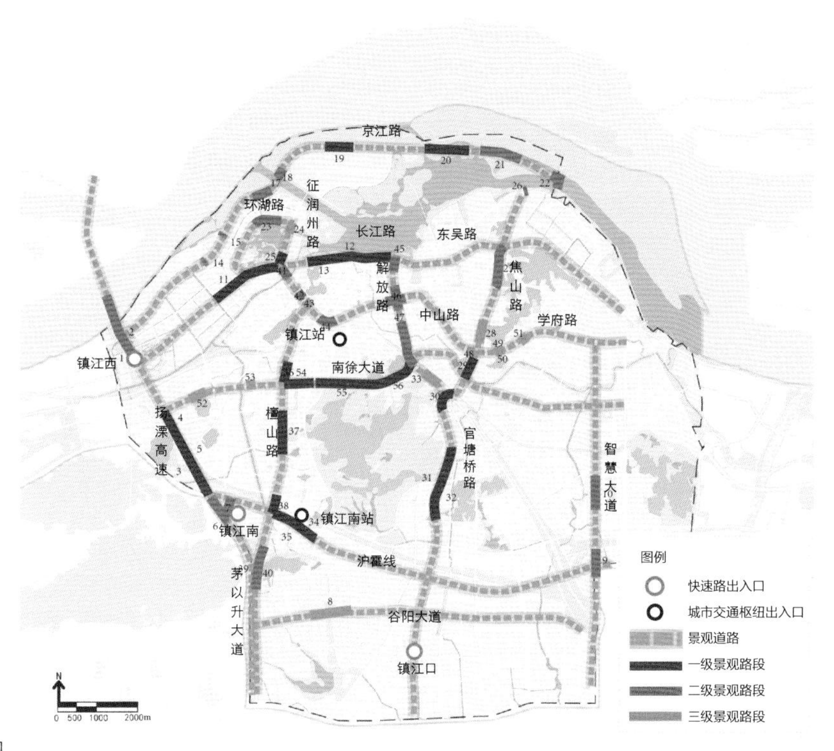

图 3-2-10　镇江主城畅览系统分析图

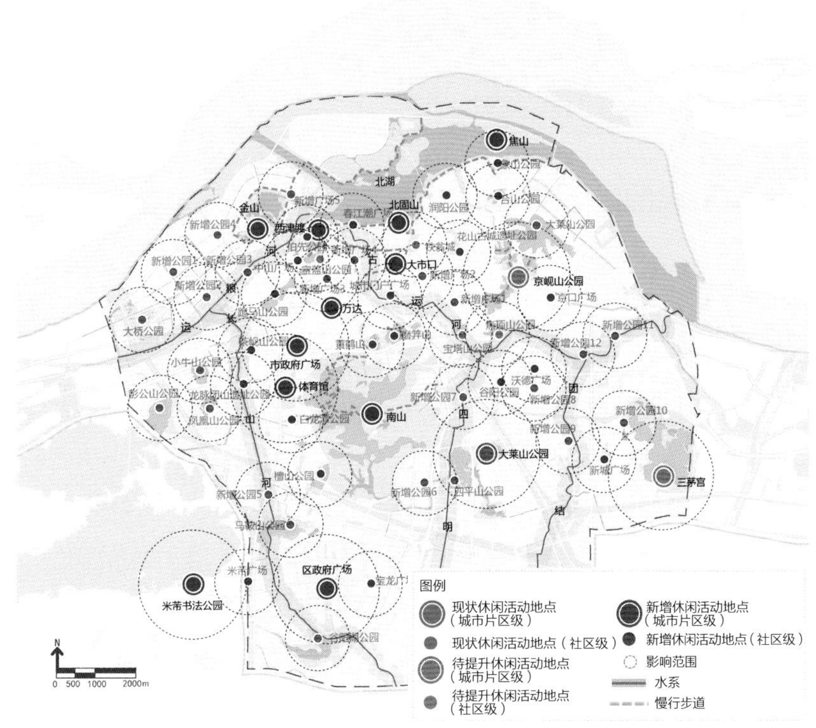

图 3-2-11　镇江主城文化活动系统分析图

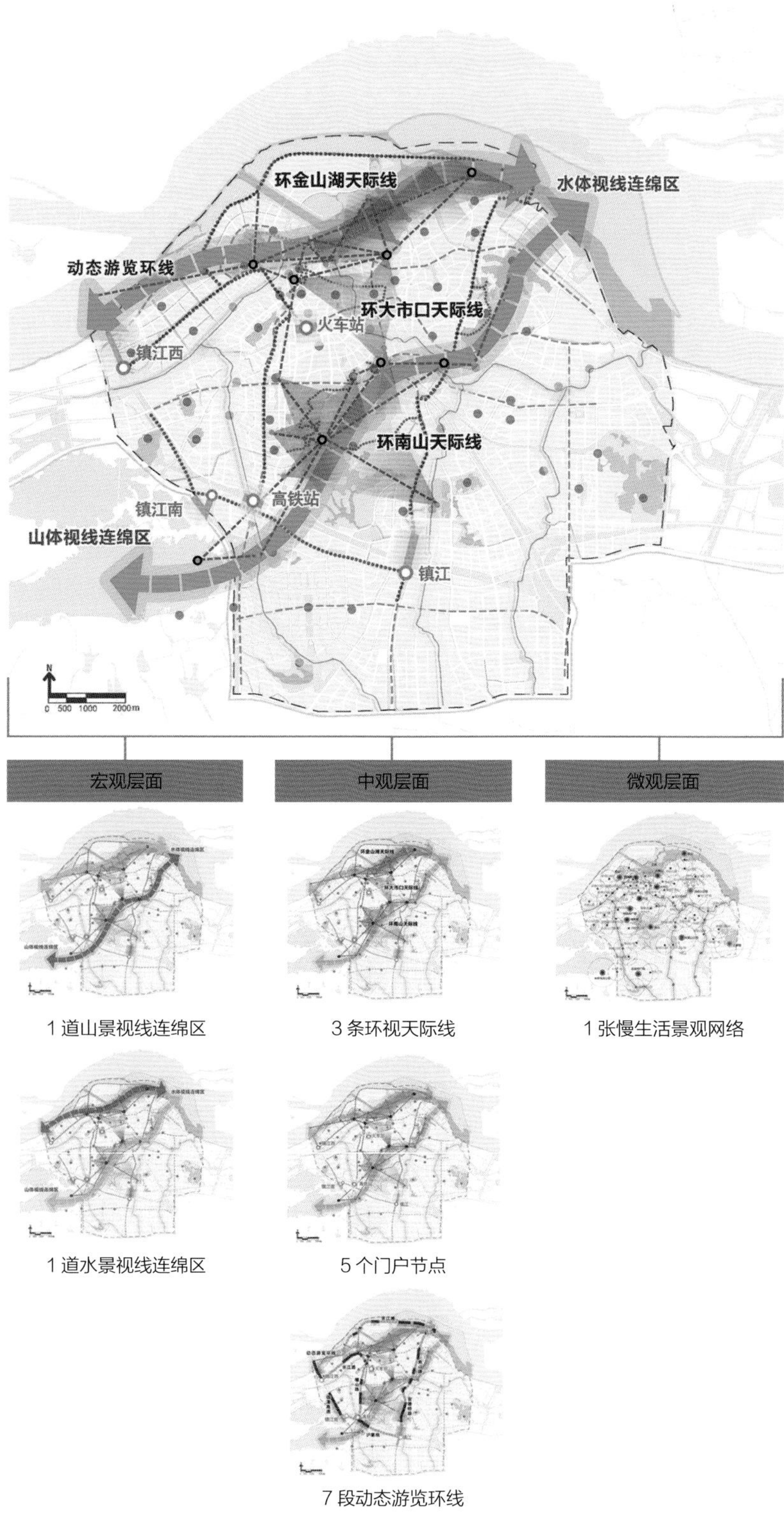

图 3-2-12　镇江主城城市风貌感知景观体系及分项图解

镇江主城城市风貌感知景观体系内容明细（合计 152 处）　　表 3-2-1

<table>
<tr><th colspan="2">一级风貌敏感内容</th></tr>
<tr><th>山景视线连绵区景观（9 条）</th><th>动态环线景观（28 处）</th></tr>
<tr><td>9 个山体视点及长江形成、前后多组山脉连绵入画的 9 条互视景观：
十里长山—马鞍山—南山—黄鹤山—磨笋山—宝塔山—焦顶山—老山—禹山—长江</td><td rowspan="13">扬溧高速
1. 扬溧高速（长江路）—彭公山、五洲山、十里长山
2. 扬溧高速（京江路位置）—金山、云台山
3. 南徐大道 -312 国道—彭公、五洲、十里长山
4. 凤凰山路口—凤凰山

长江路
5. 润州路 - 中山北路—金山

京江路
6. 慈寿路—金山、江河汇、苏宁
7. 金塔 - 航道路—金山、云台阁、江河汇、苏宁
8. 航道路—江河之门
9. 江河之门—大市口、云台山
10. A—大市口、江河汇、三山、云台山、象山
11. B—三山、北固山、象山
12. C—焦山
13. D—焦山、象山

焦山路 - 官塘桥路
14. 江滨路路口—象山
15. 禹山路 - 小米山路—禹山
16. 京口路 - 学府路北—老山
17. 学府路 - 丁卯桥路中段—宝塔、黄鹤、磨笋山
18. 丁卯桥路 - 五凤口路—磨笋山、黄鹤山、南山
19. 四平山路 - 谷阳路—南山
20. 四平山路 - 谷阳路—四平山

沪霍线
21. 檀山路 - 九华山路—镇江南站片区
22. 檀山路 - 九华山路—马鞍山

檀山路
23. 五洲山路 - 沪霍线—镇江南站片区
24. 团山路 - 龙脉路—南山、体育馆
25. 北府路 - 南徐大道—市政府
中山北路
26. 朱方路 - 檀山路中段—中山西路
27. 和平路 - 京畿路—云台山、中山广场
28. 金山路 - 长江路—慈寿塔</td></tr>
<tr><td>水景视线连绵区（11 条）</td></tr>
<tr><td>由 8 个视点段构成 11 组长江、金山湖开阔水面为前景，群山与城市建设交错其间的山水交融景观：
金山—北固山　　金山—海洋公园
金山—润扬大桥　　金山—江海之门
海洋公园—北固山　　湿地公园—北固山
云台山—金山　　云台山—北固山
云台山—江海之门　　云台山—海洋公园
焦山—北固山</td></tr>
<tr><td>环湖陆上水上游线（2 条）</td></tr>
<tr><td>环湖陆上游线金山湖南岸长江路沿线视点（春江潮广场、京口宝鼎广场、江滨公园）；
金山湖北岸沿线视点（海洋公园、湿地公园西、汝山路闸口）</td></tr>
<tr><td>环南山天际线（6 个视点）</td></tr>
<tr><td>市政府—南山　　黄鹤山—南山
蛋山—南山　　白龙山—南山
四平山—南山　　南门高架—南山</td></tr>
<tr><td>环大市口天际线（视点 3 个）</td></tr>
<tr><td>云台山—大市口　　北固山—大市口
磨笋山—大市口</td></tr>
<tr><td>城市快速路主要出入口（4 条）</td></tr>
<tr><td>镇江西出入口—金山
云台山（出城方向）—五洲山
十里长山（进城方向）、镇江南出入口—十里长山、五洲山城市景观
镇江出入口—官塘桥城市景观</td></tr>
<tr><td>城市交通枢纽出入口（4 条）</td></tr>
<tr><td>镇江站—（北向）老城片区城市景观
镇江站—（南向）万达片区城市景观
镇江南站—（北向）高铁片区城市景观
镇江南站—（南向）马鞍山城市景观</td></tr>
</table>

续表

<table>
<tr><th colspan="3">二级风貌敏感体系</th></tr>
<tr><th colspan="3">活动节点（64 处）</th></tr>
<tr><th>结合水体景观（15 处）</th><th colspan="2">结合山体景观（27 处）</th></tr>
<tr><td>谷阳湖公园、春江潮广场、大桥公园、城市门户广场、京口广场，新增广场 5，新增公园 1、2、3、5、6、7、9、11、12、</td><td colspan="2">焦山、北固山、金山、伯先公园、宝盖山公园、跑马山公园、茶岘山公园、小牛山公园、彭公山公园、凤凰山公园、白龙潭公园、檀山公园、南山、磨笄山、黄鹤山、马鞍山公园、四平山公园、米芾书法公园、三茅宫、大莱山公园、四平山公园、宝塔山公园、焦顶山公园、京岘山公园、象山公园、合山公园、新增公园 10</td></tr>
<tr><th>结合历史文化景观（7 处）</th><th colspan="2">结合城市建设景观（15 处）</th></tr>
<tr><td>西津渡广场、龙脉团山遗址公园、铁瓮城、花山古城遗址公园，新增广场 2、3、4</td><td colspan="2">中山广场、大市口、万达、润阳公园、沃德广场、谷阳公园、米芾广场、宝龙广场、市政府广场、区政府广场、新城广场、体育馆广场，新增广场 1，新增公园 4、8</td></tr>
<tr><th>历史街巷（4 条）</th><th>盘山步道（4 条）</th><th>滨水步道（8 条）</th></tr>
<tr><td>大西路、京畿路、中山东路、第一楼街</td><td>南山步道、磨笄山步道、黄鹤山步道、京岘山步道</td><td>古运河、运粮河、长山河、团结河、四明河、环金山湖步道、长江路步道、湿地公园步道</td></tr>
</table>

第一为宏观层面，以上文提及的山、水 2 道视线连绵区奠定大尺度的主城区风貌概览，通过高视点俯视方式，构筑多层次景观叠合的深远型场景，突显“山水入城”的特色。在山景视线连绵区中，前后多组山脉连绵入画，没入视线尽头处的长江；水景视线连绵区则由长江、金山湖开阔水面为前景，群山与城市建设层叠其间。从建构方式上看，宏观层面的主城区风貌主要通过传统形势理论、大尺度实景地图分析与山水系统梳理，由专家视角推演形成。

第二为中观层面，构筑由片区尺度空间组合形成的城市风貌，具体包括 3 条环视天际线景观、5 个门户节点景观和 7 段动态游览环线景观。这一层面主要强调从城市天际线、门户节点与动态游览路径中观赏城市风貌，强调平仰视欣赏结合，动静态体验兼顾，具体内容由专家与市民进行分类景观评价后的结果归纳而成。

在特色体现中，3 条环视天际线（环金山湖、环南山、环大市口）以平视作为主要观赏方式，展现以城市建设为主体，城市、山体、水体异质拼贴形成的宽广视景，体现“城绕山水”的平远型风貌。5 个门户节点景观，旨在保护具有门户空间特色识别意义的城市风貌，对镇江访客具有重要意义。7 段动态游览环线景观，是由高质量景观路段形成的连续环线，全长约 50km，串接典型的山水城景观 28 处，并与城市门户节点保持便捷联系，塑造“移步换景”的景观体验。

第三为微观层面，指主城区内多点多脉的慢生活网络景观。该网络中的大部分节点处于规划建设与完善阶段，其建构主要依据规划成果中不同层级的城市公共活动空间（公园和广场）与居住用地分布，结合各种小尺度的山水公园、广场、步道等资源点，形成日常生活中的体验网络，并表现为以平视、仰视为特征的局部地段空间塑造。

风貌保护行动指南不仅为后期工作列出内容明细，还对保护操作提出原则与建议，受篇幅限制本书以山景视线连绵区为例加以说明。

顾名思义，山景视线连绵区指山体景观前后交叠连绵成片的风貌，《林泉高致》将其归纳为“山有三远”中的“深远型”俯视景观，陈从周先生亦在《说园》中将其表述为观山“贵在层次[①]”的理解。据此，镇江主城山景视线连绵区由“十里长山—马鞍山—南山—黄鹤山—磨笄山、虎头山—宝塔山—焦顶山—老山—汝山、京岘山—禹山”构成，呈现多组山脉层次入画的特征（图 3-2-13、图 3-2-14）。在此基础上，设计依据法定规划的地块划分与道路、河流等城市边界，复合城市生态系统与活动系统的结论，校核山景体验效果，初步拟定涉及的风貌保护敏感用地。

视知觉理论指出，人的目光总是落在画面“三分”的位置，且观测事物垂直 2/3 便可以在大脑中知悉事物的全貌，因此我国山景观赏多采用山体上部 1/3 不受建筑物遮挡的原理，即三分法则。但在俯视视角中，由于视点增高与山体连绵感知的品质需要，观赏比例宜适当增大，建议达到 1/2~2/3，且局部格局要点位置甚至以没有建设开发的绿地为佳。当然，考虑到镇江主城的建设开发现状，理论层面的形态控制还需要结合现实情况进行合理变通，为此，设计提出如下原则与建议。

第一，间接式迂回联通。理论上山体之间以直接联系为佳，但操作中往往受到建设开发的限制，需要借助周边临近用地另谋出路。以十里长山与南山间的联系为例，十里长山与南山之间早期处于未建设状态，但 2000 年以来南站地区的建设阻隔了两者间直接的生态联系。此时，在已基本建设成型的南站区域强行设置绿地通道并非最佳选择，从十里长山向东绕行借助马鞍山迂回联系南山更加合理。当然，在部分绕行的用地需要通过规划调整，将少量尚未开发的建设用地转换为公共绿地，形成南山与马鞍山之间具有一定宽度的绿地廊道，保障山体连绵的总体走势（图 3-2-15）。

---

① 陈从周 . 说园 [M]. 北京：书目文献出版社，1984：36.

图 3-2-13 镇江主城山景视线连绵区图示及构成

图 3-2-14　镇江南山东北方向俯瞰所视的山体连绵景观
资料来源：镇江市规划局提供 .

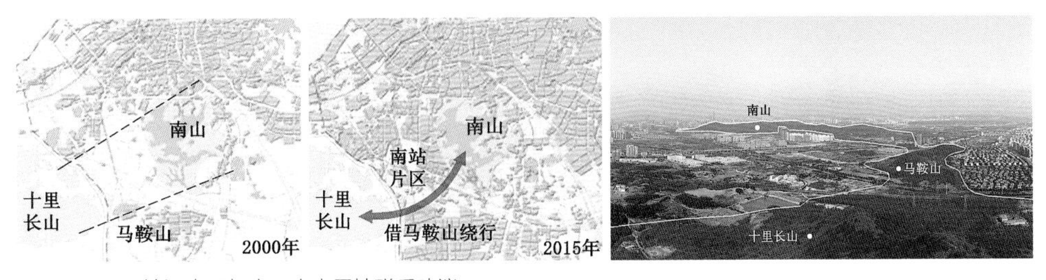

图 3-2-15　镇江十里长山—南山用地联系建议

第二，功能布局的设计调整。对于尚未开发建设的用地，对已有规划（或方案）相关功能与布置的设计调整可以更好地从形态角度满足山体观赏需求。以宝塔山与南山间的联系为例，其间横亘着一块近期上市的居住开发用地，但建筑形态模拟显示目前的建筑高度会遮挡从宝塔山观赏南山的景观。遵循前文山体观赏的理论要求，设计提出从宝塔山看向南山主峰 30° 核心视锥内需要观赏约 2/3 以上的南山山体，两侧扩展视锥内约 1/3 以上山体。依据控规用地划分，设计建议将学校、幼儿园、社区服务中心等高度偏低的公共用地放置在视线中心位置，构筑起一定宽度、高度 24m 以下的低多层区域，并鼓励利用学校操场与社区中心绿地形成绿色公共开放空间，增强山体间的市民活动联系，最终在用地东西方向上，形成以绿廊为中心、两侧用地开发由低向高逐步增长的趋势，实现对南山山体的较好观赏（图 3-2-16）。

第三，近远期策略结合。此条主要针对建设开发完毕并且对风貌保护产生一定影响的用地。受经济因素的制约，已建成用地的建筑形态调整是较难操作的现实问题。在这种情况下，制定消减视觉不良影响的近期措施是更具操作可行性的手段，

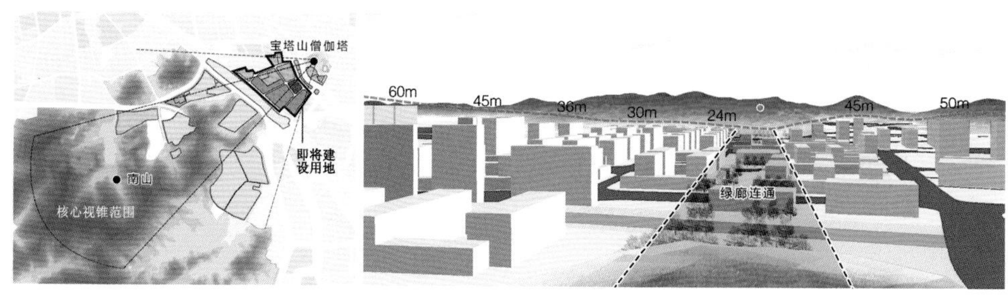

图 3-2-16　镇江宝塔山—南山间某用地开发形态调整建议

图 3-2-17　镇江宝塔山—焦顶山现状景观

远期再通过社会舆论酝酿、地段经济价值下跌等方式，谋求局部改造与彻底拆除。以宝塔山眺望焦顶山的视线为例，照片显示部分已建高层对山体景观造成了遮挡。鉴于近期内确实无法拆除的客观条件，设计提出进行建筑表面材料处理，以浅色系替代目前深红、深灰的立面色彩，同时在承接主要视线方向的建筑山墙面种植垂直绿化，促成建筑与山体的视觉融合，降低视觉敏感度（图 3-2-17）。

项目主持：王建国院士

项目参与：高源、陈宇、张愚、周梦茹、吴泽宇、廖航、高洁妮、甘宜真、李炘若（东南大学城市规划设计研究院、东南大学建筑学院）；段志旺、窦晓青（镇江市自然资源和规划局）；何辉鹏、华洵（镇江市规划设计研究院）；徐必胜（镇江市勘察测绘研究院）

03

寒地小流域地区总体城市设计：水绿特色空间及寒地城市空间形态塑造

——呼伦贝尔总体城市设计

3.1 北方水绿生态城及寒地特色城营造的方法与思考

“千城一面”是当代中国城市面临的普遍问题，快速的城市化进程中，以效率和经济为价值导向的建设过程往往忽视了城市所面对的特定地域特征，差异化的气候和地理条件并不能在城市空间特色中得到呈现。我国幅员辽阔，气候类型多样，而严寒地区约占总国土面积的 1/3，该地区内的城市特色空间营造是城市设计领域的一项重要议题。

寒冷地区一般夏季气候舒适，因此城市设计的要点在于减少冬季热损失以及降低由于室外寒冷、降雪等对人体造成的不适。[①] 为了克服寒冷气候的劣势，苏联、日本和加拿大等国家针对严寒地区气候特点和自身城市特征制定了相应的城市规划。其中，札幌城市规划中提出严格控制发展规模，保持紧凑的用地布局。[②] 加拿大圣琼斯郡则制定了“寒地城市设计导则”，强调保障日照、防风雪等策略。此外，英国的寒地城市设计专家劳夫·厄斯金提出“风屏蔽”模式，并主持设计了纽卡斯尔的贝克地段再开发项目。厄斯金曾提出“住宅和城市应该像鲜花一样向着春夏的太阳开放，并背向寒冷的北风，同时对平台、花园和街道提供阳光的温暖和寒风的庇护”。[③] 丹麦学者扬·盖尔曾提出“冬季友好”的概念，关注户外环境的季节适应性。彼得·波塞尔曼（Peter Bosselmann）及威廉姆·H. 怀特对旧金山及纽约的研究均强调了避开不利气候因素对确保户外活动质量的重要性[④]。

---

① 徐小东 . 基于生物气候条件的绿色城市设计生态策略研究 [D]. 南京：东南大学，2005：122-126.

② 冷红，袁青 . 发达国家寒地城市规划建设经验探讨 [J]. 国外城市规划，2002（12）：61.

③ 冷红，郭恩章，袁青 . 气候城市设计对策研究 [J]. 城市规划，2003（9）：52.

④ 扬·盖尔 . 交往与空间 [M]. 何人可，译 . 北京：中国建筑工业出版社，2002：179.

呼伦贝尔属于典型的高纬度严寒城市，穿城而过的伊敏河为海拉尔河支流，气候和水文地理上的独特条件共同构成了呼伦贝尔寒地小流域城市的自然本底特征。2017 年 1 月 18 日内蒙古自治区第十二届人民代表大会第六次会议强调，要发展全域旅游、四季旅游，要全力实施“旅游 +”战略。本次设计强调通过城市特色空间的营造将呼伦贝尔打造成国际化的草原音乐名城、冰雪运动名城、文化旅游名城。

如何在当代城市设计中充分利用特殊的气候和地理资源塑造出具有特色的城市空间形态是本轮呼伦贝尔总体城市设计的重要任务。借鉴中国古代营城智慧中“相天法地”的基本原则，本轮设计主要从问题凝练、水绿生态城建构、寒地特色城市空间塑造、总体城市设计方案生成和落实四个方面展开。

3.2 呼伦贝尔的城市概况与主城现状问题

呼伦贝尔属于中温带半干旱大陆性草原气候，地处内蒙古北部，大兴安岭西侧，海拉尔河与伊敏河两河交汇口，位于建筑气候分区中严寒地区 B 区。呼伦贝尔冬季长达 8~9 个月，1 月平均气温为 -28~-22℃，水系冰冻期从 10 月到次年 4 月长达 7 个月，为岛状冻土地区，最大冻土深度为 2~4m。本轮总体城市设计范围为呼伦贝尔主城区，包括老城区、东山北部（海拉尔）组团、河东组团、河西组团在内共 83km^2（图 3-3-1~ 图 3-3-3）。

现状调研发现当前城市发展存在水绿格局不明和城貌体系缺乏特色两个核心问题。其中水绿格局不明主要体现在三个方面：①水绿并置，缺融合。现状呼伦贝尔的生态体系结构为西依西山森林公园，北靠北山，东临东山台地，北沿海拉尔河形成东西向城市生态屏障，沿伊敏河及东山台地形成贯穿城区的两大南北向城市绿廊，总体形成“π”形生态格局体系。其中，南北两条主要纵向廊道缺乏横向联系，且东山台地以原始绿化空间为主，缺乏人群活动策划。②绿化割裂，缺彰显。生态廊道以南北向线性为主，缺乏东西向廊道，河流廊道和部分绿地生态环境一般，缺乏道路廊道，难以形成网络化生态廊道系统。市域范围内生境斑块主要集中于郊区，老城区生境斑块分布破碎且数量有限，和周围生态保护区缺乏联系，现状绿地布局分散，绿地体系不明确。③水系粗放，缺精治。伊敏河岸线总长度约 20.8km，硬质驳岸占比约 60%，而传统生态河道硬质驳岸占比低于

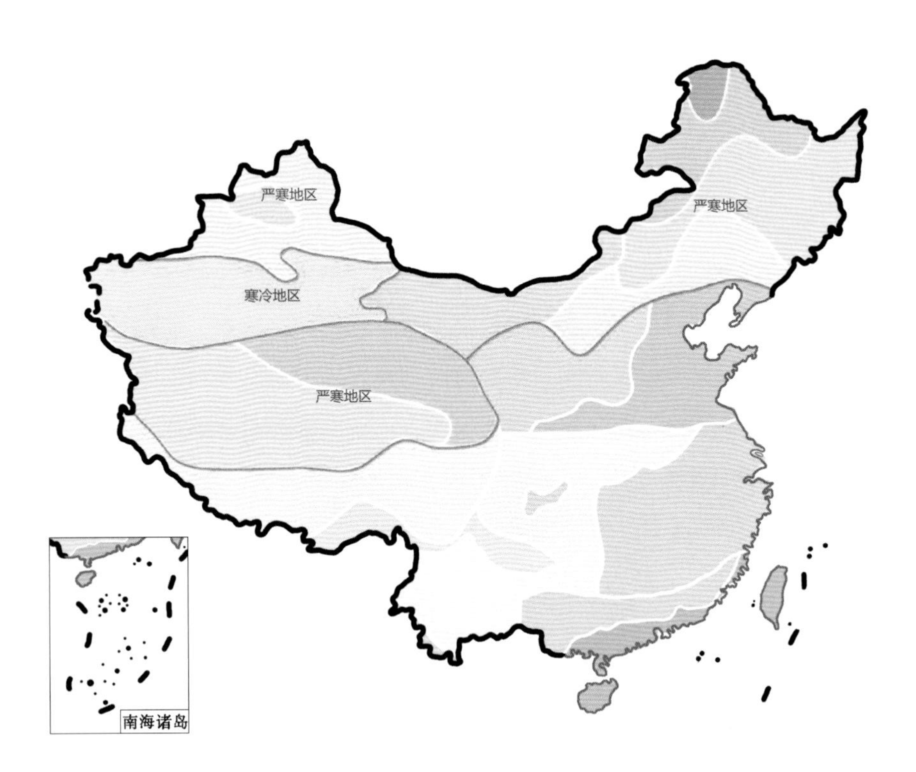

图 3-3-1　呼伦贝尔气候区划
资料来源：呼伦贝尔总体城市设计 .

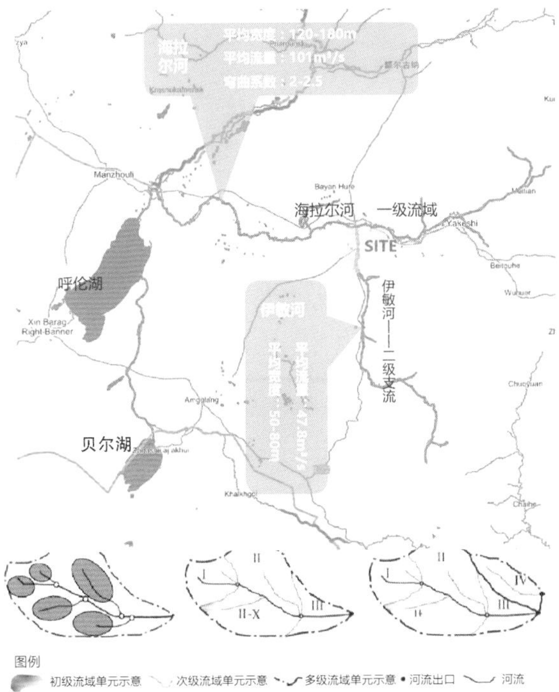

图 3-3-2　海拉尔河流域
资料来源：呼伦贝尔总体城市设计 .

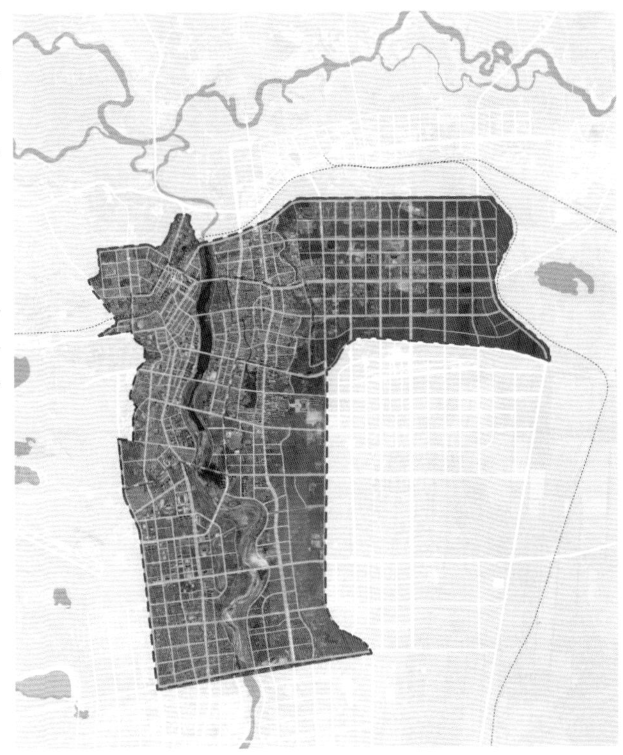

图 3-3-3　呼伦贝尔总体城市设计范围
资料来源：呼伦贝尔总体城市设计 .

30%，过多地设置硬质驳岸影响了伊敏河自身生态系统平衡，干扰鸟类等生物栖息。河道两岸虽为市民健身、休闲活动提供了丰富的场所空间，但不同河段之间的慢行系统被桥梁隔断，缺乏便捷的联系 [图 3-3-4（a）]。

城貌体系缺乏特色则主要体现在四个层面：①单核发展，层次不足。结合各类用地和业态空间分布特征对行政管理、专业市场、生活服务、社会服务和生产服务五个职能展开分析，五类用地均高度集中于老城区东岸，城市公共职能分布不均衡。②尺度偏大，分工不清。新城区规划建设的廊道体系中道路过宽，且两侧建筑退线较大，导致由道路分隔的地块尺度过大，街区的可达性与连接的便捷性受到影响，降低了地块的利用效率。③特色不足，风貌零散。老城区重点街区统一性不足，且风貌略显凌乱，既有历史文化资源缺乏有效的保护和利用。新城区风貌缺乏

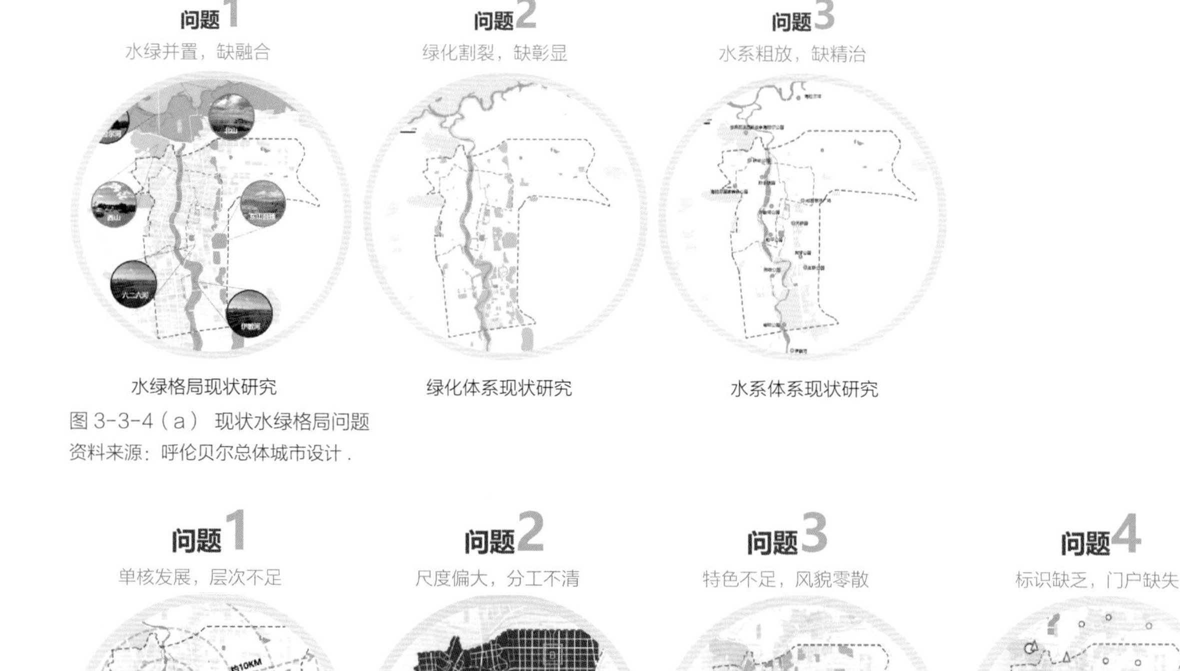

图 3-3-4（a） 现状水绿格局问题
资料来源：呼伦贝尔总体城市设计 .

图 3-3-4（b） 现状城貌问题
资料来源：呼伦贝尔总体城市设计 .

特色，城市文化记忆缺失。此外，老城区现状的绿地及开敞空间严重不足，且缺少针对气候条件的应对措施。④标识缺乏，门户缺失。城市高层建筑散点分布，簇群不凸显。周边山体感知度低，缺少观山视线廊道和欣赏城市天际线的合适观景点，重要的交通门户和公共建筑缺乏高品质的设计引导[图3-3-4（b）]。

3.3　水绿生态城营造体系

水绿生态城营造体系设计强调以整体融合为导向，包含有机共融的水绿格局、均质共享的绿化空间和活力共生的水网环境三大策略。

第一，有机共融的水绿格局策略。重点保障千年不变的“木”字形城市山水骨架，凸显“井”字形都市生态结构，构建城景式水绿生态格局。其中“木”字形城市山水骨架，横向由500~1500m宽的海拉尔河生态廊道构成，纵向由宽2000~4000m的城西生态走廊、城中430~900m宽的伊敏河以及东侧宽140~1140m的东山台地三条生态廊道构成，通过该结构形成外围生态基底与内部生态斑块进行过渡。此外，横向重点打造胜利大街—机场路生态廊道，优化生态结构与城市空间的有机交融（图3-3-5）。

图3-3-5　呼伦贝尔“木”字形城市山水骨架

第二，均质共享的绿化空间策略。重点打造内外双层景观翠环，通过景观保护外环整合并优化提升城市外围空间品质，形成完整景观系统体系，与内环相呼应，改善整体绿地空间质量。绿色休闲内环连接建成区内部地块空间，通过道路将各个绿地公园连成一个整体，形成系统的公园系统网络。内环长 46.4km，串联 24 个公园，外环长 57.9km，实现“50m 见绿，100m 见园”的绿化空间规划目标（图 3-3-6）。

第三，活力共生的水网环境策略。营造并联通三大主体环，提升 17 个步行衔接节点。根据水模型分析，设计将主河槽拓宽至 100~200m，局部地区直接以堤坝临水。根据项目的设置需要，部分区域开设休闲性水域，扩大景观观赏及休闲面，形成滨河 7.3km 的步行系统。通过健康循环、人工管控、生态净化三种方式，将环境治理与基础设施高效结合，实现弹性开发、多元调蓄、智能控制与净水防洪的功能。在此基础之上，根据不同河段的特征，设计对总长 58.1km 的滨水岸线驳岸形式分别进行硬质和软质处理，其中硬质岸缘 14.56km，软质岸缘 43.54km（图 3-3-7）。

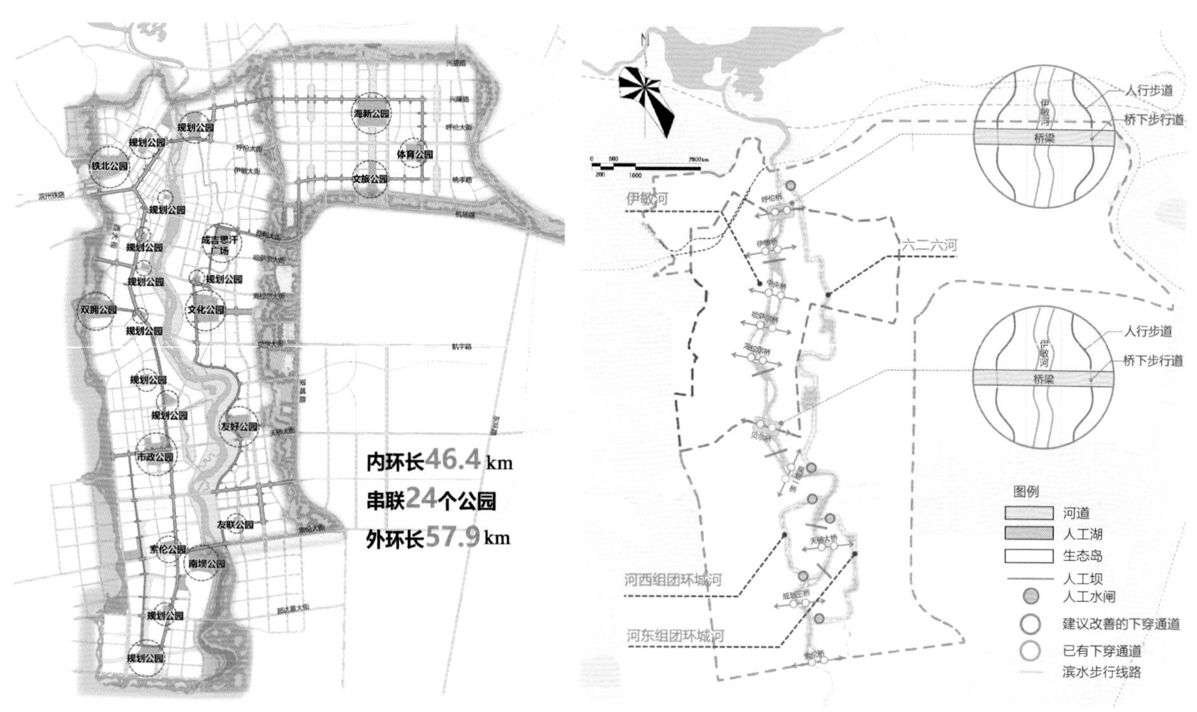

图 3-3-6　城市双层景观翠环

图 3-3-7　城市水网结构

3.4　寒地特色城市空间塑造体系

基于呼伦贝尔城貌现状问题及呼伦贝尔独特的寒地城市属性，本轮设计从中心体系、路网体系、街区体系和标识体系四个层面提出“寒地特色城”的建设策略。

第一，复合互动的中心体系建构。针对现有城市中心单核集聚、层次不足的问题，设计强调公共服务节点均质布局，以车行 5min、步行 15min 可达范围为半径，突破严寒城市冬季居民出行距离有限的瓶颈。未来塑造呼伦贝尔的 4 个城市中心分别为：三角地商业中心、东部新城商务中心、南部新城商务中心、综合文旅服务中心，每个中心区内部包含一个或者多个高层集聚控制片区。分布式中心模式兼顾各中心的基本公共服务功能和特色主题功能，避免同质化竞争。城市内各地块与二级中心节点的平均出行距离控制在 1.5~2km（图 3-3-8）。

第二，高效友好的路网体系建构。通过对街道断面、地面铺设、沿街建筑、交叉口等街道空间构成要素诸方面设计准则的优化，创造连续整体、气氛明快的城市道路景观及空间体验，重点打造中央街、呼伦大街、西大街、学府路四条景观道路。呼伦贝尔处于高纬度地区，冰雪天较多，城市雪后场景整体颜色趋近灰白

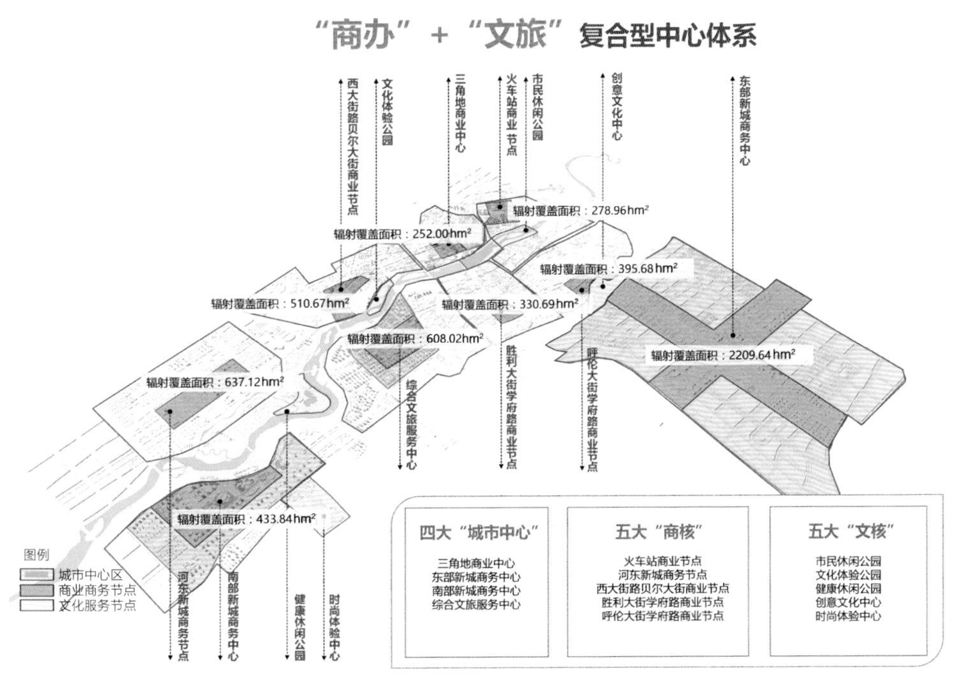

图 3-3-8　呼伦贝尔城市中心体系

色，建筑辨识度低，行驶在路上不易辨识方向，且雪天路上积雪难以及时清理，阻碍了城市交通。总体上，城市给人一种冷漠、单调、沉闷的印象，没有特色。因此针对寒地城市，设计提出特定性道路断面设计，由机动车道、绿化隔离带、非机动车道、堆雪带、人行道等组成。绿化隔离带由高乔木和低矮灌木构成，营造具有层次感的街区景观；堆雪带宽 1~1.5m，无雪天气可用作临时停车带，人行道需种植 5~8m 高行道树，设置座椅、花坛、垃圾桶等城市小品，达到优化步行环境、美化城市环境的作用。在此基础之上，设计考虑对部分宽马路、大地块二次分隔和分割，引入道路“市政带”概念，对机动车路面进行细化分隔并提升公共服务功能，缩减巨型道路的无效空间，同时对过大的地块进行再次分割，增加路网密度，设计共建议增加总长 8.8km 的城市支路。此外，基于静态交通需求优化停车空间配比，通过停车楼、地面停车、地下停车三种方式针对老城区、新城区的不同条件和需求进行精细化停车空间布局设计。在时间维度上，设计强调采用弹性联动共享和空间复合利用的方式，对停车需求量变化大的区域可考虑设置复合功能的停车区域，以便于对城市停车空间进行高效利用（图 3-3-9~图 3-3-11）。

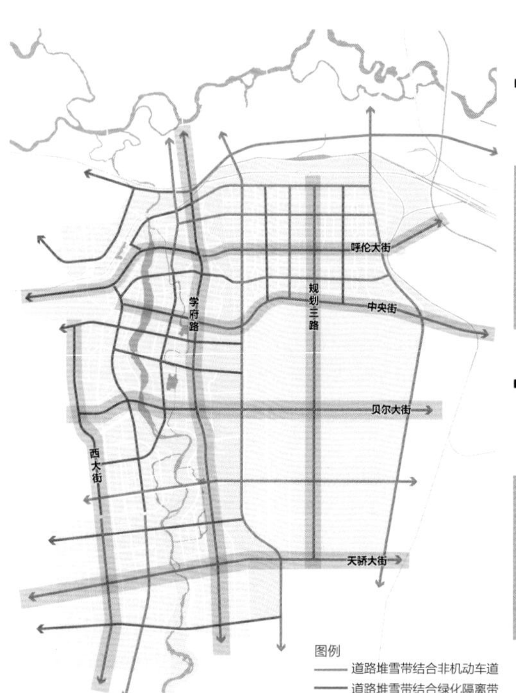

■ **堆雪带结合非机动车道**

寒地城市干道由机动车道、绿化隔离带、非机动车道、堆雪带、人行道等组成。堆雪带结合非机动车道布置，堆雪带大约宽1~1.5m。

■ **堆雪带结合绿化隔离带**

寒地城市支路由绿化休憩带、人行道、堆雪带、机动车道等组成。堆雪带冬季堆雪，无雪季节可作为绿化带；绿化休憩带种植低矮特色植物，间隔布置座椅、雕塑等游憩设施。

图 3-3-9　特色气候友好型路网及道路断面改造

图 3-3-10　路网细化

图 3-3-11　堆雪带示意

项目位置	项目类型	面积
西部新城商务中心	商务休闲类	8.63hm²
中央文化区	文化休闲类	15.17hm²
三角地商业中心	商业商务类	25.91hm²
成吉思汗广场	娱乐休闲类	26.93hm²
台地文创中心	文创娱乐类	18.60hm²
东部新城商务中心	娱乐休闲类	47.15hm²

图 3-3-12　城市六大客厅

第三，活力多样的街区体系。在城市层级结合水绿空间和城市公共中心设置成吉思汗广场、台地文创中心、三角地商业中心等 6 个城市客厅。针对寒地气候特征，设计提出“阳光街区”理念，根据抗风防冷需求研究建筑空间与室外广场布置方式。由于呼伦贝尔城市气温低、大风日较多、冰雪覆盖时间长，因此在建筑空间布置时强调空间的围合感，通过连廊连接建筑组团，构建便于居民出行的室内人行系统，共设置了四种不同贴线率的街区组合模式，根据城市中不同区位防风需求进行布置。设计中通过控制室外游憩广场面积和开口，增加广场空间的日照时间，减少阴影面积，尽量保障冬季日照时数能达到 5h 以上，并且尽量减少寒风的侵扰，创造温暖舒适的室外空间，保障市民室外活动时间。设计建议更新 9 个南向开敞空间，新建 35 个南向开敞空间。方案探索了适应极寒气候的商业及公共空间模式，提出了拱廊内街、室内外双流线、都市廊桥和地下空间整合四种空间策略优化既有城市公共空间（图 3-3-12）。

第四，重点突出的标识体系。设计在城市整体层面控制 6 条一级景观视廊，让市民看得见山，望得见水，山水相望。基于一级景观视线通廊，打造起伏有致、重点突出的城市天际线系统，重点塑造 5 段彰显城市形象的典型天际线段落。基于美学、自然和谐、可辨别性、历史文化、地标性五项原则，打造适合呼伦贝尔的优美壮观的城市天际轮廓线。通过对比国际优秀案例，团队总结出点式波动、团式波动和面式波动三种天际模式，针对呼伦贝尔城市现状，我们认为团式波动的天际轮廓

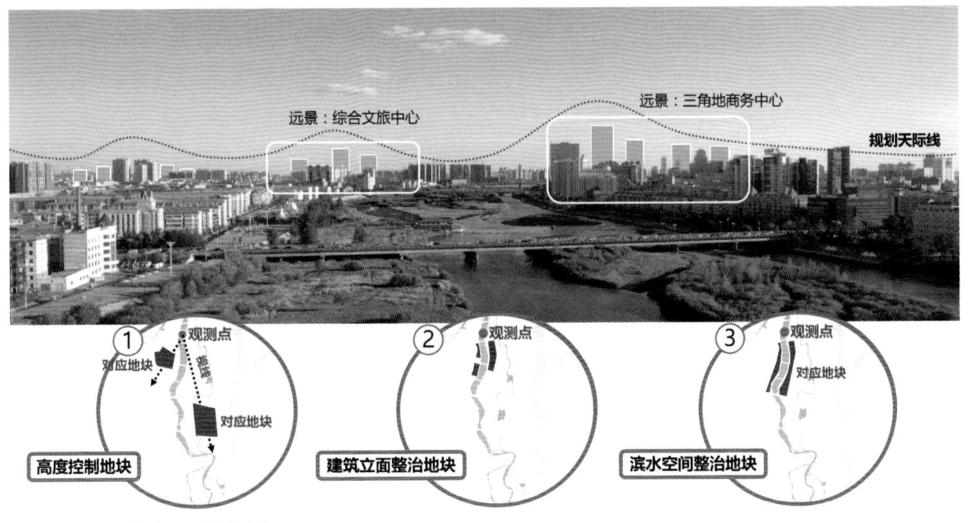

图 3-3-13　城市天际线控制

更适合于呼伦贝尔城市的天际轮廓体系。例如，针对两河圣山南眺天际线，设计通过增加塔楼建筑簇群丰富天际线韵律，并通过明确片区地标的合适位置区域来提高区域的辨识度。基于整体天际轮廓线的控制，方案形成主次有序、分级引导的三大城市级地标群组。设计进一步根据城市特色评定、城市门户规划、城市中心评定综合确定呼伦贝尔市海拉尔区内 12 处城市标志建筑或构筑物，并将其分为城市特色级、城市片区级与片区特色级三个等级的地标体系（图 3-3-13）。

3.5　总体城市开发强度控制和空间形态方案生成与落实

总体城市开发强度控制结合了总体城市设计框架、数学模型支撑、法定刚性约束条件三方面的成果。总体城市设计框架即是对上述水绿生态城和特色寒地城分系统设计策略的叠合和梳理；数学模型是基于用地条件相似的地块倾向于相近的开发强度这一基本原理展开的参照计算模型，本轮研究中根据呼伦贝尔的城市特色选择了土地价格、中心体系、道路交通、绿地斑块和河流水系五个用地因子；法定刚性约束则主要结合了两个机场对周边城市净空高度的控制约束。通过城市设计研究中未来需要重点开发的高容积率片区与计算结果的相互比对，充分尊重模拟结果的同时，结合专家和政府的意见，方案对部分计算结果进行微调，以符合城市发展的实际需求，最终得到理性与感性相结合且面向未来的合理开发强度控制。在此基础上，根据分级控制和弹性控制原则，将开发强度控制结果转化为高度控制和容积率控制区间分布图，并划定城市高层集聚区以便于实际的城市管理（图 3-3-14~图 3-3-16）。

城市设计方案体现了呼伦贝尔严寒地区的城市特质："马踏大河草原酥，鹰击长空冰花舞，苍茫北国藏绿都，伊敏人家栖净土"。为了推进总体城市设计的落实，我们根据"二八定律"设定城市特定意图区，重点塑造 7 个公共活动中心、4 个门

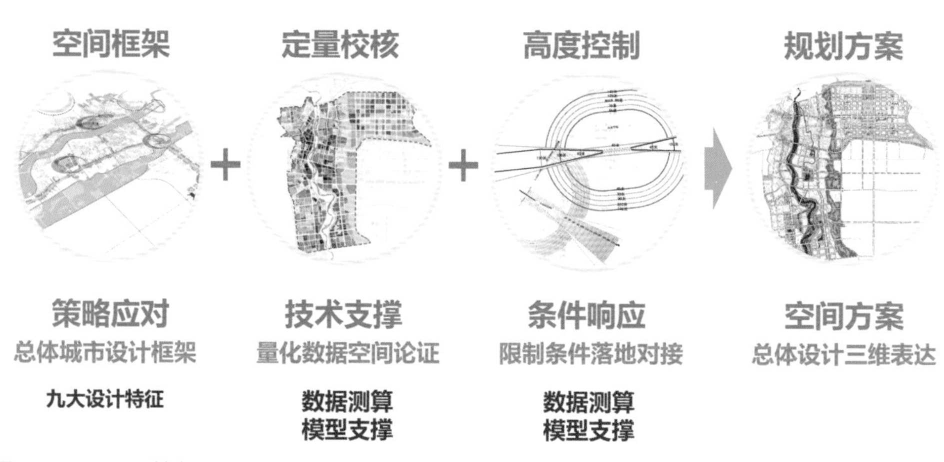

图 3-3-14 GIS 城市高度测算路径

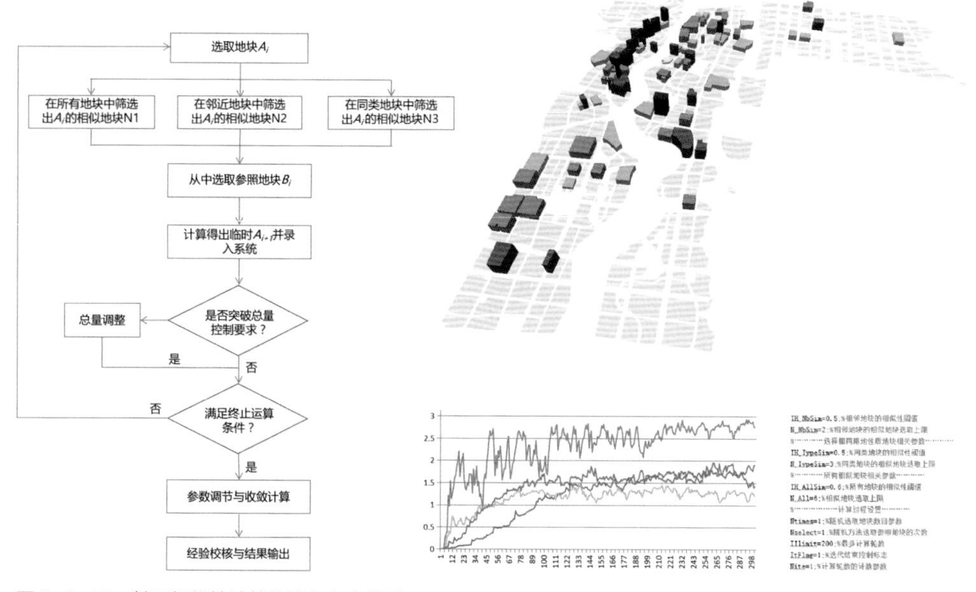

图 3-3-15 基于相似性计算的城市高度模型

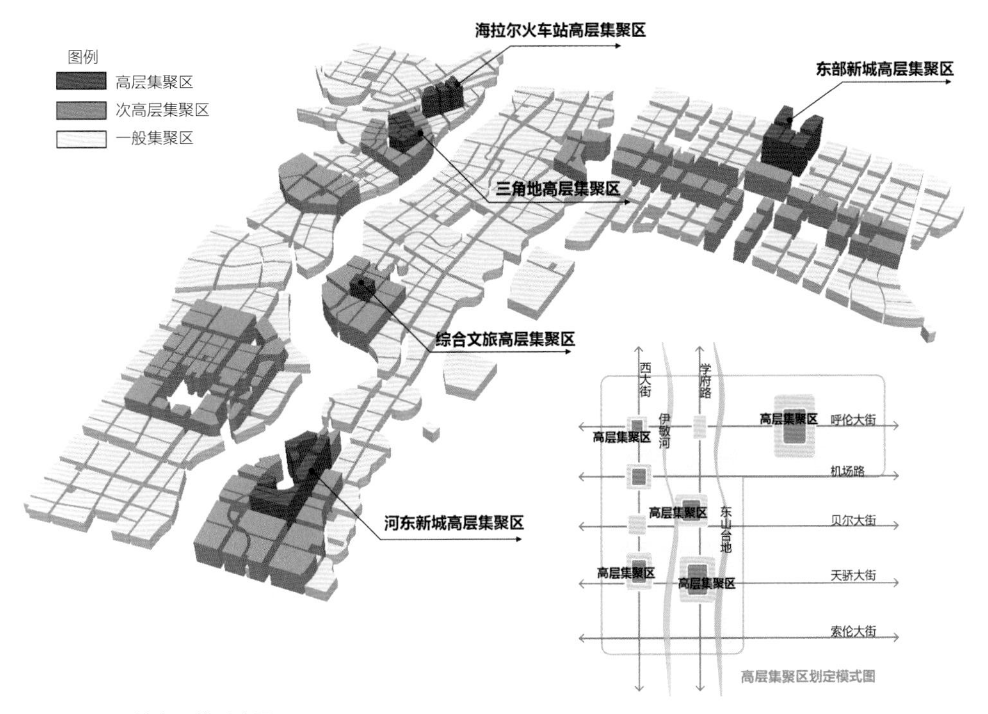

图 3-3-16　城市三维形态图

户景观和 3 个重要滨水区，针对具体的特色意图区展开进一步的优化设计，落实总体城市设计中相关设计意图和控制要点（图 3-3-17~ 图 3-3-19）。

以中央活力区三角地片区为例。该片区主要存在四个问题：①三角地现状部分地块的布局与建设容量不足以适应城市未来的发展与三角地自身的核心定位；②城市沿街建筑立面老旧，广告牌凌乱，无法匹配商业中心的形象定位；③核心区人车混行，整个区域缺乏地下停车空间，沿街停车导致步行体验较差；④作为极寒气候城市的商业中心，缺乏适应地域环境的特色商业类型与相应的空间模式（图 3-3-20）。

因此，团队针对性地提出四项城市设计策略：①空间整合，在三角地区域选择三处现状建筑质量差、容积率偏低的地块进行城市更新，优化城市空间形态，整合零散功能发挥集群效应；②立面整治，对问题突出的主要沿街建筑进行立面整改；③交通整理，在三角地地区整体更新的三个地块修建地下停车场，辐射覆盖三角地商圈，缓解停车问题；④丰富商业空间类型，营造气候适应型公共空间。设计对片区内部的开发强度、功能分布、交通组织、更新与拆除建筑进行梳理和优化。

图 3-3-17　呼伦贝尔总体鸟瞰图

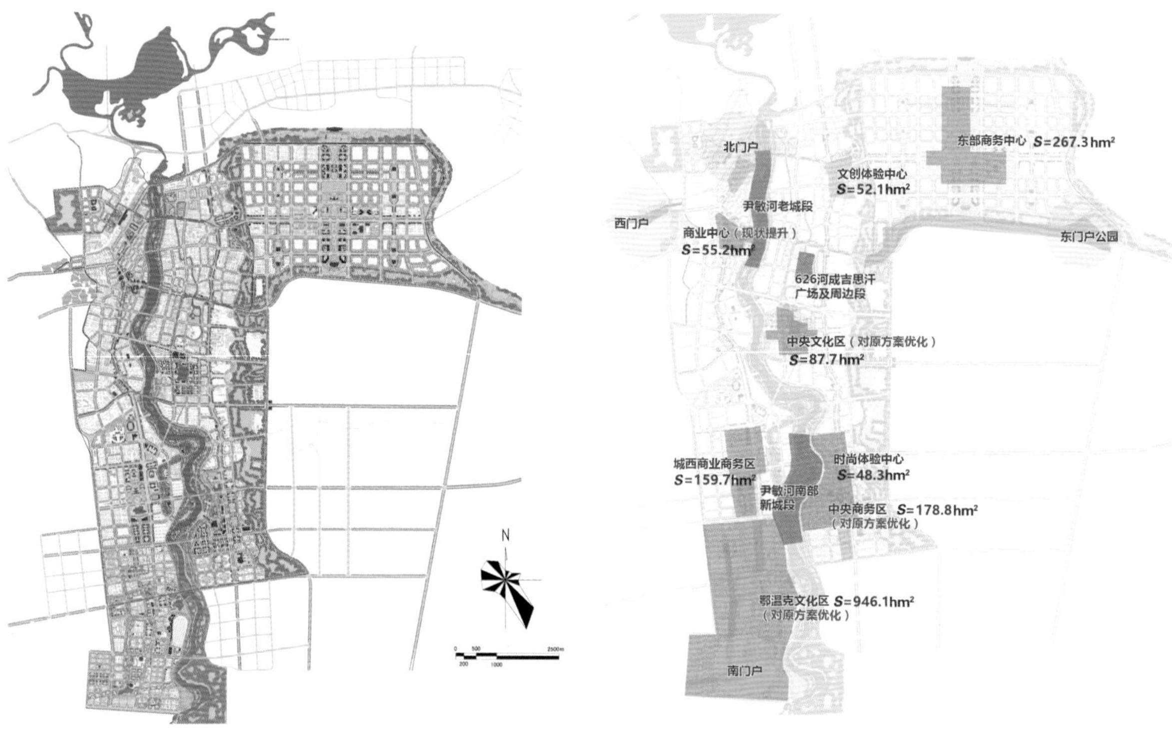

图 3-3-18　总平面图

图 3-3-19　重点地段分布图

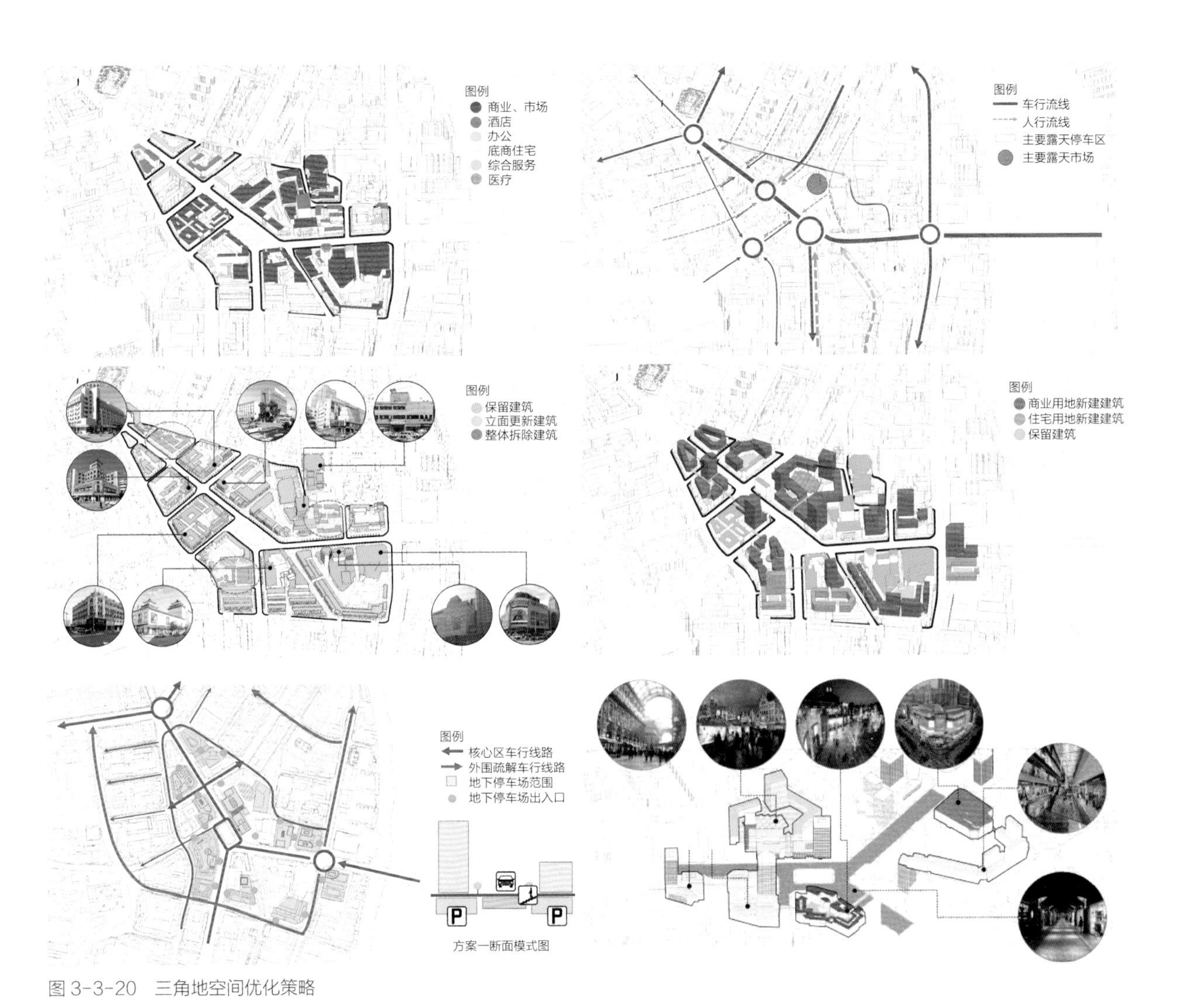

图 3-3-20　三角地空间优化策略

项目主持：王建国院士

项目参与：徐伟、曹晓昕等

04

历史城市高度控制：高度计算与意象校核
——基于风貌保护的南京老城城市设计高度研究（$40km^2$）①②③

4.1 历史城市建筑高度控制的意义与南京老城面临的问题

建筑高度是城市物质形态管控的核心要素之一，指城市用地在垂直向度上可以开发达到的最高数值。我国目前的存量规划发展阶段存在着在垂直方向精准扩张以发挥土地价值的可能。同时，高度结合规模、风格等建筑属性共同承载空间容量、体现城市风貌，是当下开发商与公众共同关注的热点议题。国内控制性详细规划调整数据显示，建筑高度是目前与用地性质、容积率并行，被调整最多的指标之一④。

近年来，我国有关建筑高度控制的研究成果爆发增长，以应对城市发展、建筑高度攀升带来的环境、交通、景观等问题。数据显示，1985—2015 年间，中国期刊网全文数据库（CNKI）收录的相关论文从早期 5 年（1985—1989 年）的 1 篇提升到近期 5 年（2010—2015 年）的 59 篇；而在所有 133 篇论文中，44 篇与历史环境和风貌保护相关，成为指向度最集中的分类⑤。

历史城市以深厚的文化积淀、丰富的物质遗存、优美的风貌景观、突出的史迹职能为特征。我国历史城市数量众多，并从 1982 年开始实施历史文化名城保护制度。但近年来保护工作呈现明显的矛盾状态：一方面名城申报工作活跃，近年几乎以每年 2 座的速率增加；另一方面在历史城市的保护更新过程中，风貌破坏消失的

---

① 高源，王建国，张愚．实操视角下南京老城建筑高度管控——基于风貌保护的南京老城空间形态城市设计高度研究 [J]. 城市规划，2021（7）：59-66.

② 王建国，张愚，高源．基于风貌保护的南京老城城市设计高度研究：中国专业学位案例中心主题案例 [Z]. 北京：中国专业学位案例中心，2022.

③ 本节图表如无特别标注，资料来源均为东南大学城市规划设计研究院，东南大学建筑学院．基于风貌保护的南京老城城市设计高度研究 [Z]. 南京：东南大学城市规划设计研究院，2016.

④ 王卉，谭纵波，刘健．美国纽约市建筑高度控制方法探析 [J]. 国际城市规划，2016（1）：93-99.

⑤ 邱冰，张帆．国内建筑高度控制研究概观 [J]. 城市问题，2016（3）：29-35.

现象屡见不鲜[①]，而建筑高度不合理是其中的一个重要方面。

由于各种特征风貌的保护需求在历史城市的集聚性存在，建筑开发在垂直向度上的敏感程度较之非历史性城市更为显著，开发与保护的矛盾争议也更为突出。但是考虑到经济建设的成本因素，一旦出现建筑高度问题，往往难以采用整体拆除的手段进行修复，局部拆除也代价颇大。因此，合理的用地高度控制一直是城市风貌保护，尤其是历史城市风貌保护工作的重点与难点问题。

南京拥有两千多年的建城史和四百余年的建都史，是国际著名古都和我国国家级历史文化名城，老城内至今尚存的历史文化资源占南京资源总量的约 2/3。同时南京也是我国重要的区域中心城市，众多综合服务职能在老城集聚。因此，老城是南京最具活力、各类设施最便利的地区，也是建筑形态最敏感、风貌保护压力最大的地区。

南京老城以明城墙为大致边界，围合总面积约 40km^2，下属玄武、鼓楼、秦淮三个行政区，按控规成果涉及 5569 个地块。近年来，南京规划主管部门已组织编制了系列风貌保护法定规划，这些被保护的用地大体形成以明城墙为环，向内连接城东、城南、城西三个保护片区的老城风貌敏感区域，面积合计约 24km^2，并由各法定规划设定相应的高度控制要求。剩余用地的风貌保护要求相对较低，形成非风貌敏感区，面积合计约 16km^2，高度管控主要遵循《南京历史文化名城保护规划（2010—2020）》中的规定——新建建筑高度原则上不超过 50m。

南京老城现状建筑高度（2016 年）数据分析显示，现状建筑高度突破上述法定规划高度（以下简称“破高”）的情况客观存在（图 3-4-1、图 3-4-2）。可见南京老城目前的用地高度控制，尤其是非风貌敏感区的控制，基本采用了以历史文化名城保护规划为代表的总体控制原则，明确老城为 50m 以下的控制区，具体高度在控详中确定。但是在控详落实及日常规划管理中，逐步反映出总体控制原则宽泛、可操作性不强的问题，导致大量破高建筑的出现，并对老城风貌保护产生不利影响。而对于风貌敏感区域，虽然编制有多个保护规划，但由于在编制规模、视角、时间上的差异，针对同一用地也出现不同高度控制数值的情况，给后续管理带来不便[②]。

---

① 张兵．历史城镇的风貌保护与相关概念辨析 [J]. 城市规划，2014（12）：42-48.

② 图 3-4-1 为对已有风貌保护法定成果进行梳理，整合高度控制数值并在用地上予以落位，形成的法定高度整合图。该图建立起南京老城风貌保护高度控制的刚性条件，以此作为后续“风貌意象设计”与“高度相似计算”的共同基础。具体操作更多与规划管理相关，详见本书第五章第 1 节。

图 3-4-1 南京老城法定高度控制数值整合　　图 3-4-2 南京老城现状建筑破高情况图

《实操视角下南京老城建筑高度管控——基于风貌保护的南京老城空间形态城市设计高度研究》正是针对上述问题展开的探索，意图从用地高度控制的角度保护与彰显老城风貌，实现高度控制的法定化。

4.2 历史城市建筑高度控制的方法思考

在风貌保护角度，建筑高度控制通常数值越低意味着风险越小，那么是否应该尽量压低控制高度?

客观而言，城市的存在与发展始终以承担一定的功能为前提，历史城市也是如此。以南京老城为例，依据城市总体规划，老城不仅提供了大量的居住空间，同时也承载了南京重要的金融、商办、文化、医疗、科研等综合服务职能，并在未来相当长的时间内继续保留。而如果这些职能需要正常运转，一定的空间开发容量是必要的前提。例如目前世界很多城市中央商务区的容积率多在 3~7 之间。从这点上说，老城目前大量的破高建筑也在一定程度上反映了这一需求。

提到开发容量，就不得不涉及密度与高度这两个正相关因素。从密度角度看，国外一些城市作为空间形态基底的用地高度并不是很高，但开发密度可以维持在平

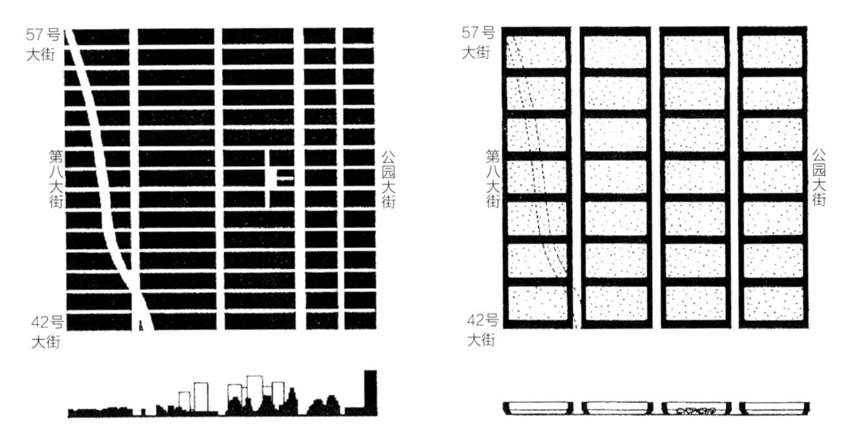

图 3-4-3　纽约曼哈顿周边式与亭式布局模拟示意

资料来源：赵婧．城市居住街区密度与模式研究 [D]. 南京：东南大学建筑学院，2008：31.

均 50% 以上，以平均用地建筑 6 层计算，容积率可以达到 3~4。英国剑桥大学城市形态研究室 1960 年代对美国纽约曼哈顿建筑开发强度的实验性研究也表明，以周边式街区布局建筑密度 50%、平均 7 层模拟计算，其开发强度可以与约 21 层的亭式高层布局相当[①]（图 3-4-3）。

反观我国，受制于日照的强制性要求，普遍作为城市物质形态基底的居住用地不太可能达到 50% 的密度数值，其他用地中也只有商办类等少数用地能够达到，进而导致我国历史城市的容积率整体偏低。因此，在开发密度提升有限的情况下，提高用地高度是获取开发容量相对有效的举措，历史城市合理的长高长大具有一定的历史必然性。

如何进行合理的高度发展与控制？参考和我国城市同样面临风貌保护与城市发展问题的英国伦敦市不难发现，15—19 世纪，伦敦平均用地高度实现从低层到多层的增长，并以圣保罗大教堂为制高点。1960 年代开始，面对世界城市发展的挑战，伦敦建筑高度显著增加，多栋百米高层相继出现，至碎片大厦已超过 300m。可以认为，多年来伦敦不断探索历史风貌保护与现代城市发展的平衡，逐渐形成了一套完善的高度控制方法。该方法主要通过区域和地方发展规划、补充规划，以规划政策、核心策略、政策地图等形式，提出建筑高度控制要求。具体来说，发展规划会明确城市的风貌保护内容，如规定历史保护区、圣保罗大教堂高度控制区、地标景观视廊等为不宜建设高层建筑的区域，并在补充规划文件中通过高度控制平面

① L.Martin，L.March. Urban Space and Structures [M]. Cambridge：Cambridge University Press，1972.

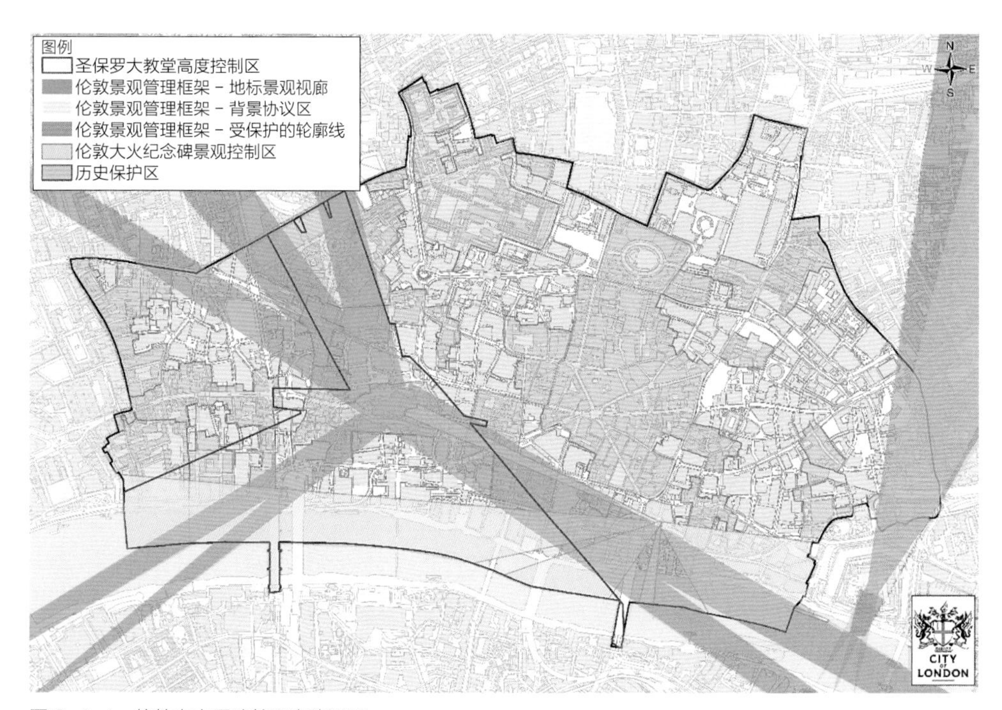

图 3-4-4　伦敦市高层建筑不宜建设区

资料来源：改绘自 Department of the Built Environment，City of London Corporation. Draft City Plan 2036[Z]. London：Department of the Built Environment，City of London Corporation，2020.

的方法对相应建筑高度提出严格限制。同时，规划也承认高层建筑对城市发展的重要性，确定了适宜集中建设高层建筑的区域，并提出在城市的其他地区需综合考虑对城市天际线、周边区域公服设施承载力及建筑遗产保护区的影响进行高层建筑建设[①②]（图 3-4-4）。

综合以上，出于现代城市集聚、效率与活力的需要，我国历史城市尤其像南京老城这样规模较大的城市，做到建筑高度的“低数值全盘保护”是比较困难的，风貌保护和演化生长是城市发展的一体两面，合理的高度开发与良好的风貌保护需要均衡。南京自身发展与伦敦的经验指向一个共同点，就是确定一批足够代表地方风貌的城市用地，在高度控制上“应保尽保”，体现风貌特色，其余用地则遵循规划条件下的市场开发原则，在高度容量上满足城市功能的正常运转。基于上述思考，设计提出法定控高整合基础上，高度相似计算与风貌意象设计两线并行的方法思路。

① 王卉，谭纵波，刘健 . 英国大伦敦地区建筑高度控制探析 [J]. 国际城市规划，2018（5）：109-116.

② 卢峰，蒋敏，傅东雪 . 英国城市景观中的高层建筑控制——以伦敦市为例 [J]. 国际城市规划，2017，32（2）：86-93.

4.2.1 关于高度相似计算

可以认为，一次性对大尺度设计范围内上千个、甚至更多数量的地块给予合理的高度控制数值，是超出设计人员常规空间感知与经验判断的工作。而数字技术深刻改变了城市设计的作业程序与实操方法，使得城市设计可以摒弃处理信息不完备和选择结果因人而异的主观决策模式，集成良好城市空间形态得以产生的自然、社会、经济、文化等多种要素，建立以城市空间形态建构机理为核心、体现现代城市公平和效率为准则的评价标准与操作平台，通过底线把控和有限选择解决具有基本品质的海量用地城市形态管控问题。

反映在南京老城高度计算中，基于用地相似参照的原则普遍存在于城市建设过程中，它是建成环境背后的一个基本逻辑。城市规划管理和决策人员在判定某一用地的控制高度时，不会凭空臆想，而是往往有意或无意地参考近期或代表性的类似用地指标；或者说，如果两块用地的规模、区位、环境、功能等条件相似，那么其高度控制就有可能较为接近。因此，可以将城市物质形态理解为由相互影响和作用着的地块组成，并在总体上表现为一个不断自我调适、动态演进的复杂系统。其中，对某一地块的开发不是孤立行为，其控制高度需要参照类似用地的情况，同时也对用地条件相似的地块形成借鉴并产生影响，这种影响再间接波及更多的其他地块……；地块间正是通过这种反复的相互作用达到相对稳定的状态，这便是此时该用地的合理控制高度。因此，高度控制决策，是一个以当前公认相对合理的相似地块状况为参照、进行的反复博弈过程，而基于用地相似性的高度计算模型正是对这一博弈过程的模拟。该高度计算模型揭示出城市自发的生长与波动过程，体现了城市建设决策的公平和公正，而各种参数的设定又赋予其合理的设计灵活性。同时，其得到的高度形态结果体现出自然过程应有的复杂性、难以预测的突现性和进化的适应性，避免了武断、刻板的人为规划控制[①②③]。

① Wang J G，Zhang Y，Feng H. A decision-making model of development intensity based on similarity relationship between land attributes intervened by urban design[J]. Science in China Series E，2010，53（7）：1743-1754.

② 张愚，王建国．城市高度形态的相似参照逻辑与模拟 [J]. 新建筑，2016（6）：48-52.

③ 王建国，张愚．基于用地开发强度决策支持系统的大尺度城市空间形态优化控制 [J]. 中国科学：技术科学，2016，46（6）：633-642.

4.2.2 关于风貌意象设计

基于用地相似性的高度计算为城市高度管控提供了一个基于公平与效率的基础，但是其对于历史城市风貌保护需求的应对是不全面的。风貌保护的最终呈现是三维化的城市物质空间，而空间体验中直觉感性的成分明显多于逻辑理性的内容，也就是说以“风貌之美”作为判定标准而需要“某块用地高度高一些、某些用地高度低一些”的结果是没有办法通过理性计算得出的，或者说目前数据操作的软硬件水平还没有能力达到这一程度。

风貌意象设计便是针对这一问题展开的另一条并行的方法主线。当然风貌意象设计一般不会涉及全城的所有用地，而只是针对其中的典型风貌用地展开。具体指通过对城市总体特色的认知识别，确定集中体现城市风貌的感知精华，如天际线景观、眺望景观等，并针对相应用地提出空间风貌意象与高度控制原则。这是一种风貌底线保护的思路，目的在于求精而不求多，一旦保护内容与原则确立，就会在高度层面严格控制。由于此时感知对象已分解为城市的局部景观，操作方法上以感性识别为主，体现为传统经典美学与视觉感知的途径，强调人的体验与文化传承。

最后将高度相似计算与风貌意象设计的两部分成果对接，依据意象设计对涉及的典型风貌用地做计算高度的优化调整①，其余用地则保留计算结果，形成高度控制的最终结论。本书引言中提出在城市设计概念的重新定义中，将城市空间形态的建构机理和场所营造作为双重研究客体②，从这一点说，高度相似计算与风貌意象设计双线并进的方法思路恰恰是这样一种探索的体现。

4.3 南京老城高度相似计算

依据前文方法建构，设计将通过对城市高度形态的成因与机制分析，将其转化为城市空间用地属性的影响因子系统，借助参数设定，建立以数字化信息与城市物质空间形态属性之间的转化联系，对南京老城全部的 5569 个地块展开高度相似计

① 调整过程依据意象设计，针对涉及的局部用地调高或是降低计算高度，但是如果涉及有法定高度控制的用地，高度优化只调低不调高，体现法定高度的法律效率。

② 王建国 . 从理性规划的视角看城市设计发展的四代范型 [J]. 城市规划，2018，42（1）：9-19.

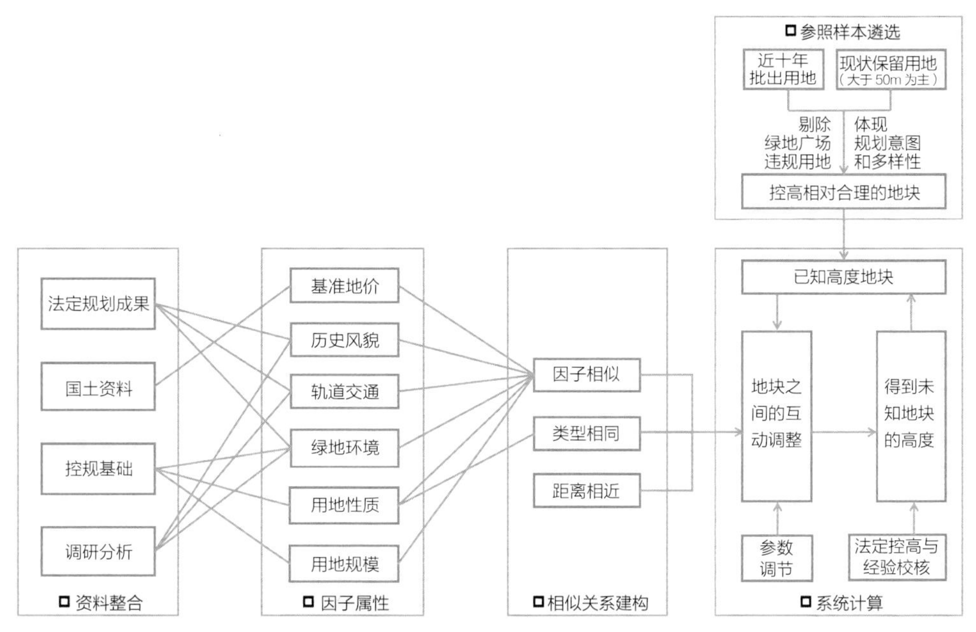

图 3-4-5　南京老城高度相似计算技术路线

算。计算思路涵盖因子属性与相似关系建构、参照样本遴选和系统计算三个关键步骤（图 3-4-5）。

在因子属性与相似关系建构中，依据南京老城相关法定规划与资料，提取基准地价、历史风貌、轨道交通、绿地环境、用地性质、用地规模共 6 个影响现阶段南京老城高度控制的关键因子，通过分档评分赋值对设计地块属性做出相对全面的数据描述（图 3-4-6）。

需要指出的是，因子评分不强调与建筑高度之间的正相关性，而旨在描述用地条件之间的差别性。进而两两比较用地在 6 个因子方面的差别得到任意两个地块之间的相似系数，并通过设定相似系数阈值筛选相似系数数值高，即用地条件相似度高的用地，构筑基于因子属性相似性的参照关系，建立互动参照复杂系统。

在参照样本遴选环节，通过梳理近十年老城范围内已批所有用地资料及现状高于 50m 的保留用地数据，剔除无高度属性用地（绿地、广场）、违反既有法定规划控高的用地，以及专家判定为明显不具有典型性和参照价值的用地，最终筛选出 469 块用地形成控高相对合理的样本库。该数据库包含了后续涉及的全部用地开发类型，是诠释用地差异和特点的样本集合，同时在一定程度上体现未来发展意图，整体作为系统运行过程的基本参照。

图 3-4-6　南京老城高度相似计算多因子赋值图

最后在系统计算环节，运用 Matlab 软件编写迭代计算程序，要求每个地块的限高都反复参照与其用地属性相似的地块高度，尤其从邻近地块（中心点周边 400m 范围内）和用地性质相同的地块中找寻相似参照地块。每一个地块高度通过参照相似地块临时生成高度数值后，该数值又会再次代入系统，对其他相似地块的高度产生影响（图 3-4-7、图 3-4-8）。

如此，系统中每个地块的限定高度都反复参照与其用地属性相似的地块高度，不断互相影响。经过系统反复地参照与迭代计算后，地块整体将趋向于较为稳定的高度波动状态，当满足预先设定的终止运算条件时，通过底线控制和设置，完成收敛计算，得到每个地块的合理高度区间。进而提取合理高度区间的上限数值与法定

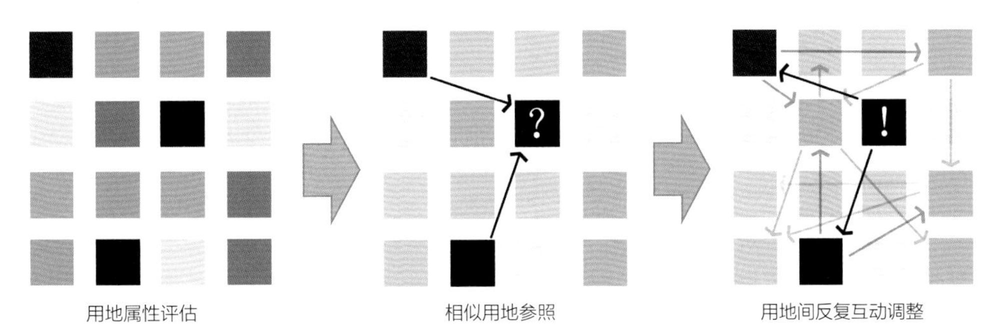

图 3-4-7　南京老城高度相似计算参照原理

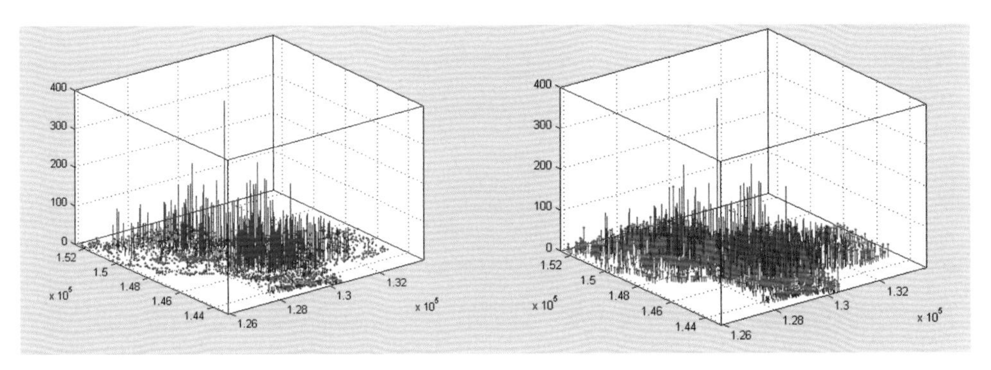

图 3-4-8　南京老城高度相似计算动态截图

图 3-4-9　南京老城高度相似计算结果输出图

高度数值[①]加以比对，两者间取低值作为用地高度的控制数值，并按照 10m 一级的方式呈现。可以认为，这种数字化城市设计具有包容发展变化和持续优化的特性，借助设置一定值域“容错”实现系统的正常运转；同时在数值提取上，通过上限数值的有限选择明确了城市形态健康生长的控制底限[②]，提供了城市形态高度管控的计算基础（图 3-4-9）。

① 只针对有法定高度赋值的老城风貌敏感用地，非风貌敏感用地没有法定高度数值，计算高度区间的上限数值即为计算输出成果。

② 王建国 . 基于人机互动的数字化城市设计——城市设计第四代范型刍议 [J]. 国际城市规划，2018，33（1）：1-6.

4.4　南京老城风貌意象设计与高度优化

该部分内容旨在依据老城总体特色，建构风貌结构体系，明确需要保护的感知景观，提出空间设计意象与相应用地的高度控制优化。

从结果上看，设计依据长期以来业界对于南京老城“山水城林（陵）”的特色共识与既有成果解读，结合特色关键词的网络热力度分析，综合形成老城风貌特色结构（图 3-4-10），具体为“一环（明城墙沿线）、一带（九华山—北极阁—鼓楼公园—五台山—清凉山—石头城生态绿楔）、三轴（中山北路—中山路—中山东路、进香河—中华路、御道街）、三片（老城南、老城东、老城西历史城区）、四核（新街口、鼓楼、湖南路、张府园高层建筑群）、多点多路（多处历史文化资源点与特色景观道路）”。

进一步，从风貌特色的要素感知出发，提出“一条环城墙风光带景观、两条天际线景观（火车站—环玄武湖、纬七路中华门—新街口）、三个高视点俯视景观（新街口高层建筑群、鼓楼紫峰大厦、城西电视塔）、四条视廊景观（狮子山—石头城风光带、鼓楼—紫金山、明故宫—御道街、明故宫—富贵山）与多条林荫路景观”的风貌感知景观体系（图 3-4-11）。

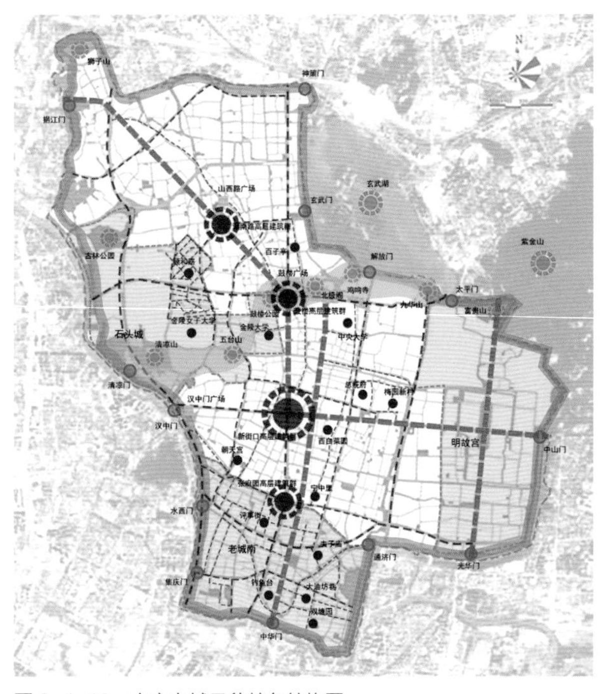

图 3-4-10　南京老城风貌特色结构图

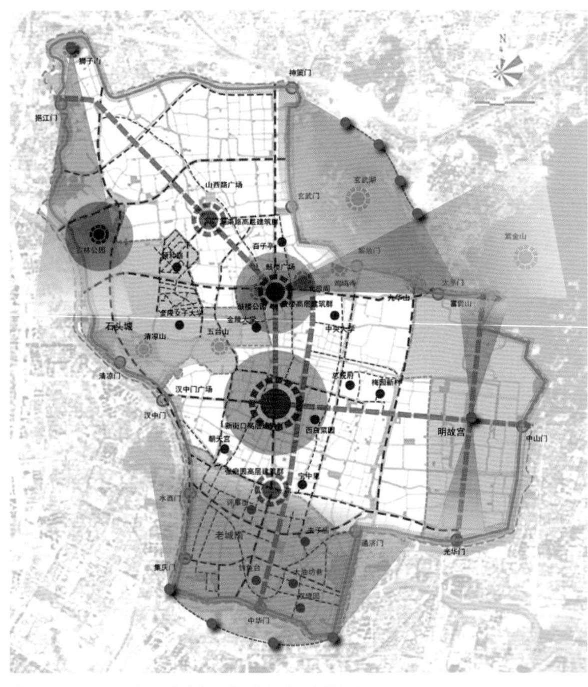

图 3-4-11　南京老城风貌感知景观体系

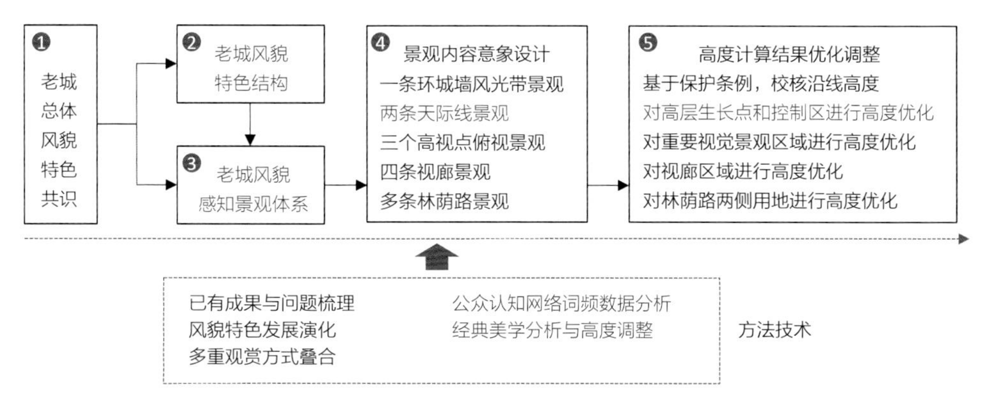

图 3-4-12 南京老城风貌意象设计与高度优化技术路线

这部分内容在设计方法上与本书第三章第 2 节（镇江主城区风貌保护设计）总体一致，本节不再赘述，重点针对其中的两个特殊内容加以讨论。其一为借助计量学技术方法，通过网络词频数据分析获取公众对于老城特色的具体认知，参与建构老城风貌特色结构与感知景观体系。其二为运用建筑学与经典视觉美学的基本原理，对相关景观内容展开空间意象分析，进而落实到对应的城市用地，针对高度计算结果进行数值优化调整（图 3-4-12）。

4.4.1 南京老城风貌特色网络词频数据分析①②

城市风貌特色，尤其是历史城市风貌特色的形成是一个长期发展与积淀的过程，这意味着特色的概念与内涵并非一成不变，而是不断去芜存菁，有序演进。以南京老城历来为大家公认的“山水城林（陵）”特色总结为例，如今“城”从明城墙扩展为以城墙为环线连接的三片历史城区，“林”也从早期的陵墓、林荫道增加了由系列绿化率较高的大单位（高校、军区、政府）构成的生态廊道与斑块内容。为此，设计有必要通过公众调查了解市民对于城市风貌在当下的集体记忆。这是契合我国城市建设“以人为本”与“可持续发展”要求的体现，也是城市设计工作方法在社会维度上的传承与拓展。

① 参考 Zhang Y.Preliminary research of the city image based on webmetrics[C]//Lu W. Harmony in Transition：Proceedings of the 7th International Symposium on Environment-behavior Research（EBRA）. Dalian：Dalian University of Technology Press，2006：247-255.

② 徐奕然 . 参与式城市设计方法的传承与拓展 [D]. 南京：东南大学，2017.

受设计时间的客观限制，传统以问卷与访谈为代表的调研方式在面对大规模样本需求时显得效率不足，“互联网 +”时代背景下日新月异的网络数据和媒体环境，给予了调研分析的新视角。网络文本作为一种媒体信息，是人类意识外化的产物之一，包含了城市风貌特色在集合性质上的映射和表达；而这种表达也在一定程度上促成和影响着城市风貌特色共识的形成和演化。通过对城市风貌要素进行网络词频统计分析，可从一个侧面反映出公众视角的城市风貌特色。具体做法如下。

基于既定共识，从南京老城特色“山”“水”“城”“林（陵）”四个角度进行关键词提取，确定“自然斑块、广场、门户节点、城门及城墙、建筑物及其景观群、历史文化资源点及主要道路”七类共 200 个关键词（图 3-4-13）。

在网络搜索引擎上批量检索并统计关键词的热度数据，并进行多时段、多引擎的检索与校正，检索时附加共同检索词“南京”以精确指代。按照热度数据的数值大小对各类关键词进行排序和比较（图 3-4-14），并根据数值的分布区间，对城市要素分级，并在城市地图上落点定位，根据数值绘制不同大小、粗细的点线，生成“由点及线的城市特色要素辐射热力图”，直观表达不同城市要素的风貌特色认知度（图 3-4-15）。

然后，对关键词进行两两交叉搜索，提取交集词频（同时包含两个城市风貌要素关键词的网页数）排名前 1% 的组合进行可视化表达，并在城市地图上进行定位

山水		城			林（陵）			
自然斑块	广场	门户节点	城门及城墙	建筑物及其景观群	历史文化资源点		主要道路	
紫金山	汉中门市民广场	长江大桥	仪凤门	紫峰大厦	明故宫	“国民政府外交部”	北京西路	丹凤街
富贵山	山西路市民广场	雨花阁	挹江门	德基广场	石头城	“国民政府最高法院”	草场门大街	进香河
九华山	大行宫市民广场	南京站	华严岗门	南京国际金融中心	颐和路	“国民政府行政院”	虎踞北路	洪武北路
北极阁	鼓楼广场	中山码头	定淮门	中环国际	梅园新村	“临时政府参议院”	中山北路	太平北路
五台山	北极阁广场	新庄立交	草场门	银河国际	门东三条营	“国民大会堂”	热河南路	龙蟠中路
清凉山	西安门广场	双桥门立交	清凉门	湖南路商场	“总统府”	净觉寺	模范中路	北安门街
狮子山	朝天宫市民广场	卡子门立交	汉中门	虹桥中心	朝天宫	刘芝田故居	模范西路	明故宫路
玄武湖	新街口广场	中央门立交	水西门	南京香格里大酒店	夫子庙	秦大士故居	定淮门大街	御道街
外秦淮河			集庆门	世贸交易中心	百子亭	糖坊廊河房	山西路	珠江路
内秦淮河			长干门	江苏电视塔	西白菜园	钞库街河房	江苏路	长江路
午朝门公园			中华门	金陵饭店	宁中里	钓鱼台河房	西康路	中山东路
乌龙潭公园			雨花门	和泰国际	评事街	棋峰试馆	云南路	瑞金路
绣球公园			武定门	城市名人酒店	大油坊巷	大钟亭	常府街	大光路
白鹭洲公园			通济门	玄武饭店	双塘园	天妃宫碑	户部街	汉口西路
古林公园			光华门	君临国际	金陵大学	曾水源墓	洪武路	中山路
郑和公园			标营门	新华大厦	金陵女子大学	罗廊巷太平天国建筑	中华路	宁海路
东水关公园			中山门	金轮国际	“中央大学”	金沙井太平天国建筑	长乐路	上海路
			太平门	金鹰国际	钓鱼台	金陵刻经处	中山南路	广州路
			解放门	天安国际大厦	静海寺	江南水师学堂遗迹	白下路	华侨路
			玄武门	建华大厦	瞻园	八路军驻京办事处	建邺路	清凉门大街
			神策门	天之都大厦	甘熙宅第	马林医院	莫愁路	龙蟠路
			明城墙	新街口百货	石鼓路天主教堂	励志社	汉中路	中央路
				新世纪广场	太平天国天王府	首都饭店	虎踞南路	北京东路
				金鹰天地	堂子街太平天国壁画	“中央医院”	升州路	大桥南路
				新世界中心	“国民党中央监察委员会办公楼”	南京地质调查所陈列室	建康路	黑龙江路
				维景国际	国际联欢社	南京大华大戏院	太平南路	钟阜路
					拉贝故居	中国国货银行	汉中门大街	福建路
					童寯住宅	基督教莫愁路堂	水西门大街	新模范马路
					杨廷宝住宅	“国民党中央党史史料陈列馆”	虎踞路	湖南路
							建宁路	高楼门
							云南北路	

图 3-4-13　南京老城特色要素关键词列表

山水			
自然斑块		广场	
九华山	13900000	西安门广场	20900000
白鹭洲公园	5750000	新街口广场	20100000
五台山	3990000	汉中门广场	10000000
紫金山	3520000	山西路广场	10000000
狮子山	3470000	大行宫广场	8780000
富贵山	2620000	朝天宫广场	7200000
北极阁	2440000	鼓楼广场	1170000
内秦淮河	2400000	北极阁广场	376000
玄武湖	2080000		
外秦淮河	1440000		
清凉山	1140000		
乌龙潭公园	493000		
古林公园	247000		
郑和公园	225000		
东水关公园	183000		
绣球公园	141000		
午朝门公园	74300		

城					
门户节点		城门及城墙		建筑物及其景观群	
南京站	12100000	水西门	15800000	湖南路商场	5990000
中山码头	7200000	集庆门	13700000	德基广场	4730000
长江大桥	5860000	中华门	12500000	新世界中心	4190000
卡子门立交	5780000	中山门	11500000	金鹰天地	4060000
新庄立交	2110000	光华门	9660000	金鹰国际	3710000
中央门立交	1720000	太平门	5220000	紫峰大厦	3140000
双桥门立交	1070000	清凉门	4460000	国际金融中心	2630000
雨花阁	51600	武定门	3500000	银河国际	2230000
		明城墙	3090000	金陵饭店	1570000
		挹江门	2550000	维景国际	1160000
		通济门	2210000	新世纪广场	1150000
		汉中门	1800000	中环国际	1100000
		玄武门	1430000	世贸交易中心	801000
		解放门	1290000	新街口百货	779000
		草场门	1220000	君临国际	620000
		定淮门	1140000	虹桥中心	605000
		华严岗门	328000	玄武饭店	530000
		标营门	306000	新华大厦	496000
		长干门	260000	城市名人酒店	491000
		雨花门	240000	建华大厦	427000
		神策门	141000	天之都大厦	381000
		仪凤门	84700	天安国际大厦	320000
				江苏电视塔	243000
				金轮国际	219000
				香格里大酒店	161000
				和泰国际	104000

林（陵）							
主要道路				历史文化资源点			
中山路	11500000	新模范马路	1480000	瞻园	19200000	净觉寺	172000
太平南路	11100000	广州路	1430000	朝天宫	16200000	金陵刻经处	152000
中山北路	9350000	常府街	1290000	门东三条营	8450000	励志社	149000
御道街	8630000	江苏路	1270000	“总统府”	7940000	天妃宫碑	99600
中华路	8500000	莫愁路	1210000	金陵女子大学	5440000	南京大华大戏院	87500
珠江路	3140000	建康路	1210000	梅园新村	3870000	马林医院	86900
中山东路	3070000	龙蟠路	1110000	金陵大学	3460000	棋峰试馆	60800
湖南路	2390000	水西门大街	1020000	夫子庙	3330000	“国民党中央党史史料陈列馆”	59400
华侨路	2210000	黑龙江路	924000	“中央大学”	2600000	拉贝故居	53900
山西路	2110000	汉中门大街	851000	百子亭	2280000	堂子街太平天国壁画	50100
中央路	2090000	户部街	795000	静海寺	2200000	秦大士故居	38400
洪武路	2070000	太平北路	721000	明故宫	1650000	杨廷宝住宅	34900
中山南路	2030000	虎踞北路	707000	“国民党中央监察委员会办公楼”	1540000	南京地质调查所陈列室	34800
北京东路	2020000	虎踞路	694000	石头城	1420000	江南水师学堂遗迹	32600
瑞金路	1900000	洪武北路	648000	评事街	1410000	石鼓路天主教堂	30700
北京西路	1870000	建邺路	626000	钓鱼台	1360000	曾水源墓	30300
汉中路	1850000	龙蟠中路	576000	“国民政府行政院”	1270000	基督教莫愁路堂	18100
长乐路	1760000	草场门大街	470000	“国民政府外交部”	1070000	双塘园	16200
白下路	1720000	钟阜路	384000	“临时政府参议院”	875000	西白菜园	15100
大光路	1720000	虎踞南路	379000	“中央医院”	825000	中国国货银行	14100
丹凤街	1710000	云南北路	377000	“国民大会堂”	820000	童寯住宅	12800
建宁路	1700000	进香河	338000	甘熙宅第	439000	糖坊廊河房	11500
宁海路	1680000	高楼门	321000	大钟亭	436000	宁中里	11200
上海路	1680000	清凉门大街	318000	大油坊巷	419000	罗廊巷太平天国建筑	8820
升州路	1650000	定淮门大街	260000	颐和路	330000	钓鱼台河房	7680
西康路	1640000	汉口西路	258000	太平天国天王府	283000	钞库街河房	3740
福建路	1630000	模范西路	233000	“国民政府最高法院”	267000	刘芝田故居	2140
长江路	1540000	模范中路	130000	金沙井太平天国建筑	211000	国际联欢社	1620
热河南路	1510000	明故宫路	92400				
大桥南路	1500000	北安门街	68300				
云南路	1480000						

图 3-4-14　南京老城特色要素关键词词频排序

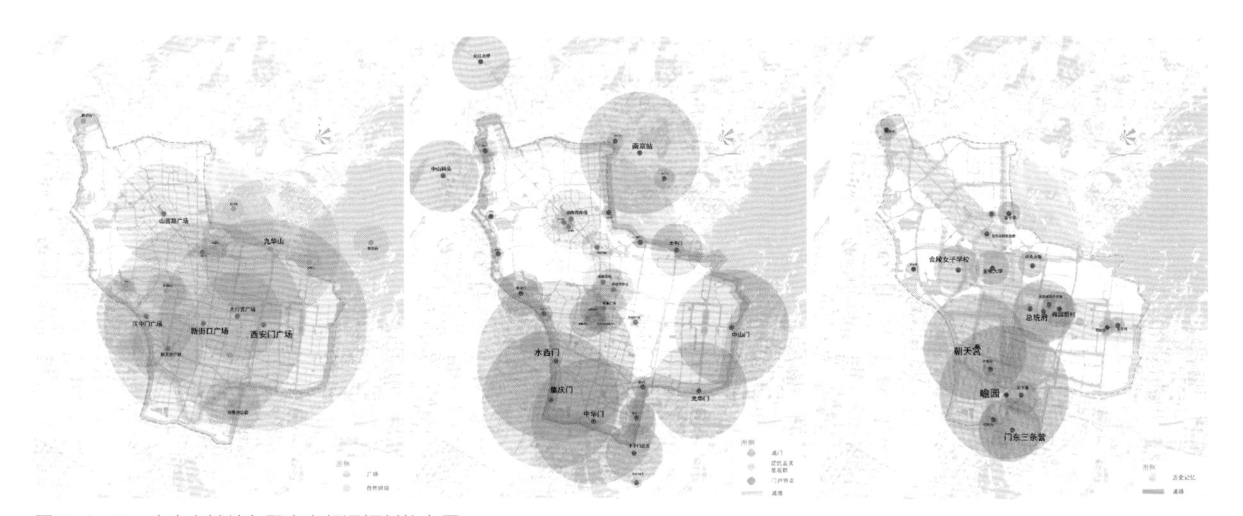

图 3-4-15　南京老城特色要素高频词辐射热力图

落点，根据数据大小在点点之间绘制不同粗细的包络线，生成“由线及面的空间廊道包络图”（图 3-4-16）。其中有最密集包络线与之相连的点，可看作城市的空间核心特色风貌区；有较密集包络线经过的区域相连，可拟合出城市的特色风貌空间廊道。

包络图显示，公众心目中的老城历史人文景观大体形成“城墙沿线”的圈层结构与“中山北路—中山路—中山南路”的轴线结构，现代建筑物及景观群则主要集聚在新街口、鼓楼、山西路等城市节点。以上结论对南京老城“一环、一带、三轴、三片、四核、多点多路”的风貌特色结构与相应风貌感知景观体系的最终确立起到了重要的支撑作用。

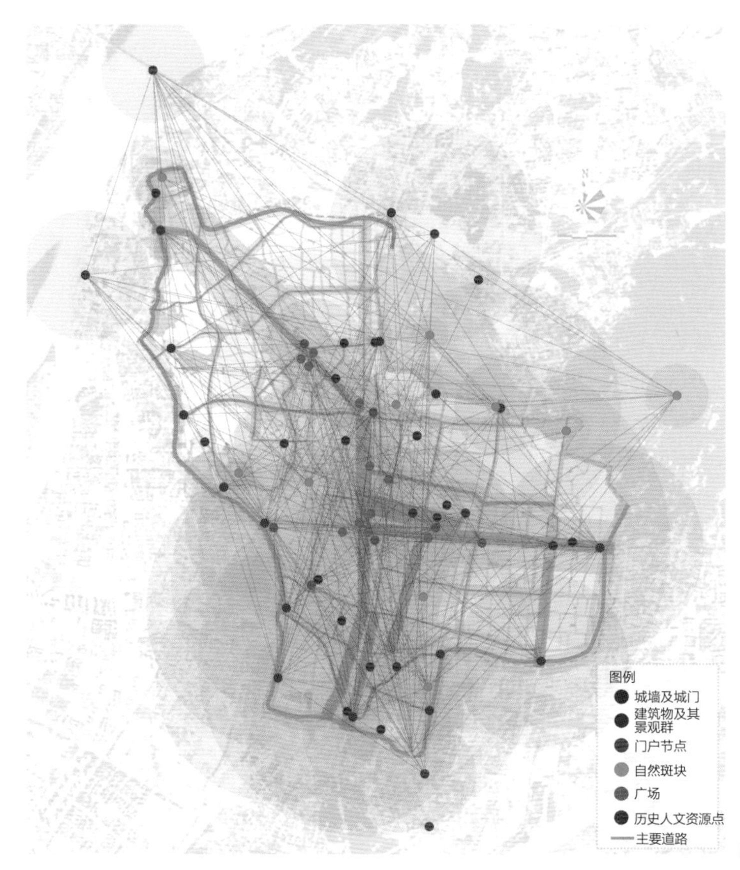

图 3-4-16 南京老城特色要素空间廊道包络图

4.4.2 保护景观空间意象设计与计算高度调整①

以风貌感知景观体系中的“火车站—玄武湖环视天际线”为例，介绍空间意象设计与相应用地的计算高度调整。

火车站—玄武湖环视天际线景观集玄武湖自然要素、明城墙历史要素与现代都市建设于一体，是老城“山—水—城”文化复合与形象展示的重要窗口（图 3-4-17）。在观景点层面，火车站站前广场是诸多访客抵达南京后观赏老城风貌的第一站，同时沿站前广场南行，玄武湖滨湖东岸步道也是大量市民休闲娱乐的重要场所。凭借在景观与观景点的双向优势，该条天际线长期以来一直为业界与南京市民关注。

① 周俊汝，高源，刘迪 . 基于城市风貌彰显的天际线设计——以南京老城为例 [C]// 中国城市规划学会 . 规划 60 年：成就与挑战——2016 中国城市规划年会论文集（06 城市设计与详细规划）. 北京：中国建筑工业出版社，2016.

图 3-4-17　南京火车站—玄武湖环视天际线现状景观

在视知觉角度，天际线设计原则可以概括为“层次”“韵律”与“地标”三个方面。其中，“层次”指能够清晰分辨场景中的前景、中景、背景，并且各层级之间呈现高低有序、错落有致的和谐状态。“韵律”指画面中高低宽窄的物质空间与其间广狭长短的空隙共同形成“虚实相生”的结构。“地标”指在天际线中设置一个汇聚视觉的体量，统领周边物质要素，形成景观中的刺激重音[①]。

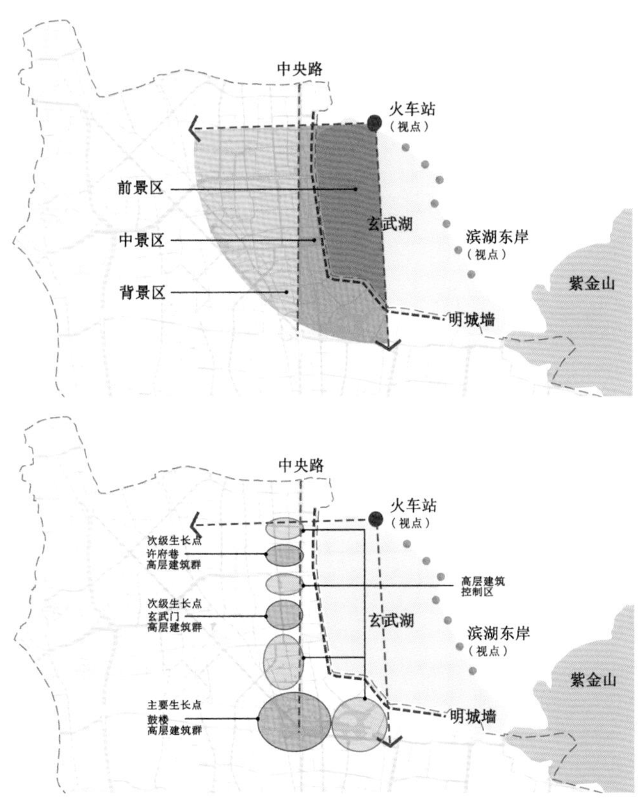

图 3-4-18　南京火车站—玄武湖环视天际线控制原则

依据上述原理，确定火车站—玄武湖环视天际线空间意象与高度控制内容如下（图 3-4-18）：

（1）以明城墙、中央路为界，形成近、中、远三个层次，即玄武湖水面为前景、明城墙至中央路为中景、中央路以西建筑群体为背景。在高度控制上，平直宁静的玄武湖水面与错落有致的建筑群形成对比，大面积倒影更强化了建筑形体的延伸感

① 中国建筑工业出版社，中国建筑学会．建筑设计资料集：第 8 分册 [M]. 3 版．北京：中国建筑工业出版社，2017：10 城市设计 / 城市天际线．

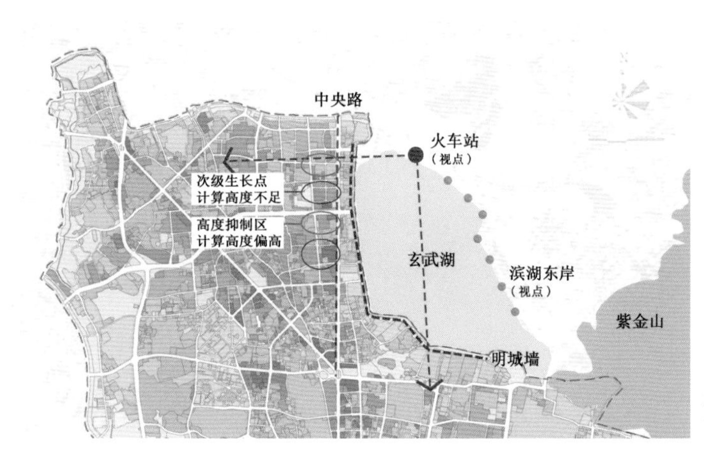

图 3-4-19　南京火车站—玄武湖环视天际线相关用地计算高度调整示例

与画面感，因此湖面在未来建设开发中应予以保护，避免设施与构筑物占据。明城墙至中央路之间的城市建设隶属城墙风光带保护范畴，其高度一般不超过城墙，形成以古朴城墙与外侧树木为主体的平直中景。背景建筑退在中央路西侧，由韵律原则构筑起伏变化的现代城市建筑轮廓。

（2）对于中央路西侧的现代城市建筑，结合现状条件，并参考同期老城控详编制拟定的城市发展用地与近期建设项目，确定鼓楼、玄武门、许府巷位置形成三处高层建筑聚集区作为建筑生长点，形成视觉“实”空间；三者之间的区域为建筑高度控制区，形成视觉“虚”空间。

（3）该天际线目前明显以南京第一高楼紫峰大厦（450m）为地标，后续建设应保持其焦点特征。因此在三处建筑生长点中，玄武门与许府巷设定为次级生长点。参照黄金分割与格式塔心理学中的三分原则，次级生长点高度不超过主要生长点地标高度的 2/3，即 450×2/3=300m。同时为突显紫峰大厦的地标特性，鼓楼生长点与紧邻的玄武门次级生长点之间的距离适当增大，确保地标的水平影响范围。

按此要求对照高度计算结果，核查发现在两个建筑次级生长点中，玄武门位置能够突显，许府巷位置高度相对不足需要提升，同时许府巷、玄武门两个生长点之间的高度抑制区计算高度偏高，易与两侧生长点建筑连为一体，占据“波谷”空间，对天际线韵律节奏造成影响，需要适当降低高度数值（图 3-4-19）。按照这一方法，完成整条天际线涉及用地的计算高度调整，形成最终空间意象（图 3-4-20）。

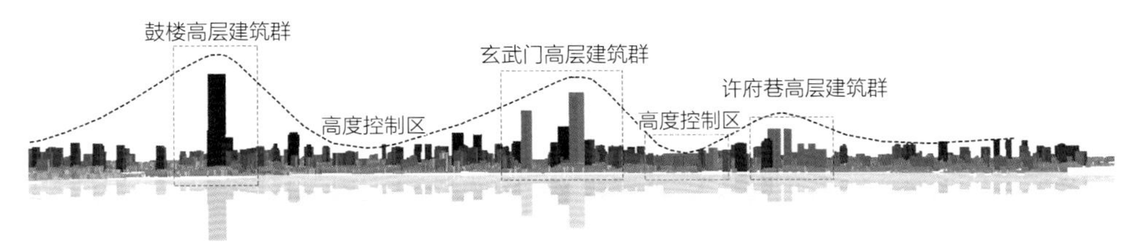

图 3-4-20　南京火车站—玄武湖环视天际线最终空间意象（建筑模拟）

4.5　南京老城高度研究结果

依据高度相似计算与风貌意象设计两线并行的方法思路，设计完成南京老城全部 5569 个地块的高度控制，形成高度分级图。其中呈现规则为 40m 以下按 0m、7m、12m、18m、24m、35m、40m 分级，40~100m 按每 10m 分级，100m 以上为一级（图 3-4-21）。

按照上述高度控制结果形成的三维模型核密度分析显示，南京老城物质空间总体呈现周边风貌敏感区较低，非敏感区较高，并以新街口、鼓楼、湖南路为核心生长点的高度格局，符合南京总规、老城控规的相关要求（图 3-4-22）。

图 3-4-21　南京老城高度控制分级图

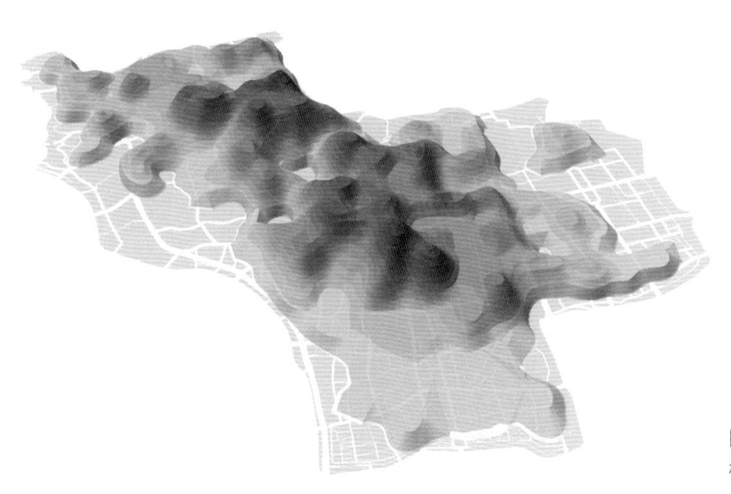

图 3-4-22　南京老城三维模型核密度图

同时，高度控制数字对比分析显示，南京老城非风貌敏感区内可改造用地的加权平均控制高度为 49.5m，小于原名城保护规划设定的 50.0m；风貌敏感区内可改造用地的加权平均控制高度为 17.8m；所有用地（不含绿地等高度为 0 的用地）的现状平均高度 33.6m，加权平均控制高度为 33.0m，体现了老城未来建设强度严格管控并逐渐减小的总体思路。

在该成果基础上，后期形成的《南京历史文化名城保护规划（2010—2020）》老城空间形态保护深化图则被纳入老城控详体系，实现高度控制的法定化。有关图则内容详见本书第五章第 1 节。

项目主持：王建国院士

项目参与：高源、张愚、杨志、李京津、陈海宁、徐肖薇、顾祎敏、周俊汝、吴泽宇、廖航、沈宇驰（东南大学城市规划设计研究院、东南大学建筑学院）；叶斌、吕晓宁（南京市规划和自然资源局）

05

小结

综合以上，受用地规模的影响，主要针对中小尺度用地的形态组织类方法在总体城市设计的应用中相对有限，总体设计类和设计管理类方法更加突出。

总体设计类方法应用的核心任务在于体系的归纳与建构，其中尤其表现为城市特色的凝练，并将其落实于空间结构、公共活动、山水绿地、景观视线等系统之中，形成城市特色体验的具体内容。在这一过程中，传统经典的感性判别方法依然有效，例如镇江案例中的山水形势判别、南京案例中针对天际线的视觉体验等。与此同时，数字技术也逐步发展成为重要的设计手段，例如常州案例中的包络分析、手机信令分析，镇江案例中的特色词频分析，南京案例中的参照计算等，都是这一手段的多种尝试，以应对由于海量数据引发的、超越常规感知与处理的数据集取与分析需求，帮助设计在大尺度用地层面形成更加科学、精准与便捷的认知与判断。

设计管理类方法应用的目的在于提升设计成果的操作可行性，为后续规划工作与管理提供框架与引导。在具体方法应用中，一方面，要科学分析与确定设计管控的体系与内容，以应对目标城市的资源条件与现实问题。例如呼伦贝尔案例中针对高纬度寒带城市设定的水绿网络，镇江案例中针对山地丘陵地貌提出的山景视线连绵区景观控制，常州案例中鉴于地方热岛问题建构的通风廊道体系等。另一方面，承接数字技术在设计中的应用，数据库成果越来越多地成为总体城市设计成果的重要内容，其成果描述的精准属性使之能够与后续中小尺度设计之间有效衔接，本章涉及的常州、南京和呼伦贝尔案例都尝试建构起与控规管理相一致的数字化平台，设计过程涉及的各种数据可以为后续设计与管理提供基础与支持，形成的各种管控指标也能够便捷地导入控规编制的相关内容，实现总体设计成果在各级规划设计中渐次传递并最终落实的管理目标。

第四章

片区城市设计编制方法与实践

片区类城市设计属于城市设计体系中的中观层级，是目前实践中数量最多、最为典型、尺度多样的设计类型。该类型城市设计针对城市中相对独立、具有一定环境整体性的用地，承接并深化落实总体规划和总体城市设计中的要求，主要以形态组织类方法为主，总体设计类方法为辅。

本章选取了京杭大运河（杭州段）沿线地区景观提升工程、湖州滨湖新区城市设计、江宁东山府前及周边地区城市设计、常州文化宫广场城市设计四个案例，分别代表大尺度线性遗产周边地区、滨湖新城、老城中心区及城市开放空间四种类型，设计尺度跨越 $90km^2$ 至 $1km^2$。主要涉及的问题包括遗产廊道保护与城市开发建设的平衡、基于生态修复的城市新区设计、城市老城更新中山水结构的彰显和依托城市客厅改造的城市开放空间结构优化。

京杭大运河项目中主要考虑抽象的整体形态结构优化方法，通过线性廊道组织串联城市历史文化资源点，促进城市与历史的互动交融。湖州滨湖新区则主要应对生态保护与城市发展展开空间形态的调整及设施布局结构的优化组织。江宁东山府前地区和常州文化宫广场片区则主要针对人在实际生活和工作中可感知和辨识的城市形态组织。形态组织类的方法通过基于视觉美学的分析与大数据技术的有机结合以应对不同尺度、不同类型主导的城市设计实践。

01

大尺度线性遗产周边城市设计
——京杭大运河（杭州段）沿线地区景观提升工程

1.1 大尺度历史遗产廊道城市设计的方法与思考

历史廊道是城市历史文化和群体记忆的重要载体，通常，城市尺度上的历史廊道地区一般具有综合性、系统性和全局性的特点，是总体城市设计研究的重要类型对象。[①]一般而言，历史廊道指依托河道流域、车马驿道、防御设施等线性空间，目前仍存有较多物质遗存和文化景观，具有重要的文化史、科技史和历史事件见证意义的轴带地区。近代以来，虽然历史廊道曾经承担的交通等主导功能有改变，但由于其具有的大量物质性历史遗存和相关的非物质文化传承，历史廊道地区的保护和发展具有重要的历史和人文价值。

国内外对于历史文化遗产保护的内涵和范围不断扩大，1964 年的《威尼斯宪章》提出要保护“城市和乡村的环境”,《马丘比丘宪章》《内罗毕建议》《华盛顿宪章》等重要文献的制定，表明历史文化遗产的保护范围已经扩大到了相关的整个历史城镇。[②]历史廊道遗产的保护受到联合国教科文组织等国际机构的重视。自 1993 年，圣地亚哥朝圣之路（西班牙段）列入《世界遗产名录》后，法国迷迪运河、奥地利塞默林铁路、印加之路等历史廊道遗产相继成为世界遗产[③]。查尔斯·利特尔在《美国的绿色通道》中将风景或历史线路归类为绿色通道；弗林克（1993）进一步提出了“遗产廊道”的概念，即“拥有特殊文化资源集合的线性景观。通常带有明显的经济中心、蓬勃发展的旅游业、老建筑再利用、娱乐以及环境改善”。国内学

---

① 王建国，杨俊宴 . 历史廊道地区总体城市设计的基本原理与方法探索——京杭大运河杭州段案例 [J]. 城市规划，2017（8）：65-74.

② 李伟，俞孔坚，李迪华 . 遗产廊道与大运河整体保护的理论框架 [J]. 城市问题，2004（1）：28-32.

③ 单霁翔 . 大型线性文化遗产保护初论：突破与压力 [J]. 南方文物，2006（3）：2-5.

者王志芳等（2001）指出遗产廊道保护体系对我国遗产廊道、文化景观保护及规划的启示[①]。李伟等（2004）提出遗产廊道整体保护的理论框架。刘庆余（2012）基于对国外优秀历史廊道遗产保护的经验梳理，认为需要通过规划进行严格的建设引导和管理控制，并构建多方合作与参与机制，严格遵循遗产保护与合理利用相统一的原则。[②]

城市尺度的历史廊道地区，因其特殊的人文与自然环境的空间关系、文化资源和跨行政区划的属性，是总体城市设计研究的重要类型。城市尺度历史廊道的保护和再利用，关系到城市整体功能结构、公共活动场所体系、绿地开敞系统的优化，因此对于历史廊道地区开展基于规划长效管理要求的总体城市设计研究十分必要。

京杭大运河是典型的历史廊道，符合历史廊道具有历史文化、线性空间和资源依托的三大特征。全长 1794km 的大运河南起杭州、北至北京，流经河南、安徽等八个省市，沟通了海河、黄河、淮河、长江和钱塘江五大水系[③]，至今已流淌了 2000 多年，不仅承载了重要的政治、社会、经济职能，也是我国南北文化交流与传播的重要纽带，沟通了长江文明与黄河文明，造就了一条具有鲜明中华文明特色的历史文化长廊，与万里长城并称为中国古代的两项伟大工程。

2014 年，京杭大运河成功申请世界文化遗产。杭州段作为京杭大运河的起点，其本体保护和周边城市景观的优化，在后申遗时代对大运河沿线城市具有重要的示范意义。本次规划范围为京杭运河杭州段（以下简称“运河”），南起江干区三堡船闸，北至杭州市界，包括京杭运河及其中线、东线河道，全长约 54km。两岸用地宽 500~1000m。其中绕城公路以南由岸线以外大致 500m 的主要道路所围合的街区界定，绕城公路以北大致按两侧各 1000m 宽度界定，所涉及用地面积约 90km^2。研究范围在规划范围之外有所拓展，其中绕城公路以南向外再扩展一个街区，绕城公路以北结合周边湿地、公路、山体元素进行扩展，总研究范围约 160km^2。遗产活态化保护与城市建设的动态平衡是本次总体城市设计的重要目标（图 4-1-1）。

本轮设计主要从运河核心价值评估与现状问题梳理、目标定位与设计策略、重点区域设计及分段管控四个层面展开，综合运用了特色要素评价、物理环境综合评价、基于 GIS 的强度预测、AHP 景观模糊评价等技术方法。

---

① 王志芳，孙鹏 . 遗产廊道—— 一种较新的遗产保护方法 [J]. 中国园林，2001（5）：86-89.

② 刘庆余 . 国外线性文化遗产保护与利用经验借鉴 [J]. 东南文化，2013（2）：29-35.

③ 阮仪三，王建波 . 京杭大运河的申遗现状、价值和保护 [J]. 中国名城，2009（9）：8-15.

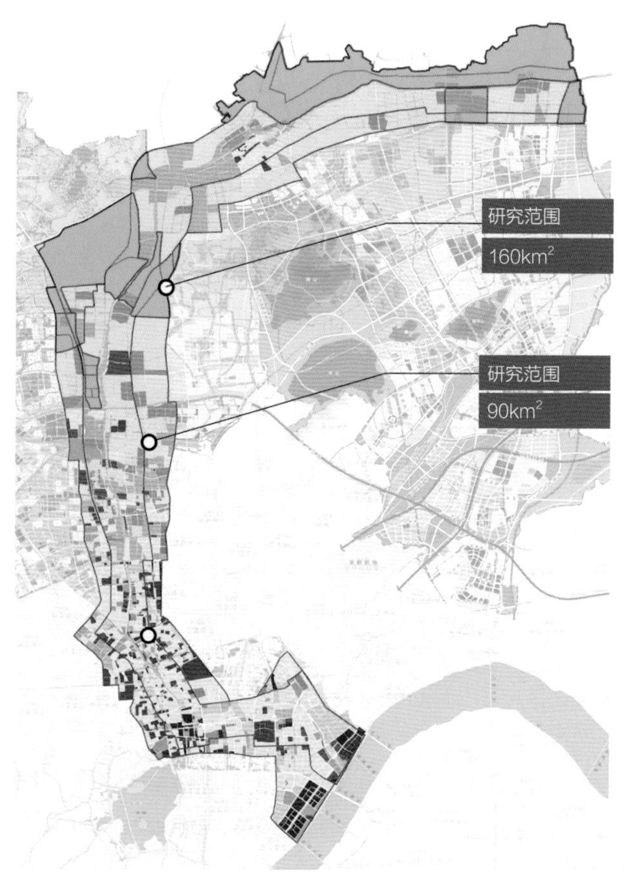

图 4-1-1　设计范围及研究范围

1.2　核心价值评估与现状问题梳理

如何充分体现运河之景观特色，解决其古今风貌分离、城河空间分离、景观活动分离三大现状问题是本规划的主要目标，规划从“河、城、人”三要素及其相互关系入手，从运河核心价值评估、周边城市环境以及动态观景系统三个层面展开研究。

第一，核心价值评估。首先，在世界文化遗产层面，通过对比世界上已申遗成功的法国米迪运河、荷兰阿姆斯特丹运河、比利时中央运河、加拿大里多运河等 7 条运河发现，京杭大运河具有四大核心价值：开凿最早，京杭大运河开凿于公元前 486 年的春秋时期，有 2500 多年历史；里程最长，大运河总长约 1794km，贯通海黄淮及长江、钱塘江五大水系；工程最大，大运河共分三期开发，历经春秋至元明清，分通惠河、北运河、会通河等七段；漕运唯一，只有京杭大运河存在漕运这种特殊的运输形式，对中国历朝维护中央集权统治以及多民族国家的统一形成奠定了重要基础。其次，在中国大运河沿线层面，通过对比大运河水系水文特征、各河

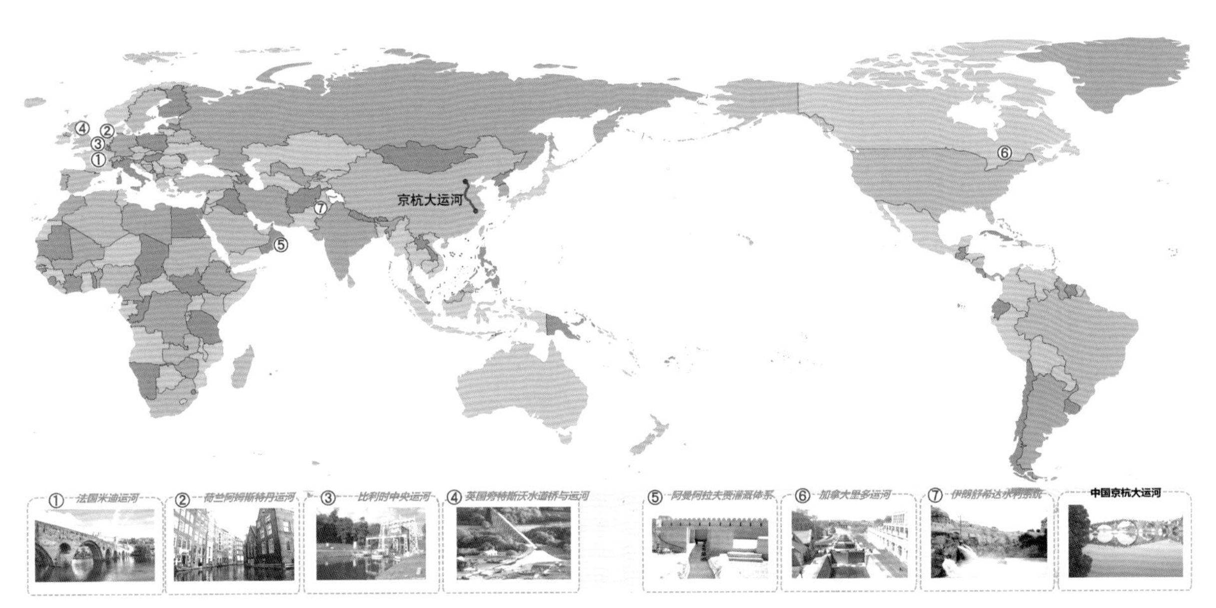

图 4-1-2　入选世界文化遗产运河分布

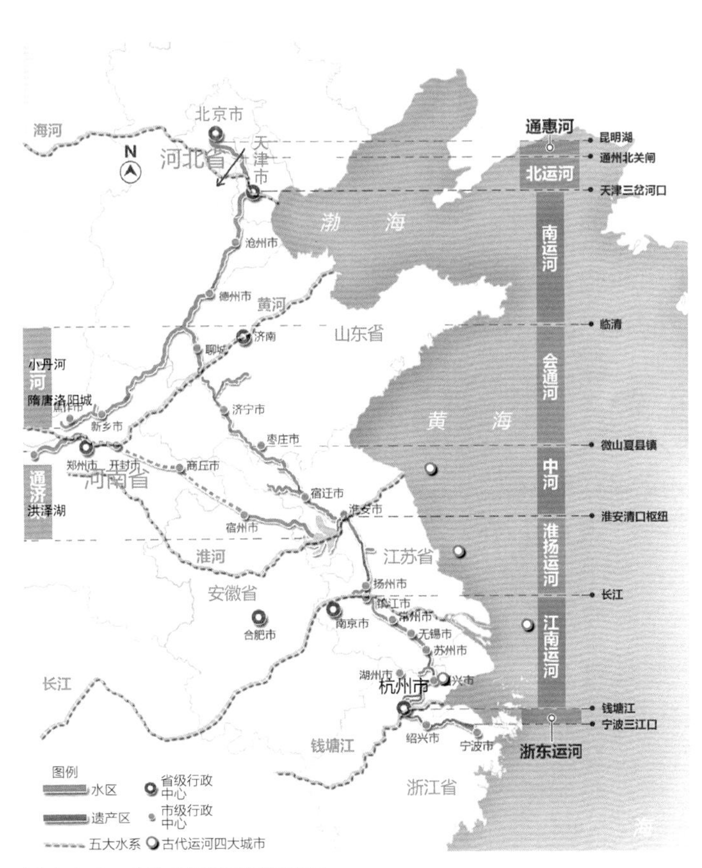

图 4-1-3　京杭大运河各河段分布

段流域长度、开凿年代、沿线遗产点数量等因素发现，杭州段在京杭大运河各分段中具有重要意义。京杭大运河杭州段的南端点，与钱塘江水系相接，是较早开凿大运河的段落之一，同时向东开启了浙东运河。杭州在古代是运河四大都市之一（其他三个为淮安、扬州、苏州），当前中国运河沿岸城市对比中，杭州城市 GDP 总量和运河沿岸遗产点数量均位列第三名。从杭州的城水关系层面，杭州城“面海而栖、因湖而名、承河而兴、滨江而拓、傍溪而涵”，形成了五水共导的特殊城市体系。大运河作为杭州的生发之河、开放之河、繁荣之河和风韵之河，对杭州城的发展起到了重要作用（图 4-1-2、图 4-1-3）。

京杭运河（杭州段）虽为人工开凿，但其河道自身的水系形态较为丰富，主要表现在总体的河道走势，河流分岔形态，与钱塘江、上塘河及支线河流、城河、内河等水系交汇的方式以及现代大型港口的港湾形态四个方面。因此提取出“弯，汇，汊，港，洲”五种大运河特色水系形态，着重凸显运河水系形态特色。运河沿线有大量的相关历史文化遗产，包括水利工程、航运工程、运河聚落、古建筑、近代工业遗存等，从上述大运河特色资源中提取出“河、桥、埠、闸、坝……”等 22 类、共 81 个特色要素点，并分别对其进行空间定位。通过对大运河特色要素的空间分布特征进行分析可以发现，现状特色要素的分布主要形成了三个集聚区，分别是塘栖特色要素集聚区、桥西历史街区至大兜路历史街区特色要素集聚区以及武林广场南侧特色要素集聚区。杭州段大运河在历史上承载了大量重要历史事件和市民日常活动，通过古籍查找、信息挖掘和梳理，将乾隆南巡路径、百工市集节点、民俗活动发生地进行落位分析。京杭大运河杭州段的核心价值是活态的历史文化遗产、重要的城市功能命脉、流动的生发贯通之所和契合的城市水绿玉带（图 4-1-4~ 图 4-1-6）。

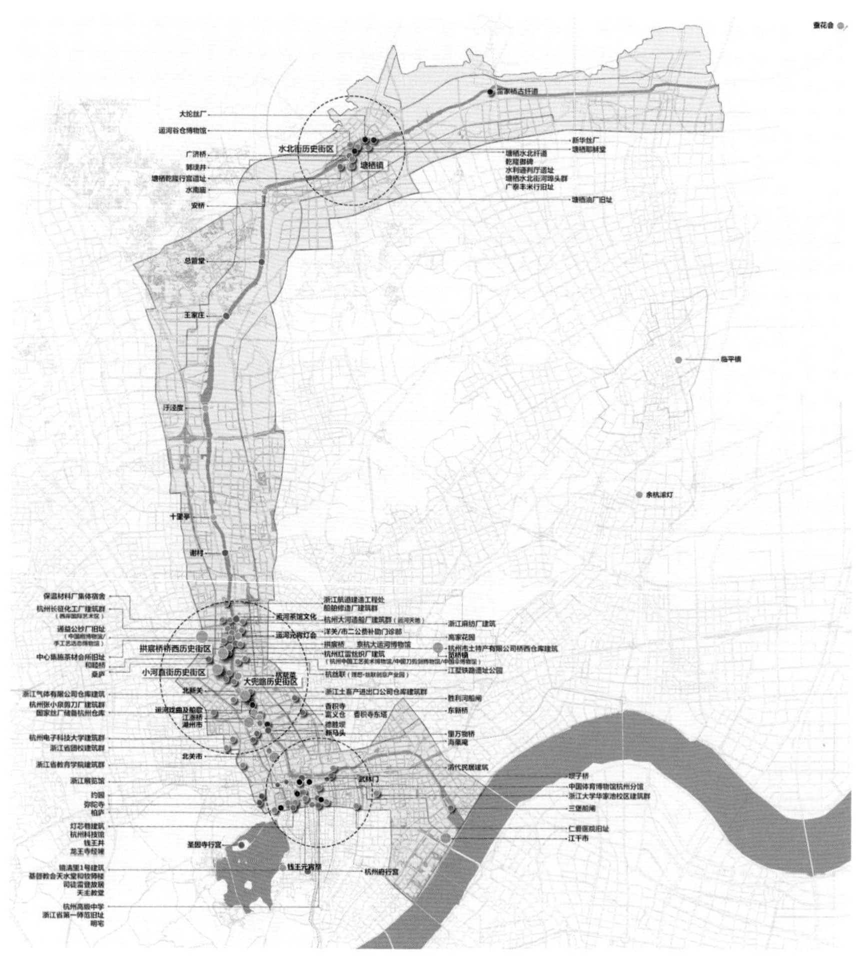

图 4-1-4　历史资源点分布

第二，周边城市环境的评估主要从建设潜力评估和物理环境分析两个方面展开，首先将城市禁止建设区域及近期已确定需实施建设区域划分为不参评区域，之后对其他建设区域从建筑、用地及相关政策三个方面，利用 GIS 的技术手段进行

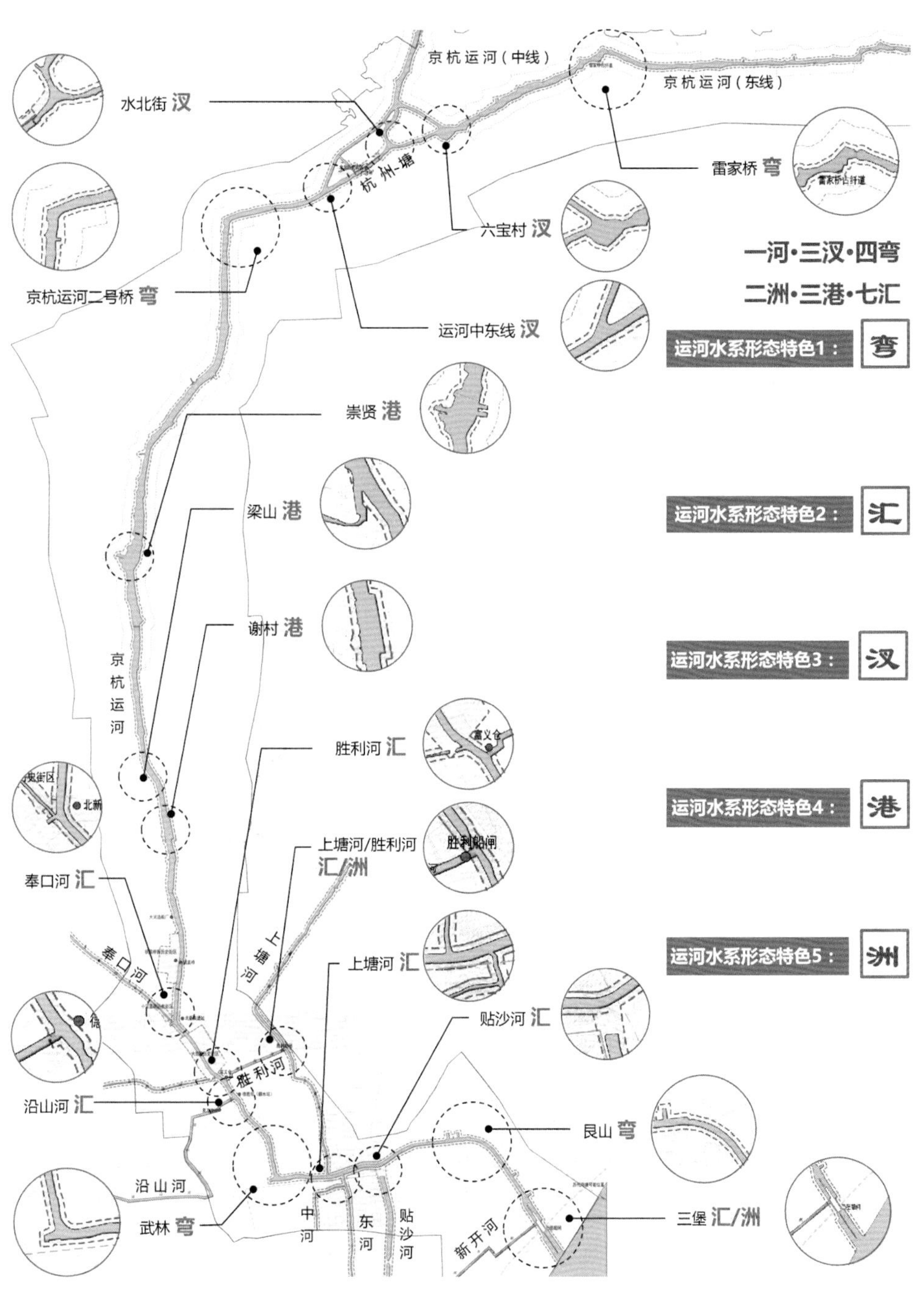

图 4-1-5　特色运河形态分布

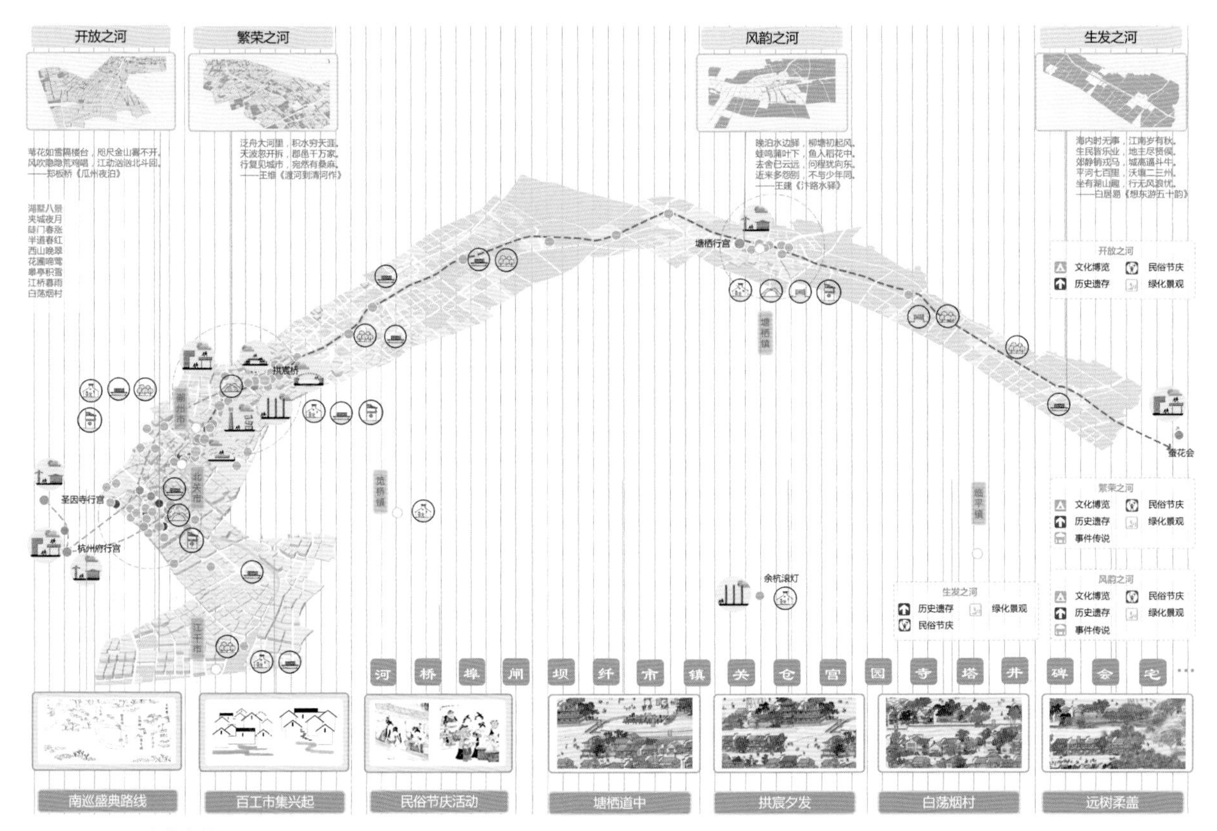

图 4-1-6　历史全息地图

数据处理，获得针对各项因子的城市适建度评价图，其中，GIS 技术分析中运用 buffer 分析对中心体系、轨道站点因子对周边影响赋值，运用 kernel 密度对地块周边道路支撑性进行赋值，运用 kriging 插值分析水体感知和地价因子影响。最终整合各因子得出整个城市建成区的综合评价结果（图 4-1-7）。

物理环境分析层面分别运用 Ecotect、Fluent、Raynoise 对运河沿线的热环境、风环境和声环境展开研究，发现沿运河未来将产生六个主要热岛，其中西湖文化中心、武林广场热岛强度最高，与外围温差达到 3.4℃，其余五个热岛集聚区分别是拱宸桥东侧、新塘路、运河新城、塘栖及西侧工业园。风环境研究则重点分析了武林广场、艮山段及管家漾三个片段，发现运河沿线由于建筑布局的单一和局部建筑大体量导致的静风区。声环境层面的实测和模拟研究发现，沿线武林广场、拱宸桥东、艮秋高架、绕城高速等六个地段的噪声分布等级较高（图 4-1-8~图 4-1-10）。

第三，动态观景系统层面，从“景”与“观”的互动角度，首先利用 AHP 景

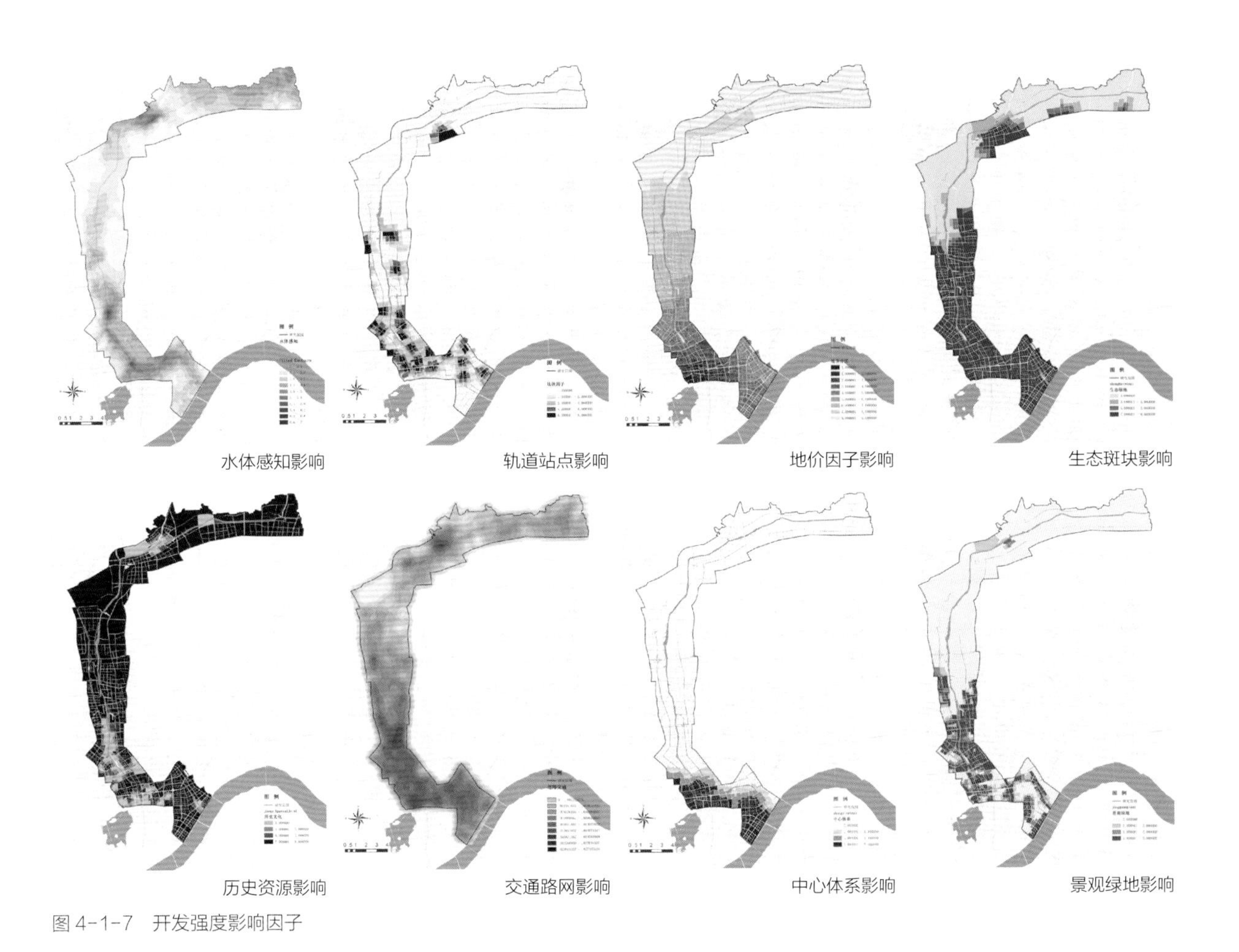

图 4-1-7　开发强度影响因子

观模糊评价法对京杭运河现状风貌进行评价。经过调研分析，将整个调研区域分为五个不同风貌地段，由北向南依次为郊野区、历史街区、工业风貌区、城市居住区、城市生活休闲区。五段之间风貌差别较大，各有特色。整体来看呈现从北向南风貌依次从郊野风貌向都市繁华风貌的过渡变化。其次，将杭州段运河以 1.2km 为距，划分为 38 个风貌段，设定 23 个河中心观河视点，13 个制高点观河视点，6 个岸边观河视点，从城市轮廓、建筑形态和视觉感受三个方面对沿线各取样点进行逐一打分评价，将沿线景观风貌分为三个级别，一级区主要是钱江新城和武林广场、二级区主要集中在塘栖古镇和桥西历史街区，三级区主要是工业和郊野区（图 4-1-11、图 4-1-12）。

在此基础之上，结合人行、骑行和船行三种不同观景方式在视角、视距和运动速度上的差异，分别对各种行为方式所对应的最佳观赏对象、范围和路径进行精确划定，综合形成动态观览引导地图（图 4-1-13）。

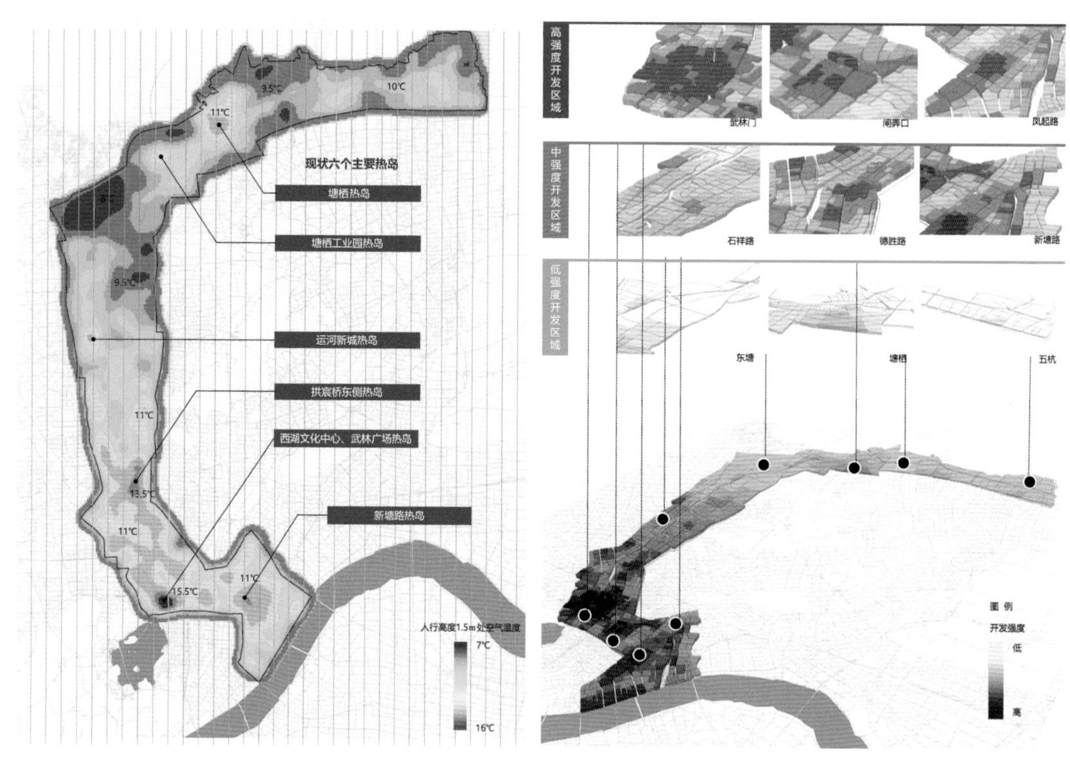

图 4-1-8　运河热环境分布

图 4-1-9　运河开发强度分布

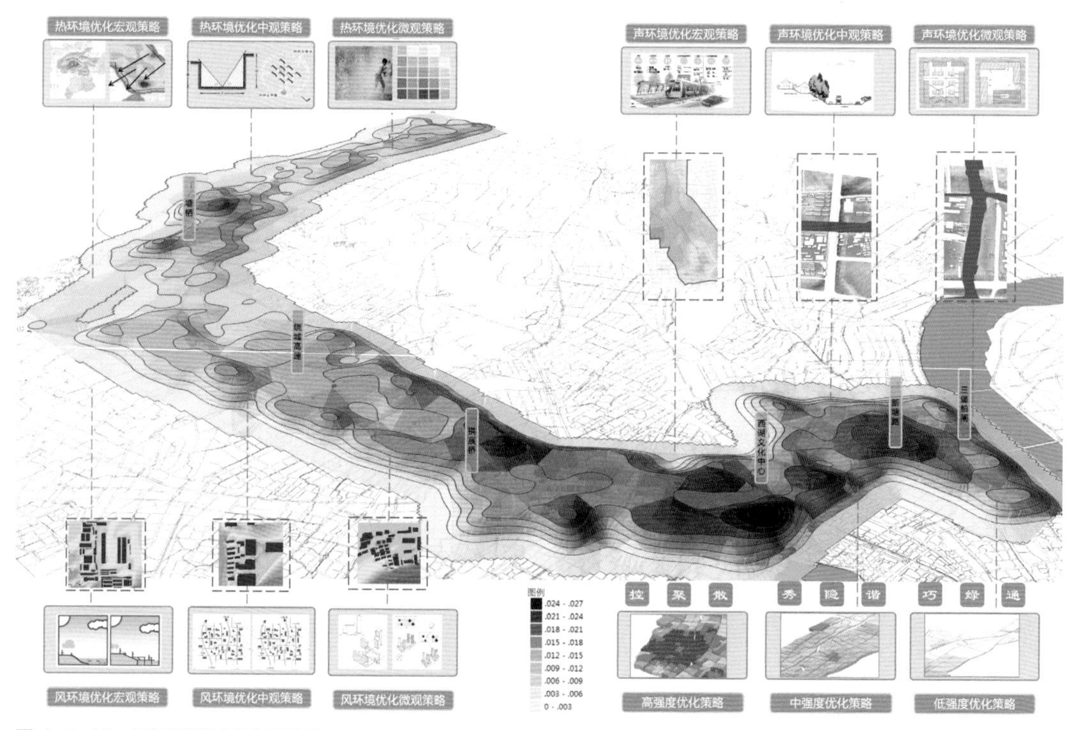

图 4-1-10　运河沿线城市全息信息

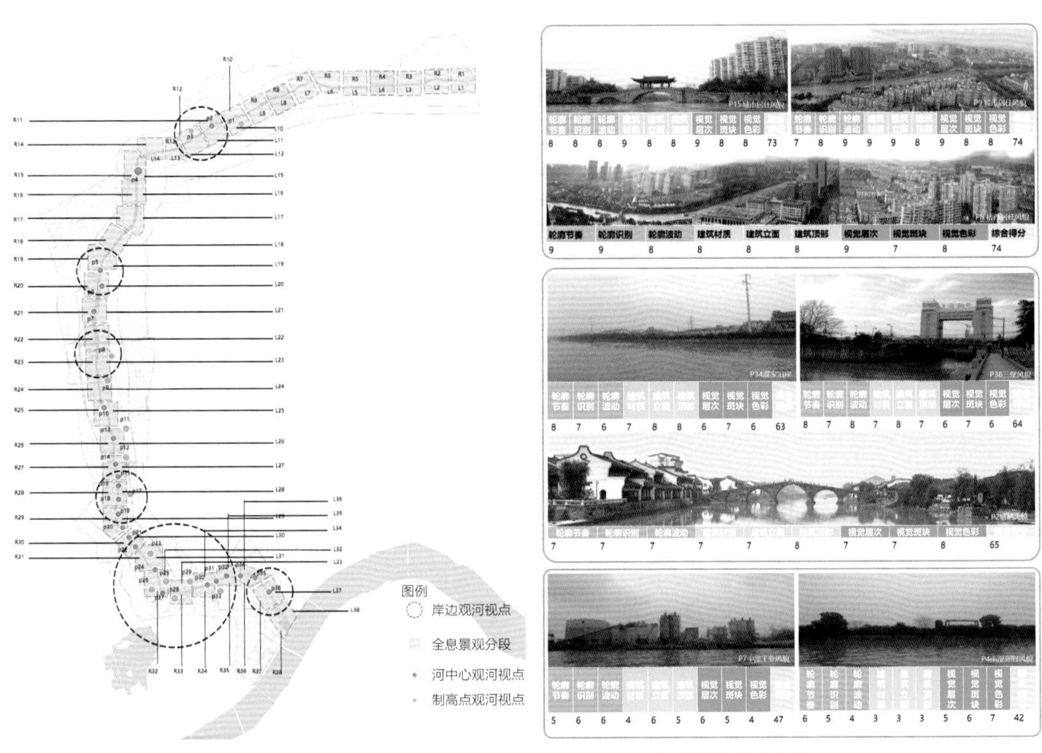

图 4-1-11　沿线景观评价取样点分布　　图 4-1-12　部分样点景观评估

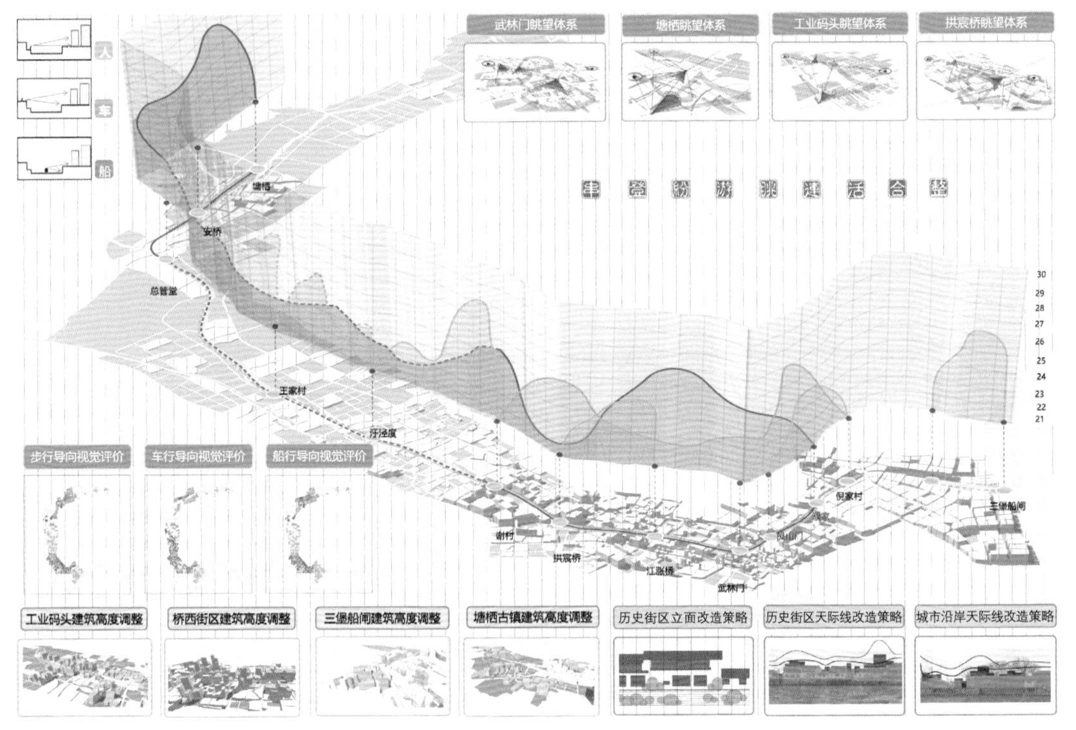

图 4-1-13　沿河动态景观评价图

1.3　目标定位与设计策略

本次总体城市设计的目标定位是建构一个“大遗产区”，从杭州整体层面整合大运河遗产、西湖遗产、南宋皇城遗址及钱塘江特色资源，以运河为游览线索，形成“一河、一湖、一城、一江”的杭州市大遗产区的空间格局。沿承河、城、人的研究脉络，围绕“大遗产区”的目标定位形成三个意向，建构“河系千年，五水共导联湖港；城纳百工，六核汇聚塑绿廓；人观万象，八脉交织现荣景”的景观蓝图，每个意象包含三个城市设计策略作为支撑（图 4-1-14）。

河系千年意象层面：①五水共导格局完善，以运河为主体，通过水系梳理、游线组织及绿道间奏等方式串联江、海、湖、溪四大水体，促进杭州水城互动；②多元运河文化展示，通过对运河文化的深层剖析，充分展示由运河生发的历史文化、产业文化、生态文化等多元文化；③规划与遗产监测结合，充分衔接运河申遗成功后相关监测内容，从遗产保护的角度提出规划设计要点（图 4-1-15~图 4-1-18）。

城纳百工意象层面：①河城格局优化，从运河两岸高层分布优化、滨水建筑建设引导及眺望廊道建构三个方面共同优化河城空间关系；②公共空间品质提升，注重沿

图 4-1-14　鸟瞰图

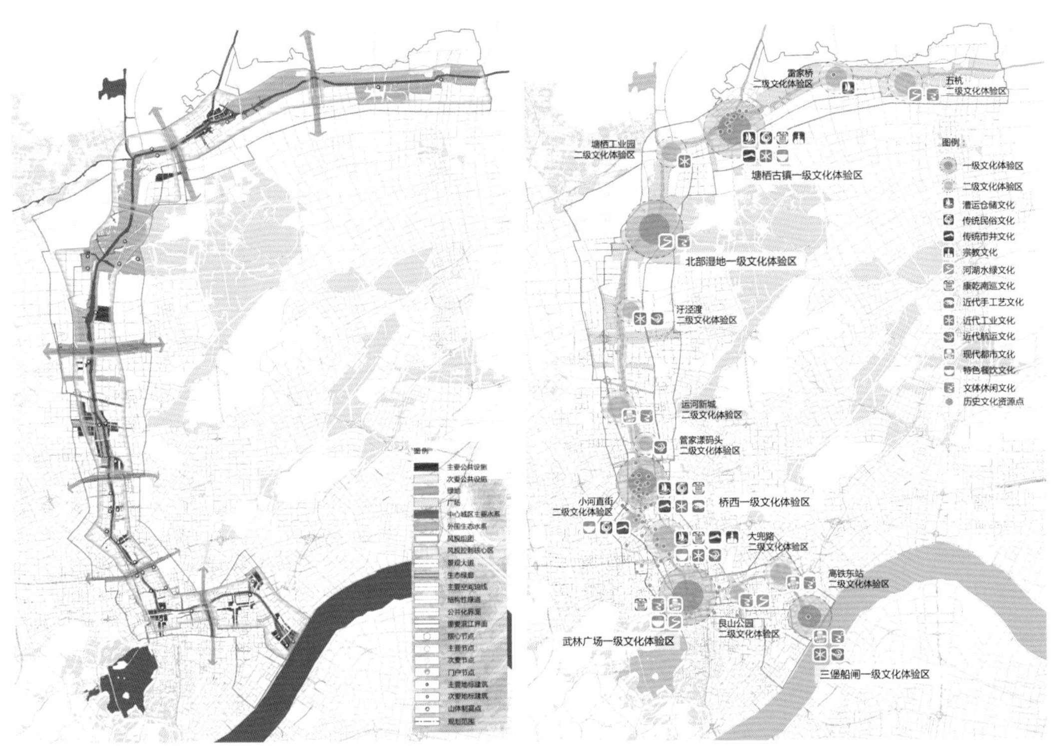

图 4-1-15　空间结构图

图 4-1-16　多元文化展示

图 4-1-17　河城空间格局

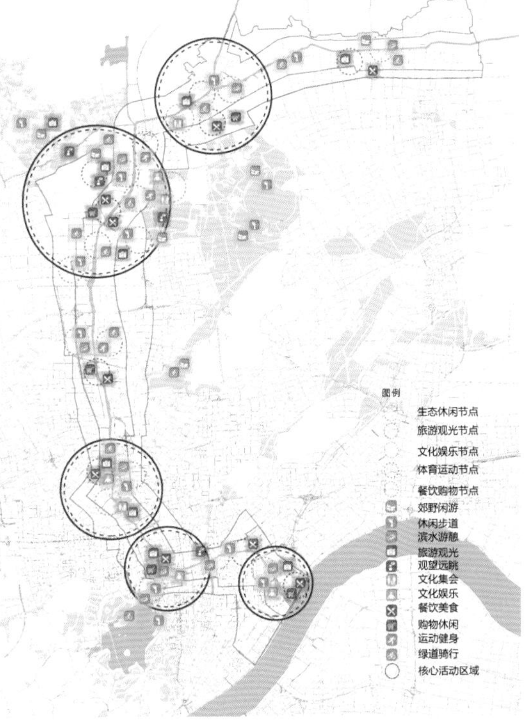

图 4-1-18　特色绿脉

运河公共绿地、滨河步行街等公共空间与运河的关联，并通过通风廊道、高层建筑形态优化提升公共空间的物理环境，夜景规划对运河 24h 景观提出提升策略；③建筑风貌特色塑造，将沿运河建筑风貌梳理为都市、古镇、郊野、工业、新城五大类型展开分类引导，并从标志建筑布点优化方面以点面结合的方式整体塑造沿河特色风貌。

人观万象意象层面：①绿色慢行网络建构，依托滨水空间、公园绿地形成慢行网络，满足市民游客观景的同时提供健身休闲等游憩场所；②运河活力提升，沿运河策划郊野观光、传统体育运动、民俗表演等活动，并通过多层次游览体验深度感知运河活力；③运河新十景营造，结合本次景观规划，沿运河形成十景，与西湖遥相呼应，进而促进大遗产区的景观统筹。

1.4　重点地段设计

在总体层面的九大城市设计策略基础上，提炼出六个重点地段展开进一步的深化设计。地段一：市迎八方，艮山门至皋塘桥段重点打通东站与运河的视觉及步行联系，并增加休闲服务设施塑造运河开放的姿态。地段二：家宅春秋，运河新城段以中心体育洲岛为核心，两岸构建通河六廊形成宅聚人气的格局。地段三：镇藏古今，塘栖段至东西大道段工业区重点考虑与塘栖古镇的风貌协调，通过现代工业景观与古镇景观的古今对比共显暄腾。地段四：闸联江河，三堡船闸段围绕保留船闸，通过游船码头、文化休闲公园塑造运河与钱江交汇的节点。地段五：古新湖河，武林广场段通过植入节点绿化将现状封闭的古新河向城市开放，连接京杭大运河与西湖。地段六：运通富义，大兜路历史街区通过东侧公共绿化廊道与富义仓串联形成运通富义历史风貌片区，东侧居住区高度采用阶梯式布局模式（图 4-1-19、图 4-1-20）。

1.5　分段管控与行动计划

规划通过分段设计将运河划分为 24 个分段，对每一段的沿河景观、滨河建筑、游览体系等展开具体规划设计，在历史文化方面提出“显、固、联、扩”等保护策略，在城市空间方面提出“控、聚、隐、绿”等优化措施，在运河观览方面提出

图 4-1-19　三堡船闸重点地段夜景效果图

图 4-1-20　杭州东站片区效果图

“串、游、眺、活”等景观游览措施。

将静态的终极蓝图转换为可落实的行动步骤，通过这二十大具体项目，有计划、分年度地推进运河两岸城市景观提升。对比传统的遗产廊道规划设计，本次规划在以下三个方面作出技术创新：①数字化控制平台，规划结合 GIS 等数字化平台，建构运河两岸城市景观动态演变模型；②景观互动设计方法，创新性地运用景观互动方法对沿线 $54km^2$ 进行了设计全覆盖，有效协调整体空间结构与重要节点空间；③设计成果项目化，提出二十项行动计划和 24 段分区设计图则，实现了规划的动态实施、底线控制和长效管理（图 4-1-21）。

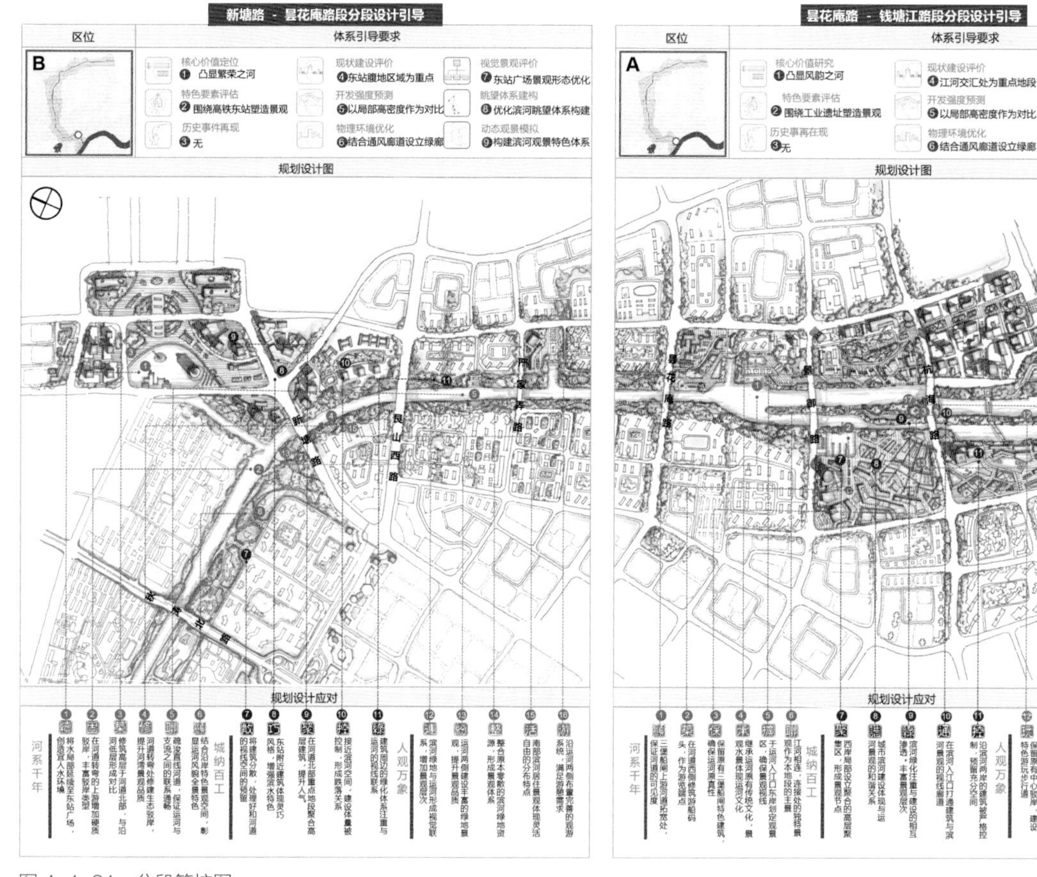

图 4-1-21　分段管控图

项目主持：王建国院士

项目参与：杨俊宴、沈旸、李京津、金欣、戎卿文、钱舒皓等（东南大学城市规划设计研究院、东南大学建筑学院）

02

滨水新区城市设计：永续·活力·共享
——湖州滨湖新区城市设计

2.1 滨水新区城市设计的方法与思考

我国已进入生态文明建设的新时期，如何处理城市与自然的关系显得愈发重要。[①] 作为生存、灌溉和运输的必要自然资源，水与人类最早的文明起源相关。[②] 古代大量沿河分布的城镇即是明显的例证。世界上许多著名的城市都位于江河湖海之滨，便捷的港埠交通条件不仅有效支撑着这些城市的日常运转，同时多元文化的碰撞融合也形成了绚烂多姿的城市魅力。纽约、香港、悉尼、威尼斯、苏州、厦门等都因其不同的滨水特征而闻名世界。

当今城市滨水地区开发的动力主要有三大因素：①经济因素，通过将原来单一功能的滨水区改造为综合功能区，以作为城市经济发展的新引擎，反映了在工业结构调整、运输技术发展等新条件下，城市经济发展的客观需求；②政治因素，各届政府均希望任期内有所作为，通过滨水区开发，可以成为城市的名片，容易获得市民、开发商等各方面的支持，便于获得“政绩”[③]；③城市建设因素，对滨水区的开发或更新，可以满足城市环境品质提升的需要，实现城市居民对美好生活质量的追求。

在我国当前城市滨水区建设中，由于开发商、政府以及设计师的原因，出现了一些不足，主要体现在四个方面：①规划建设忽略了自然资源约束，据统计，我国近 600 个城市中，有 400 多个城市存在资源型或水质型缺水状况，有 110 个城市严重缺水，因此，我国大多北方及西北地区并不适合建设“水城”，但部

---

① 王建国. 从“自然中的城市”到“城市中的自然”——因地制宜、顺势而为的城市设计 [J]. 城市规划，2021（2）：36-43.

② 王建国，吕志鹏. 世界城市滨水区开发建设的历史进程及其经验 [J]. 城市规划，2001（7）：41-46.

③ 张庭伟. 滨水地区的规划和开发 [J]. 城市规划，1999（2）：50-55.

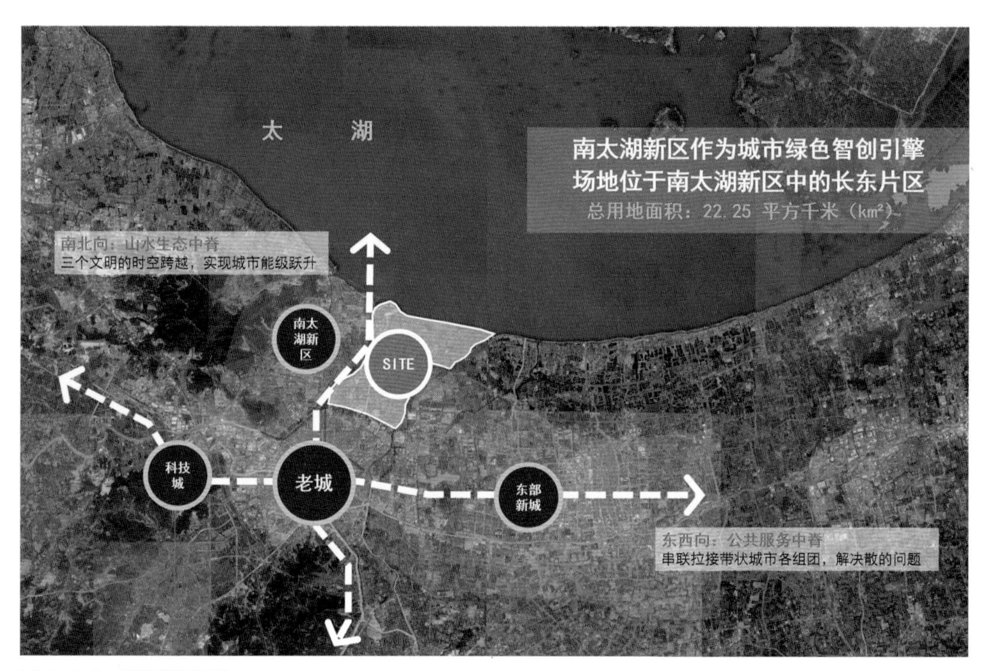

图 4-2-1　滨湖新区区位

分城市政府仍采用大规模开挖人工水面，兴建水城，导致生态环境和稀缺水资源受到严重破坏；[①] ②滨水区建设与城市发展的客观阶段脱节，部分城市在建设滨水区过程中忽视城市自身的经济实力和城市规模，导致滨水区建设和运营难以维系；③忽视与主城区的联系，某些城市的滨水区建设在区位选择、空间结构、功能布局和交通系统方面缺乏与主城的衔接，导致基础设施资源的重复建设以及通勤和管理上的众多问题，制约了城市整体发展；④忽视地方特色和传统文化，部分地方政府在滨水区建设中存在“崇洋”的倾向，“欧陆风情”的水城仍不断出现，缺少对本土文化的重视。

生态文明时代，城镇化与生态文明建设应同步推进，城镇化的速度、规模、强度应与生态环境承载力的演替进程相适应，应保证城镇化的发展始终在生态环境可承载的阈值范围内。[②] 对于新时期的滨水新区建设，一项基础性的工作是基于水系统的安全性、承载力从生态敏感性角度明确城市建设的“适建性”。

湖州南太湖新区作为城市绿色智创引擎，场地位于南太湖新区中的长东片区，总用地面积约 22.25km^2（图 4-2-1）。

---

① 杨保军，董珂．滨水地区城市设计探讨 [J]. 建筑学报，2007（7）：7-10.

② 沈清基．论基于生态文明的新型城镇化 [J]. 城市规划学刊，2013（1）：29-36.

如何在保障生态环境本底的基础上，通过城市设计塑造场地空间特色，激发城市活力是本轮城市设计的重点。设计以“两山理念”作为根本的指导思想，资源要素耦合为主要手段，强化“生态—溇港文化”优势，与其他城市错位发展，提升湖州整体城市竞争力。项目在生态测算的基础上，提出将该片区塑造为生态为先的永续之区、宜创宜业的活力之区、宜居宜活的共享之区。

2.2 水生态环境测算

基于对场地现状生态环境测算发现主要存在三个问题：①水体功能单一，基地内生态水体主要有鱼塘、漾塘、河港三类，北侧以鱼塘水田为主，南侧以漾塘为主，且滨水空间处理方式单一，滨水景观质量不高；②部分水体水质较差，水系整体水质基本稳定，水系形态变化多样，干线河道和漾塘的水质基本维持在 III~V 类水质，部分低质水体主要为氨氮、高锰酸盐指数和总磷量指标超标；③生态本底优良，但生境破碎，区域内具有完善的河网水系，但河道、漾塘的沿岸植物和绿地面积较少，部分河段景观和植被缓冲带受到破坏，河段淤积且富营养化明显，陆地生态系统结构失调（图 4-2-2）。

基于对城市设计方案的测算，可以初步实现水体功能多元、水质提升一级的生境完善目标。基地内“蓝绿交织”的生态水体主要有草田漾景观区、生态休闲岛、杨渎中央公园、长兜港外滩、太湖湾等。通过环境容量和城市非点源污染负荷对比，水环境容量远远高于城市非点源负荷，规划区可实现地表 III 类水质目标。

通过完善的河网水系疏浚、规划，延续并优化了原有优良的生态本底。设计通过多样景观与亲水休闲功能丰富滨水空间，以生态软质坡面处理水岸线，加强区域内河道、漾塘间的连通和水循环，种植适宜的乡土景观水生植被，形成缓冲带和湿地，保证水体流速、流

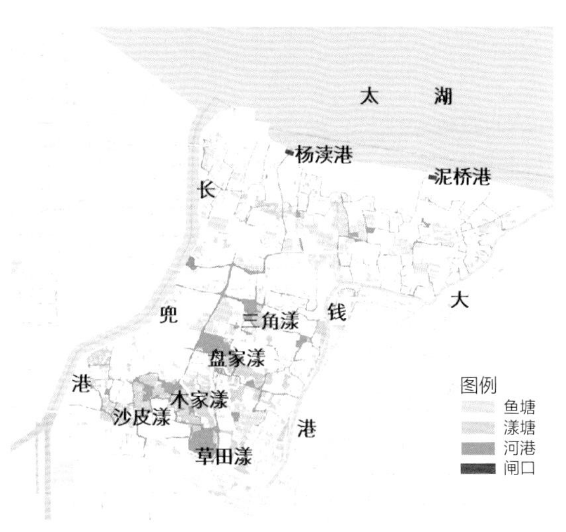

图 4-2-2　现状水资源

量，防止河段淤积和富营养化，建构优良的生态安全格局。方案整体上形成“南漾塘、北溇港”的空间格局（图 4-2-3、图 4-2-4）。

1 水体功能多元

滨湖文化广场
杨渎中央公园
长兜港外滩
体育公园
科创花园
生态
休闲岛
草田漾
景观区

2 水体全部达到Ⅲ类以上标准

图例
Ⅲ类水
Ⅳ类水
Ⅴ类水

图 4-2-3　方案生态测算

图 4-2-4　整体鸟瞰图

2.3　生态为先——永续之区

场地临太湖且内部包含丰富多样的水域形态，诸如河、漾、塘、溇港等。根据湖州市水文资料，规划区域太湖湖水水位存在动态变化，陆地河网水系与太湖存在持平、高于及低于三种水位状态，并各占全年的 1/3 时段。丰沛的水资源既是场地发展的“原动力”亦是需要重点考虑的“生态底线”。在不破坏场地生态基底的基础上，保证场地中合理的开发建设，协调好场地生态敏感性与建设量间的相互关系。通过水系治理与河湖生态的保护，实现一个安全、稳定、健康的基础水环境[①]，打造具有生态可持续性的“永续之区”（图 4-2-5）。

根据《湖州市水域保护规划》，展开环境容量及水质计算，提取 2017 年湖州年降水量数据作为参照，结合场地原有水文数据，分别对设计前后的场地环境容量及水质（基于 mike 模型）加以测算。结果表明，通过水系统的生态修复与保护，水域、陆域植物群落恢复，河湖岸线生态缓冲带建设这三大生态修复举措，有效修复了场地的生态基底，构建了相对完善的生态体系，保证场地水面率达到 11%，形成了城市与湖、漾、河、港、塘的有机循环，初步实现了“永续之区”（图 4-2-6、图 4-2-7）。

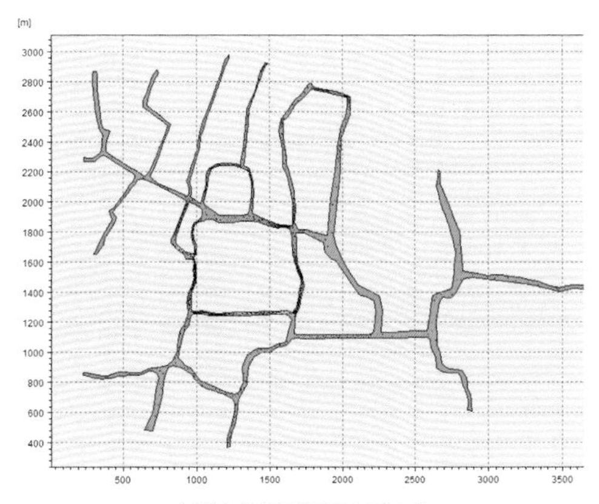

太湖水位低于河网水系水位

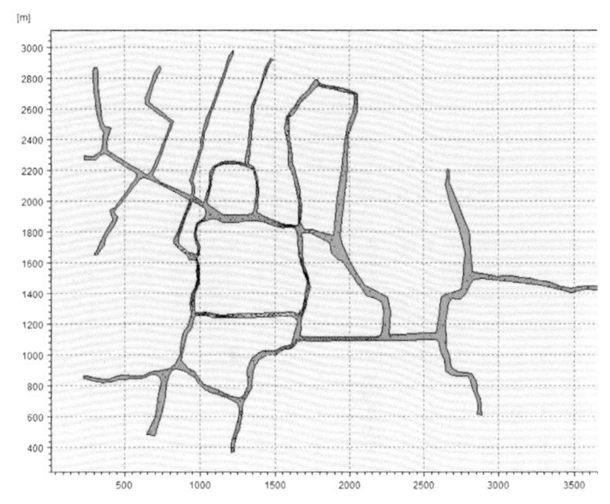

太湖水位高于河网水系水位

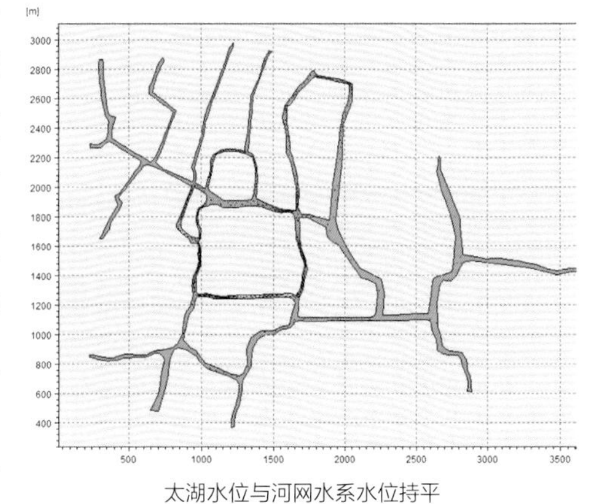

太湖水位与河网水系水位持平

图 4-2-5　三种不同水位生态测算

---

① 俞孔坚，张蕾，刘玉杰.城市滨水区多目标景观设计途径探索——浙江省慈溪市三灶江滨河景观设计[J].中国园林，2004（5）：28-32.

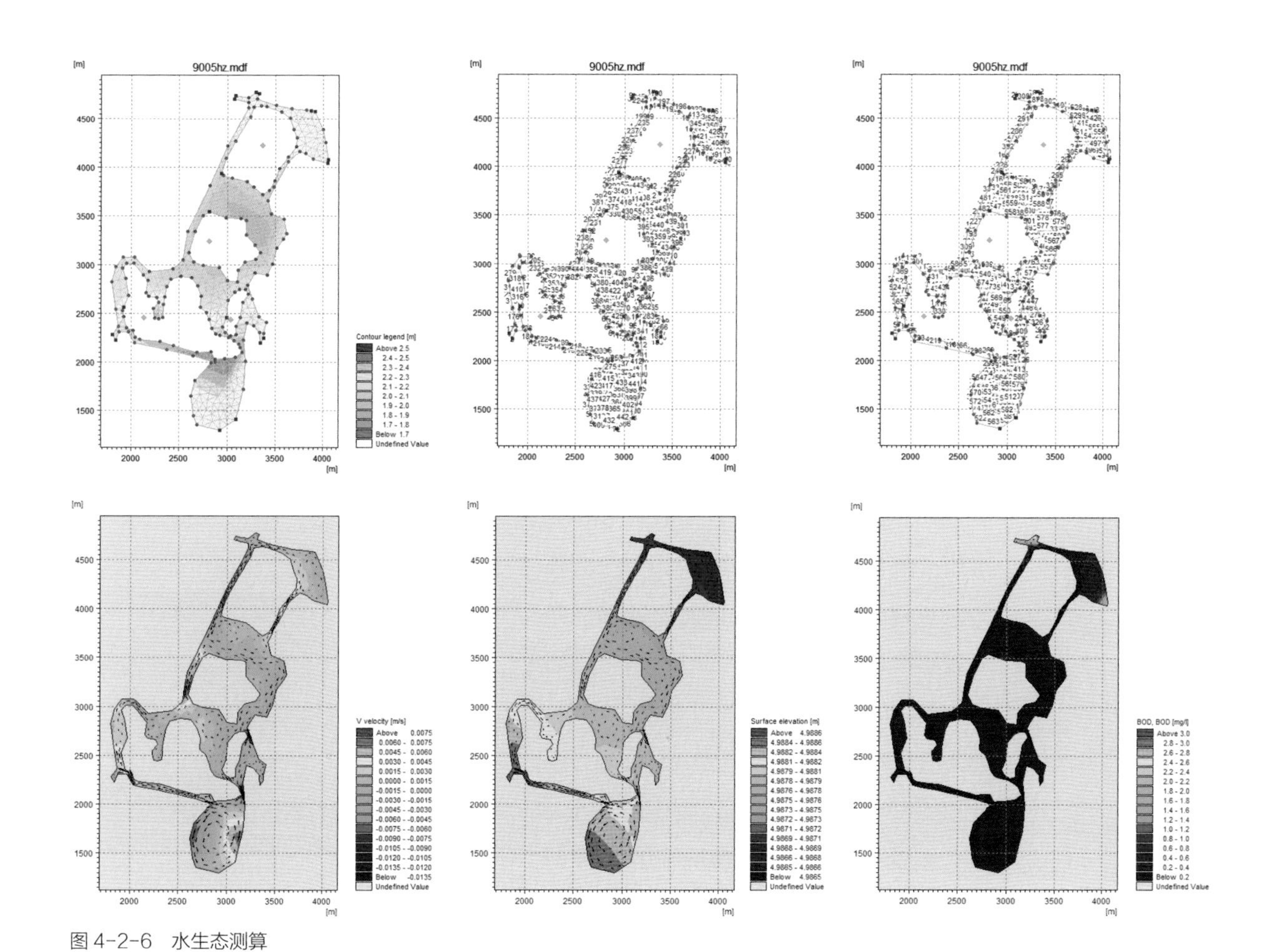

图 4-2-6　水生态测算

图 4-2-7　水城共生系统

2.4 宜创宜业——活力之区

设计围绕现代化生态型滨湖大城市的发展目标，发展以智创研发、商务金融、文旅康养为主导的三大产业方向，塑造出具有湖州在地特色的“活力之区”。

智创研发产业以研发、培训教育、科技服务为主要功能，其空间特征是规模弹性较大，建筑面积 60 万 m^2 以下的园区占 70%，应对人群为年轻化、高学历群体。根据产业和人群的特征，设定领军企业型、科创孵化型、生态品质型三类创新单元。片区整体上形成“复合功能轴 + 产业簇群 + 特色网点”的空间结构，包括五种空间类型：①创新传播廊道，根据相关理论，以特色轨道打造创新传播的廊道；②创新服务核，在创新传播廊道上结合轨道交通站点打造多个创新服务核，主要包括金融服务、科技交易、市场咨询、人力资源等；③创新大街，以创新服务核的文化休闲功能为主，依托廊道和科研机构直接打造创新大街；④创新交往公园，促进创新交往的发生；⑤创新接口，配套大众创新所需的基本功能，为创新成长预留接口。

商务金融产业以绿色产业金融、节能环保金融、碳排放交易构成。在对商务金融人群活动特征分析基础上提出综合商务型、园区办公型、金融孵化型三类空间单元。整体形成一个商务核 + 两条绿色金融带 + 五个特色商务簇群的空间结构，其中商务服务核包括金融服务、科技交易、市场咨询、人力资源、法律顾问等功能（图 4-2-8）。

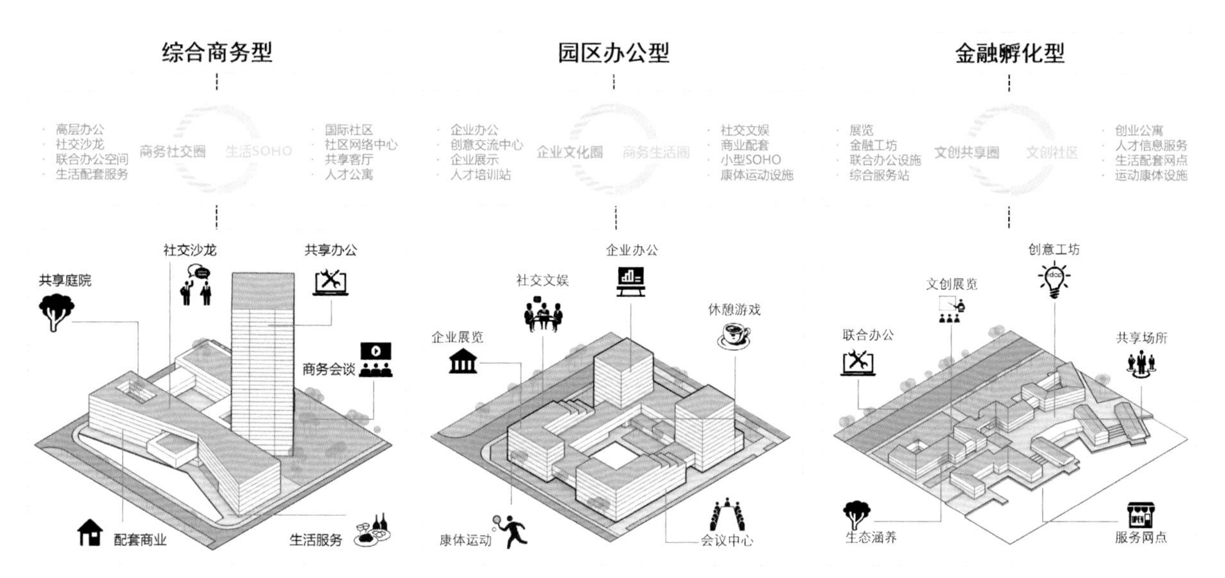

图 4-2-8 绿色金融产业空间模式

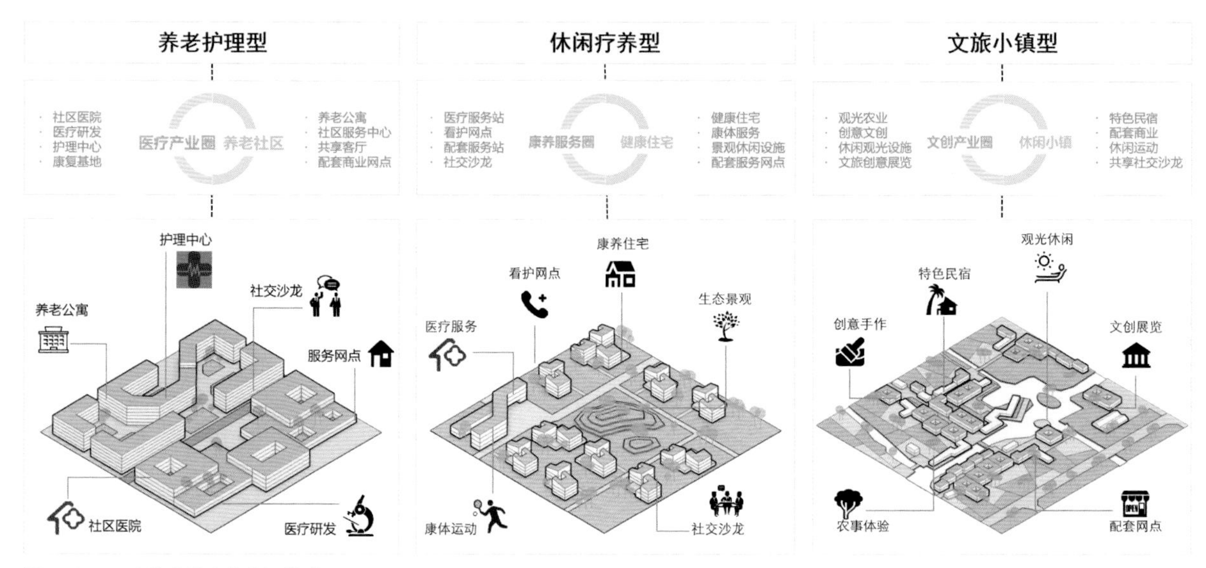

图 4-2-9　文旅康养产业空间模式

文旅康养产业充分利用当地优势资源，通过产业融合发挥集聚效应。承接南太湖一体化发展战略，整合场地中以“龙之梦”等项目启动的旅游资源、以太湖湿地系统为代表的自然资源、以浙北医学中心引领的医疗资源形成优势产业集群。结合目前长东片区的发展近况，植入文旅康养产业，以文带旅，以旅兴养，以养惠文，文旅康养产业融合发展。针对不同文化康养人群，方案设定养老护理型、休闲疗养型、文旅小镇型三类空间单元，并采用多组团、分散式分布模式形成一个会晤组团、两个康养组团和三个文旅组团（图 4-2-9）。

2.5　宜居宜活——共享之区

依据人不同出行方式的领域尺度，建构“社区—邻里—街坊”三级城市生活单元。叠合人群社交单元，让不同人群在城市空间中产生归属感、领域感、安全感，同时营造符合现代城市尺度和规模的安全社区。通过与产业功能结合，形成科创生活、康养生活、商务生活三类特色生活组团。基于不同生活组团的集聚，在基地南部形成生态滨水文娱社区，北部形成湖湾金融商务社区。

为了支撑共享宜居区的建设，提出绿色联通的交通策略，强调以绿色出行方式串联社区。对标雄安新区的建设标准，湖州长东片区共 22km^2，按照路网密度每

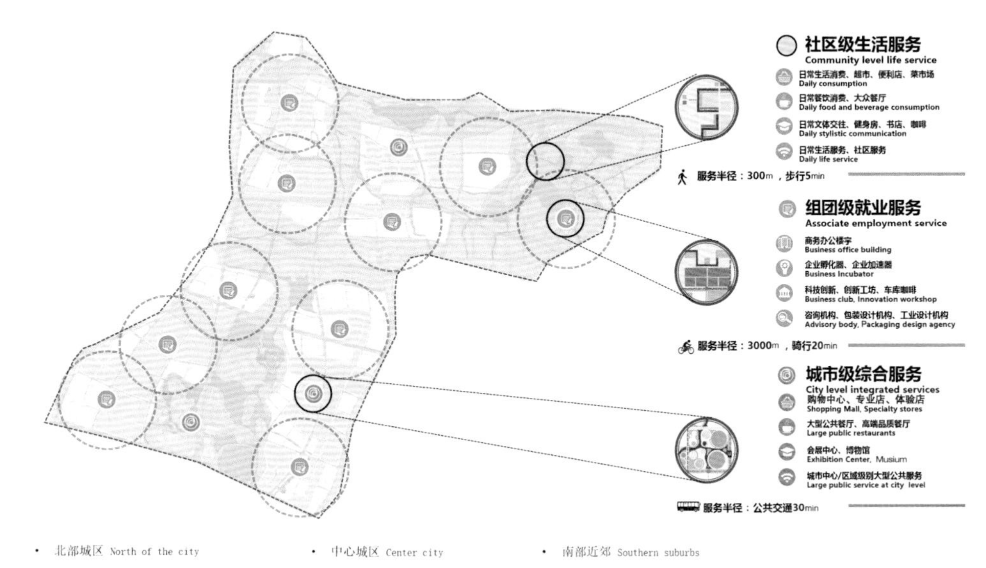

图 4-2-10　生活社区分布

平方千米 12km 的标准，经估算场地内路网长度约为 264km，公共绿色出行共占 60%。具体的交通策略包含以下三点：①公交优先，通过构建绿色新型复合公共交通体系，选择新型低碳公交制式，突显绿色公交优势并采用智能交通元素，提高公交服务水平；②慢行成网，建立功能明晰的自行车交通网络，大力发展公共自行车系统并构建安全、便捷的步行交通系统，共同营造高品质的慢行交通环境；③有轨串联，建立多层次的有轨电车系统，社区组团围绕轨道站点组织，方便社区出行（图 4-2-10）。

项目主持：王建国院士

项目参与：杨红伟、杨玫、成实、吴昌亮、罗文博、乔炯辰（东南大学城市规划设计研究院、东南大学建筑学院）

03

城市中心地段“双修”实践：双面一体与两端合一
——江宁东山府前及周边地区城市设计（123hm^2）[①]

3.1 “城市双修”的概念提出与实践概述

西方城市发展经验显示，城镇化率达到 30%~50% 通常会进入“城市病”的显性发展阶段，50%~70% 则进入集中发作阶段。我国自 2011 年开始城镇化率已突破 50%，加之短短三十余年的快速城镇化时间，积累与压缩了西方发达国家百年的城镇化进程，由此引发在我国多个城市出现的资源枯竭、功能失调、设施不足、风貌雷同、违法违章无序建设等现象[②]。

针对上述现实问题，基于全球可持续发展与中国新型城镇化对环境品质提升的需求，2015 年底中央城市工作会议时隔 37 年再次召开。会议指出“要加强城市设计，提倡城市修补……要大力开展生态修复，让城市再现绿水青山”，“城市双修”的概念在国家中央层面被正式提出，明确了“城市双修”与城市设计对于未来中国城市发展的重要作用。

在概念上，“城市双修”包括生态修复与城市修补两部分内容。生态修复主要针对自然环境变迁与人类活动造成的城市环境负面影响，围绕优良人居环境的建设目标，基于“再生态”[③]理念，促使城市生态要素、生态肌理以及生态关系在不同向度上的均衡、联系与发展，维系城市可持续发展的本底条件。城市修补则是对快速城市化发展中遗留的城市“伤疤”做出优化提升，围绕舒适便捷生活的发展目标，基于“更新织补”理念，通过对城市空间形态肌理的建构与场所营造，对处于衰退

---

① 本节图表如无特别标注，资料来源均为东南大学城市规划设计研究院，东南大学建筑学院，南京江宁东山府前及其周边地区城市设计 [Z]. 南京：东南大学城市规划设计研究院，2019.

② 李晓晖，黄海雄，范嗣斌，等 .“生态修复、城市修补”的思辨与三亚实践 [J]. 规划师，2017（3）：11-18.

③ 黄海雄 . 实施“生态修复、城市修补”，助推转型发展 [J]. 城乡规划，2017（3）：11-17.

阶段的城市空间进行修补，激发区域活力，优化城市结构，提升社会对于美好生活的“获得感”。

2017 年 3 月，在总结三亚“城市双修”试点工作经验的基础上，住房和城乡建设部印发《关于加强生态修复城市修补工作的指导意见》，安排部署在全国全面开展“城市双修”工作，并指出生态修复与城市修补是治理“城市病”、改善人居环境的重要行动，是推动供给侧结构性改革、补足城市短板的客观需要，是城市转变发展方式的重要标志。

后续我国各城市大力推进“城市双修”工作，截至 2019 年，全国 58 个试点城市累计开展近6000项“双修”项目[①]，并从工作基础、生态修复、城市修补、保障制度四个方面形成一定的共识（表 4-3-1）。

“城市双修”相关要求汇总表　表 4-3-1

1. 工作基础	
总体层面	开展城市生态环境和建设调查评估，制定合理的“城市双修”实施计划，编制双修专项规划，明确“双修”工作的主要内容与重点区域
详细层面	依据总体层面工作，针对重点区域划定“双修”工作单元，指导项目落实与近期建设实施
2. 生态修复	
山体修复	依据地质地貌、资源保护等要求，确定修复模式，恢复植物群落与生物多样性，条件许可下营造城市山景公园
水体修复	依据流域综合整治要求，协同周边水体关系，恢复河床自然形态与岸线多样性，条件许可下营造城市滨水公园
绿地修复	结合违法建筑整治，通过拆违建绿、见缝插绿等手法，增加城市绿量，优化绿地结构，构筑完善的公共空间体系
3. 城市修补	
功能完善	完善教育、养老、医疗、文体活动等与市民生活密切相关的公共服务设施，提高生活便利性与舒适度
环境优化	加强城市公共空间设计，完善设施配置，提高慢行活动与停留空间的连续性、安全性与舒适性，满足多样化活动需要
风貌塑造	基于城市总体特色与格局要求，关注天际线、街道、广场、历史街区等能够体现城市风貌的空间要素，形成设计管控
4. 保障制度	
组织协同	成立工作领导机构，统筹相关部门共同推进，形成上下联动、部门协作的工作格局
广泛参与	借助调查、媒体等多种手段，促进公众、企事业单位、政府部门等多方力量的共同参与，实现城市建设管理的共谋共建共治共享
立法考核	通过立法明确“双修”工作的管理制度与责任要求，借助考核督促项目进展，保障建设质量
资金渠道	因地制宜，开拓思路，借助社会资本引入等方法突破资金瓶颈，缓解政府财政压力

资料来源：李昕阳．城市双修的理念、方法和实践——基于全国城市双修试点工作经验研究 [J]. 城乡建设，2019（7）：42-44.

① 李昕阳．城市双修的理念、方法和实践——基于全国城市双修试点工作经验研究 [J]. 城乡建设，2019（7）：42-44.

3.2 江宁东山府前及周边地区现状问题与设计思路

府前及其周边地区位于南京市江宁区东山副城百家湖中心片区与老城北片区的交汇地段（东至土山—竹山路，南至竹山公园，西至北沿路、东山桥，北至文靖西路），是江宁区区政府所在地。其中东山—竹山轴线地区是东山城市建设的生发原点，对江宁区具有重要的历史文化意义。目前伴随我国“城市双修”工作的推进，南京于 2017 年 4 月成为全国第二批 19 个试点城市之一。应“双修”工作要求，江宁区将东山副城核心区划定为“双修示范启动区”，提出实现“双修升级版”的新目标（图 4-3-1、图 4-3-2）。

上位规划解读显示，作为启动区中的一例，基地所在位置的城市功能属性突出——承担江宁地区政务中心的职能，土山—竹山路、金箔路、小龙湾路三条功能轴线均与基地相关；基地内部分布或毗邻的生态要素众多，东山、竹山公园、秦淮河、外港河等合计达 10 处以上；同时基地具有极强的城市风貌展示属性，含有“东山—天印广场—竹山”等多道城市轴线与视线廊道（图 4-3-3）。因此，基地是一块小中见大、多元复合的用地，虽然面积仅为 1.23km^2，但兼具城市政务、生

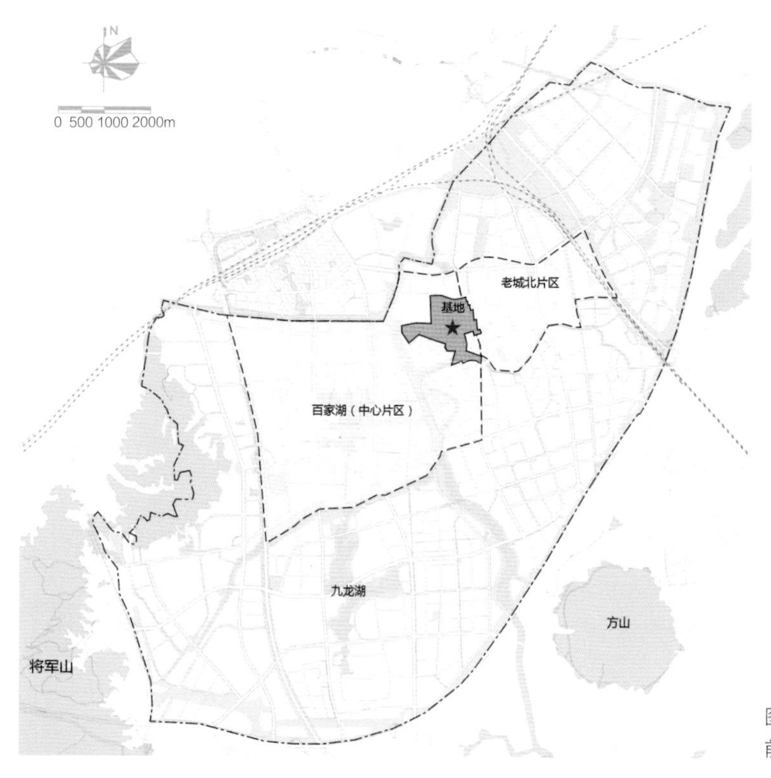

图 4-3-1 江宁东山府前地区区位图

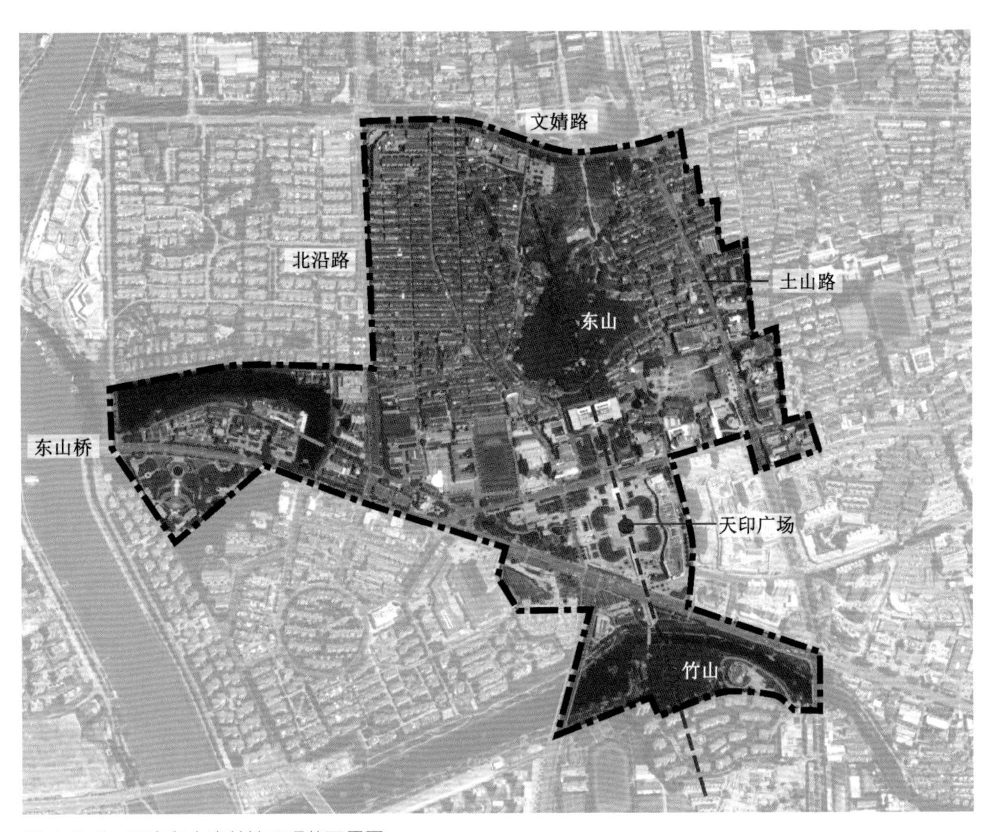

图 4-3-2　江宁东山府前地区现状卫星图

态、历史、活动、风貌多元职能，同时面对实际更新需求与地铁 5 号、12 号线的近期建设，具有较好的“城市双修”条件与契机。

通过现状调研与分析，设计梳理基地面临的核心问题如下。

第一，生态格局破碎。尽管在宏观生态格局中，基地周边“四山两河一湖”的整体山水格局明确，但基地内部的山水资源没有有效纳入城市格局体系，呈现破碎孤立态势。放大至中观尺度，设计可以以基地西侧秦淮河水系为依托，通过向南、北、西三个方向的绿色开放空间联系城市网络，形成从七桥瓮生态湿地公园到百家湖公园南北贯通的城市生态格局（图 4-3-4）。与此同时，在更大尺度的城市空间上亦可以联系主城南部中心及其邻近区域，形成“两轴两核、西实东虚、虚实复合”的结构，构筑南站地区与江宁东山的整合性框架（图 4-3-5）。

第二，传统轴线空间使用率低。历史上，东山、竹山周边建筑低矮，山体相对高大，因此无论在视线感知还是行为活动上，“东山—天印广场—竹山”的轴线格局都非常突出。而目前市民对于轴线的感知明显不足，2/3 的受访市民甚至不

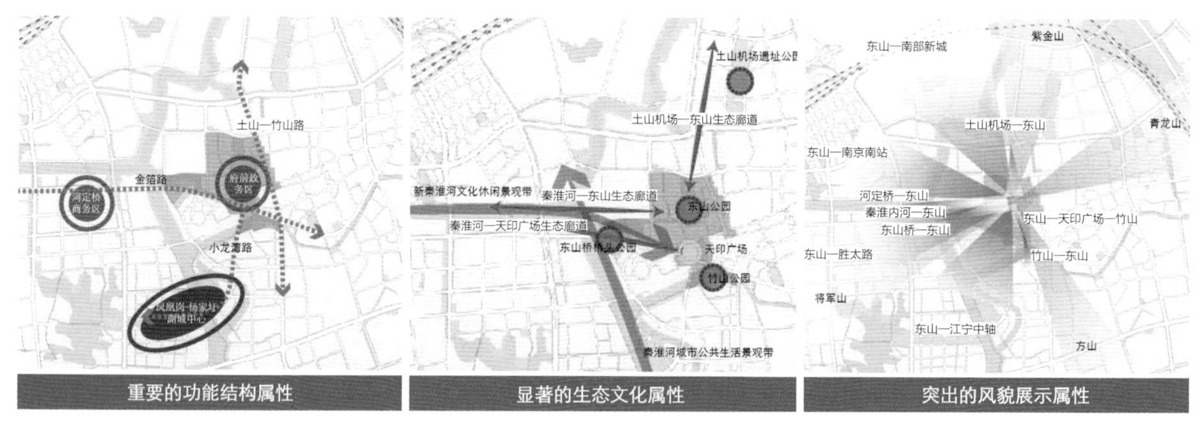

图 4-3-3　江宁东山府前地区上位规划分析图示

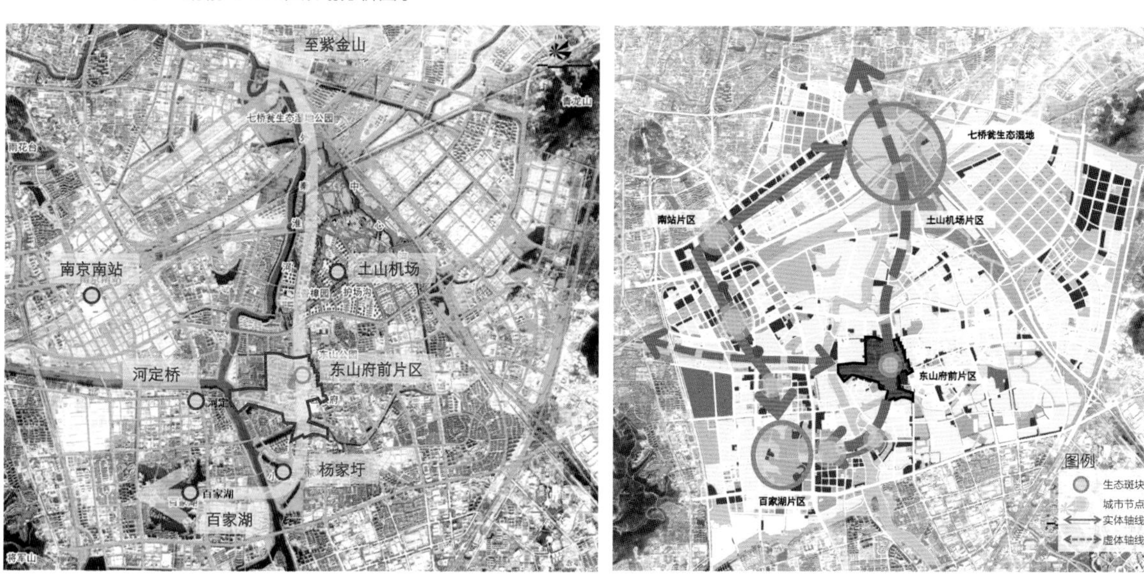

图 4-3-4　江宁东山府前地区生态格局分析

图 4-3-5　江宁东山府前地区空间结构分析

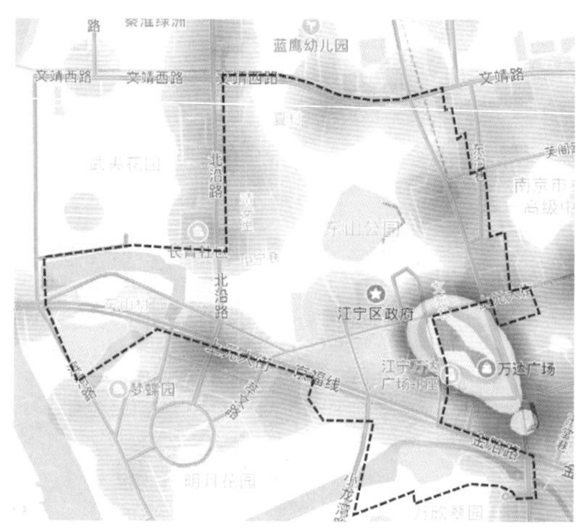

图 4-3-6　江宁东山府前地区人气热力图

图 4-3-7　江宁东山府前天印广场现状照片

知道轴线空间的存在。在轴线空间的实际使用中，尽管基地周边的居民人数达万人以上，潜在使用人群众多，但实际使用人数不到总人数的 5%。人气集聚热力图显示，人流大量集中在天印广场东侧的万达广场，形成市民活动的“建筑化收编”（图 4-3-6）。造成这一问题的原因主要来自三个方面：其一为东山、天印广场、竹山三个主要空间节点的活动休憩设施不全，功能设置单一，缺乏吸引力；其二为天印广场尺度过大，丧失空间“线”型特征与必要的引导界面，同时广场内部绿化不足，难以提供必要的遮荫蔽护；其三为天印广场与周边城市空间的交通割裂，导致轴线空间的活动缺乏连续性（图 4-3-7）。针对这一问题，设计通过山体公园生态修复、政务中心功能优化配置、公共空间设施补足以及结合地铁建设的天印广场地上地下空间整合等手段进行调整优化。

第三，特色地段风貌塑造。目前东山两侧分布有两片三类居住用地，西侧为黄泥塘村，东侧为土山村和府后村。现场调研采访及街道居民座谈会数据表明，在物质空间上，两片用地中多为 1~3 层住宅，房屋破败老化、年久失修，卫生、安全、防水、交通等问题突出，建筑总体缺乏保留与改造价值，建议全部拆除重建。在人口构成上，两片用地租户人口数超出常住人口数，租住比为 1.2 ：1，常住人口约 8000 人。在拆迁安置上，经对基地特征和安置房选址合理性的综合研判，地方规划行政主管部门决定利用周边其他用地解决。但为平衡多方权益、保护原有环境和生活特色，设计提出新建住区采用 $60m^2$ 的主要户型面积单元，并通过制定原住民购房优惠政策，尽可能提高原住民回购住房、原址居住的可能性。同时，现状城中村用地依托东山地形地貌，形成特有的空间肌理、巷道台地以及多条直达东山的观山路径（图 4-3-8、图 4-3-9），上述特色风貌将在后续设计中延续并强化，这就意味着用地开发不能单纯考虑经济收益，一味提高居住开发强度，而需要在经济收

图 4-3-8 江宁东山现状城中村东西向建筑肌理

图 4-3-9　江宁东山现状城中村台地特征

益与风貌品质间进行权衡。

基于上述问题思考，设计提出如下三条基本原则：

（1）大局观。基地虽然规模有限，但地位与价值突出，需要从江宁区与主城南部中心的视角加以审视，构筑更具整体效应的城市生态与空间结构。

（2）文化观。文化不仅是视觉的，更是体验的。基地传统轴线空间区域的视觉联系与活动激发，是东山地方文化传承最重要的现实体现。

（3）经济观。经济属性是建设开发需要关注的重要内容，但基地历史山水轴线空间所具有的城市特色与风貌价值，值得优先考量。

3.3　江宁东山府前及周边地区城市设计内容

设计提出江宁东山府前及周边地区是“主城南部山水格局与空间结构的核心区段，江宁区域政商复合与活力集聚的老城中心”，以此作为用地空位完成总体设计（图 4-3-10、图 4-3-11）与系统建构。

（1）空间结构。设计提出“两轴一圈”的空间结构。其中南北向为绿色生态轴，通过生态织补串联东山公园至竹山公园的山水绿脉，并向南北两端进一步延展，形成与城市山水格局的有效衔接；东西向为智慧服务轴，沿金箔路与上元大街两侧，依托现状行政办公区与保留建筑，策划会议、展览、商务等功能，提供兼顾社会使用的行政配套服务，实现行政办公功能的集聚与强化，塑造精明高效的江宁政务中心；乐享生活圈以天印广场为核心，通过完善功能设施与提升环境品质，为周边居民与市民创造高品质的生活氛围（图 4-3-12）。

（2）土地利用系统。功能结构上，沿东山—竹山构筑城市公园广场型开放空间体系，并与秦淮故道公园之间通过绿道相连，形成三角形空间体系并预留向周边腹地进一步延伸的可能。沿金箔路与上元大街布置行政办公、行政公共服务、政务配套及商务拓展功能；沿土山—竹山路布置商业、商办以及商住功能；北沿路

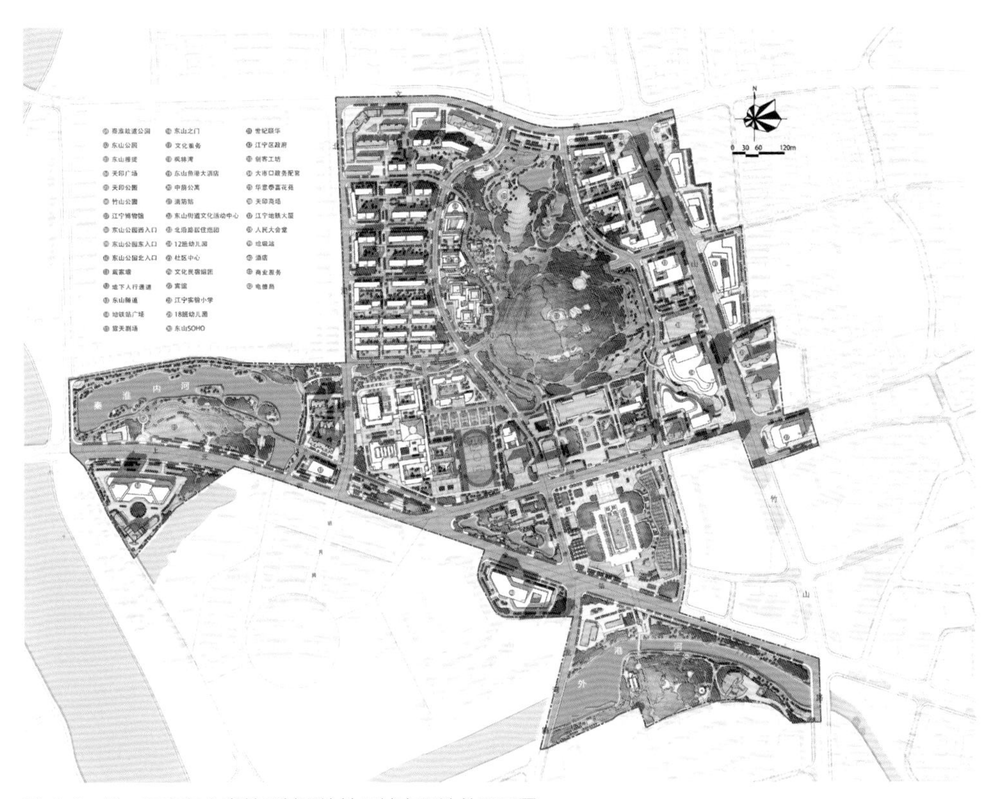

图 4-3-10　江宁东山府前及其周边地区城市设计总平面图

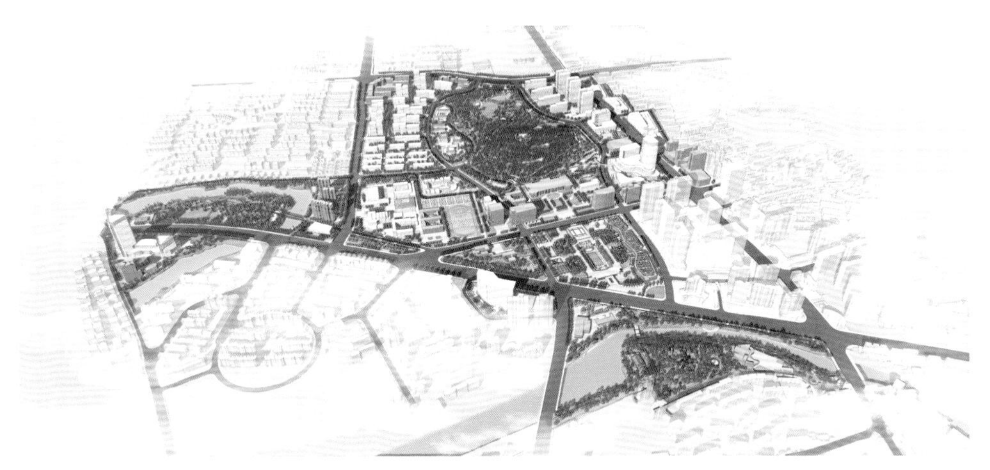

图 4-3-11　江宁东山府前及其周边地区城市设计鸟瞰图

东侧用地设置居住及相关生活配套功能。目前基地内部用地类型相对复合，其中绿地与广场用地占比最大，约占 30%；居住用地、公共管理与公共服务用地、商业服务业设施用地次之，约各占 15%；其余为道路交通、公共设施等其他用地（图 4-3-13）。

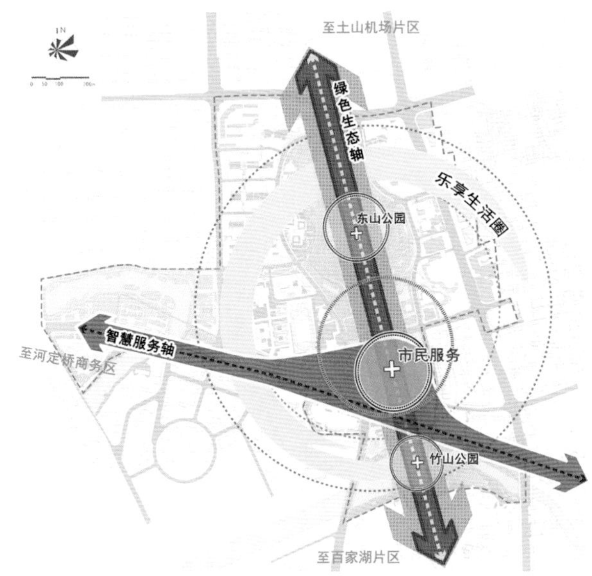

图 4-3-12　江宁东山府前及其周边地区空间结构设计图

图 4-3-13　江宁东山府前及其周边地区用地性质设计图

（3）交通系统。交通结构为四纵、四横体系。其中“四纵”在原有北沿路、土山路两条南北向城市道路的基础上，沿东山两侧增加两条南北向次干道，其中西侧道路在原黄泥塘路线形基础上，打通与小龙湾路的联系。“四横”在原有文靖路、上元大街、金箔路三条东西向道路的基础上，于东山北侧连接中宁路与芙阁路，形成贯通的景观道路，同时为保证山体的连续性，部分路段以覆土下穿形式与东山公园带立体相交。此外，用地局部位置设置横向支路，形成小街区密路网结构，提升交通可达性，创造更多的社会交往与公共活动可能（图 4-3-14）。

（4）绿地系统。依托城市宏观山水结构，基地内部形成“一轴（东山—天印广场—竹山）、三心（东山公园、竹山公园、秦淮故道公园）、四廊”的绿地结构。生境设计中，东山与竹山核心山体区设为内生生境，培育以自然演替为主的复层交混林，构筑完整的“乔木—灌木—地被”群落体系，是相对理想的物种栖息场所，其余绿地设为边缘生境，种植结构相对单一或层次有限的栽植，鼓励与支持市民的多样化活动。汇水设计上，借助场地现状水面增设带状绿地、下沉式绿地、雨水花园等多种雨水收集形式，增加汇水面积，建立健康的地表水循环系统（图 4-3-15）。

（5）景观系统。依据场地现状与设计构思，设立“土山机场—东山—竹山—小龙湾路”的一级视线廊道，强调高视点俯视观赏，所视生态开放景观前后层次叠

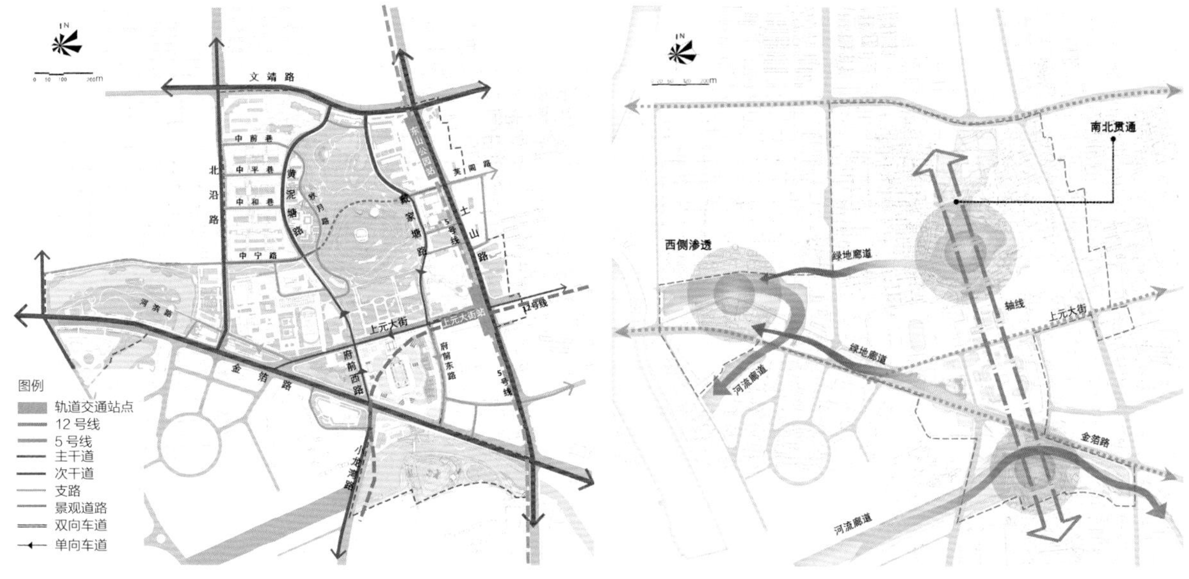

图 4-3-14　江宁东山府前及其周边地区道路系统设计图

图 4-3-15　江宁东山府前及其周边地区绿地系统设计图

合，奠定绿色东山的风貌基底；设立“河定桥—东山”“东山桥—东山”两条以平视观赏为特征的二级视线廊道，在车行、人行的重要城市节点形成对传统轴线区域的体验，其中河定桥节点为江宁地区进出南京主城的重要门户，东山桥节点为从江宁地区进出府前地区的重要门户；同时在场地内部，结合道路、广场等位置，设立多条观赏传统轴线的三级视线廊道，加强场地感知。所有视线廊道景观均加以保护，严格控制其中的建筑高度与布局（图 4-3-16）。

依托总体结构与系统建构，设计针对天印广场、东山公园等节点完成 7 处重点地段详细设计（图 4-3-17、图 4-3-18）。

（1）天印广场。利用广场的现状地下空间，实现广场与周边竹山公园、万达街区、地铁 12 号线出入口间的立体衔接，提高传统轴线空间的步行连续性；围绕政务中心职能，对现状地下空间实施功能置换，形成以公共事务、公共服务为核心的功能布局，提高广场人气，并加强行政办公内部的职能联系；同时依据现状地下空间柱网，调整广场平面形态与绿植界面，强化南北方向轴线序列与空间引导，形成不同标高、规模、性质的活动场地。

（2）东山公园。公园南侧山体设置为历史文化展示区，实施生态修复，恢复山林坡地，设置覆土建筑与植物专类园，塑造“东山秋月”历史景点，同时打破城市空间与公园边界的隔离，通过台地、绿道将公园引入城市空间；北侧山体依据现状

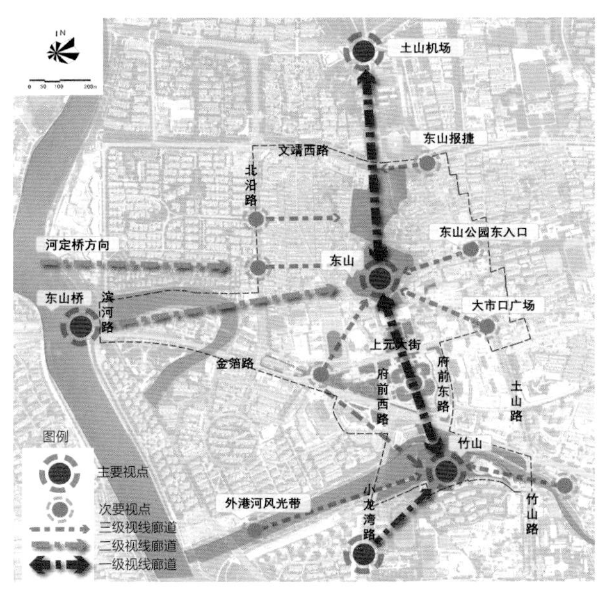

图 4-3-16　江宁东山府前及其周边地区景观视线设计图

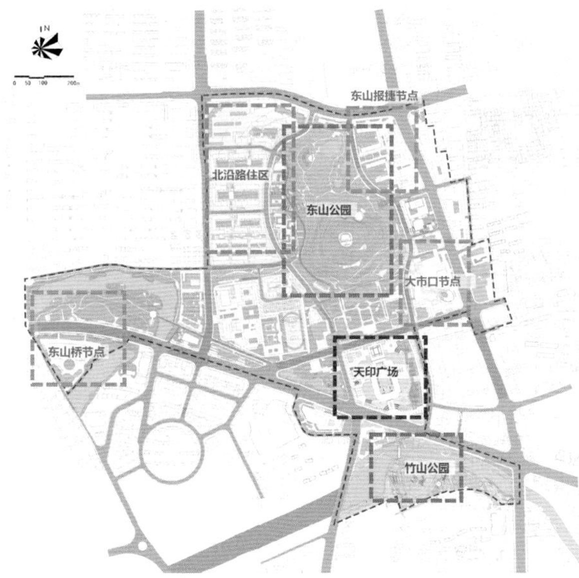

图 4-3-17　江宁东山府前及其周边地区重点地段设计分布图

地形地貌，设置露天剧场、阳光草坪、户外活动、滨水活动等区域，满足市民尤其是周边居民日益增长的文化体育活动需求。

（3）竹山公园。竹山公园规模较小，设计以自然山林恢复与保护为宗旨，山上适当增加人文内涵空间，山顶建观景台。普通活动主要引向山麓与水滨，充分利用外港河形成观山亲水的滨水风光带。同时做好场地与北侧天印广场、东侧博物馆区以及西侧河湾休闲区之间的交通与功能衔接。

（4）北沿路住区。保护东山余脉，沿余脉外侧设置环山路，优化道路结构并实施生态修复措施。尊重原有空间风貌，通过建筑东西向布局与体块分散化处理，再现传统空间肌理与台地特征。秉持趋近山体用地功能逐步开放、建筑高度逐步降低的原则进行功能与体量设置，同时在风貌非敏感区域适当提高开发容量、增加经济收益，形成以居住功能为核心的功能片区。

（5）东山桥节点。通过秦淮故道公园、金箔路两侧绿道和高层地标建筑的建设，形成观赏东山的新视点，塑造现代都市与自然山水交相辉映的门户形象。功能上设为政务拓展区，作为行政机构集聚的潜在用地，并兼顾商务配套功能。

（6）大市口节点。作为地铁 12 号线与 5 号线的换乘站点，整体定位为高强度开发的商办政务配套区。空间设计上，突出大市口与东山公园之间的视线与步行通道，强调地铁站点与建筑地上地下空间的一体化。同时为避免与基地南侧万达建筑

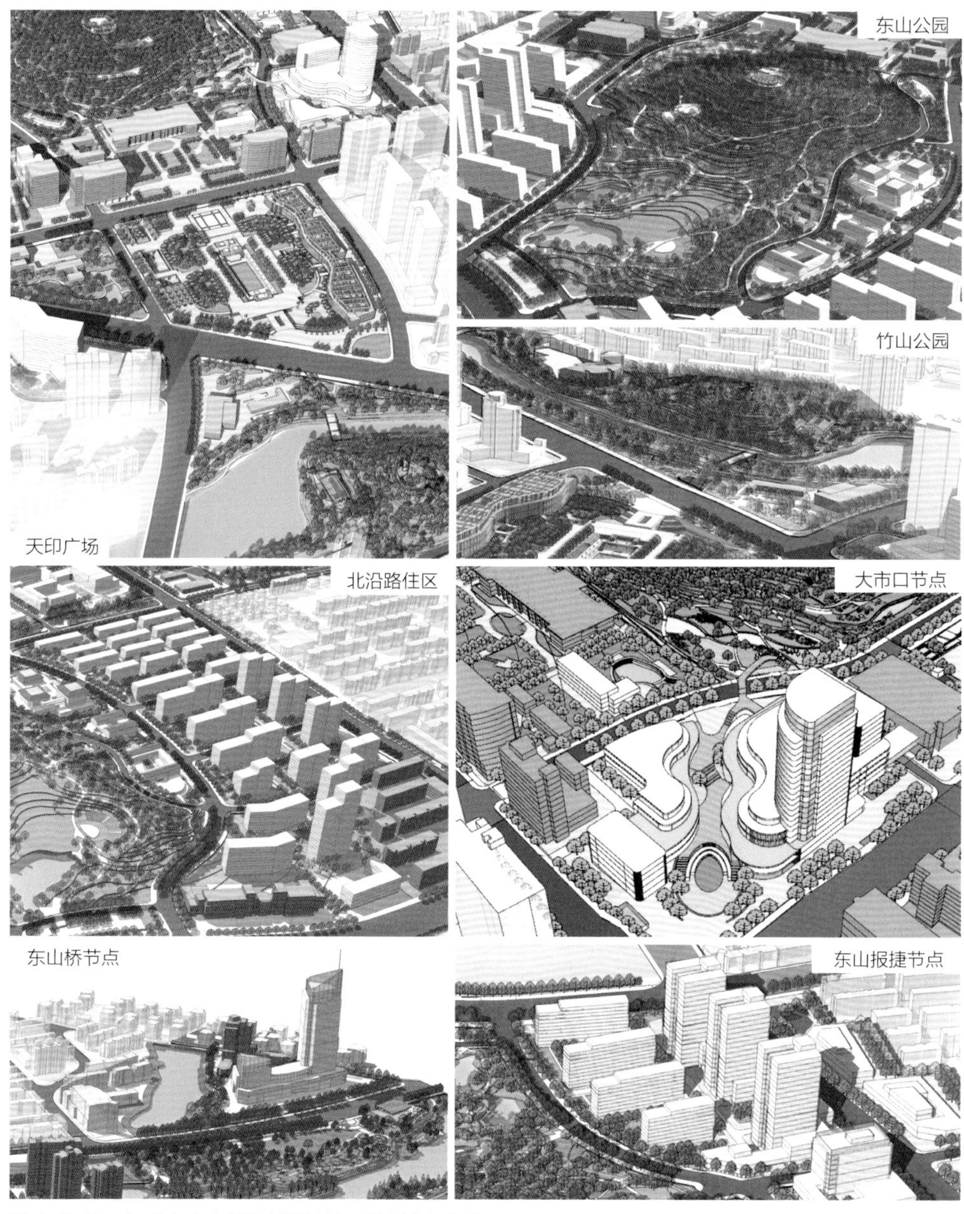

图 4-3-18　江宁东山府前及其周边地区重点地段设计

群距离过近，商务高层建筑设置于节点用地偏北位置，裙房设计的退台模式形成观赏东山的休闲活动平台。

（7）东山报捷（土山路文靖路西南）节点。针对用地东侧临路、西侧临山的特点，建筑布局采用“东高西低、多轴近山”的原则，结合历史景观资源与地铁站点优势，形成兼顾土山路沿街界面与东山风貌特色的商办商住复合街区。

3.4 基于东山项目的城市设计“双修”实践思考

生态修复（山体修复、水体修复、绿地修复）与城市修补（功能完善、环境优化、风貌塑造）是“城市双修”实践的核心内容和方法，结合东山城市设计项目，形成如下两点思考。

3.4.1 “城市双修”的“两面一体性”

城市“双修”的说法不同于城市“两修”，“双修”可以理解为一个事情的两个方面，也就是说城市修复和生态修补是类似于“阴和阳”的关系，要一起推进[①]。所以尽管很多项目会从任务层面上将生态修补与城市修复工作分开研究与探讨，但是在具体的城市设计实践中，二者常常紧密融合，呈现一体化态势，需要整体应对。其中东山案例可以分解为以下三个方面。

一为“整出来”。即对涉及损坏的地区进行修补和修复。例如对东山、竹山两个公园本体开展恢复山林坡地与植被的工作。北沿路住区设计时依据地形标高分析，将东山西侧余脉从城市建设用地中剥离出来，在其西侧外围重新设置环山路，东侧用地就近纳入东山北坡公园。

二为“连起来”。对独立的生态节点与斑块实施恢复整治只是起点，更重要的是采取多种手段加以串联，发挥更大的系统价值。在东山案例中，南北向传统轴线间的联系更多借助了天印广场的现状条件，通过地上地下空间与步行道路系统的连接得以实现；东西向秦淮故道公园与传统轴线间的联系，则采用沿中宁路与上元大街局部地段增设城市绿道的方法；传统轴线公共生态空间体系周边的住区、商办服务用地，则充分利用传统轴线位置公共生态空间的规模优势，适当降低绿地率要求，在大范围内完成指标平衡，同时顺应地形地势，通过多条步行小径与视线廊道加强与生态空间体系之间的可达性。从这点上说，串联是修补、修复工作协同作用的要求与结果，也是同步处理生态、功能、交通等城市规划系统内容的必要手段。

三为“活起来”。东山项目位于城市中心位置，在定位上是一个活力集聚的老城中心，因此着力修复的生态体系不仅承担着城市生态可持续发展的目标，更重要

---

① 李晓江，王富海，朱子瑜，等．21 世纪初中国城市设计发展前瞻——座谈 1：城市设计与城市双修 [J]. 建筑学报，2018（4）：13-16.

图 4-3-19　江宁东山府前及其周边地区公共活动与场所营造设计图

的是服务周边的居民与市民，提高生活品质。所以设计中的绿地系统复合景观系统与步行交通系统，根据场地特点与生态条件，优化周边建筑功能，增补活动设施，构筑“一轴、四区、多点”的公共活动体系。其中东山公园利用北坡场地承载周边居民的户外体育活动；天印广场利用一定规模的平坦区域设为广场休闲健身场地；竹山公园利用邻接的外港河塑造为滨水港湾漫步节点；秦淮故道利用生态现状改造为湿地休闲公园；其他片区形成散点式的休闲交往空间。同时，各活动区域结合现状特点与文化传承，从“历史文化、自然景观、现代风貌”角度构筑二十四个空间场所，形成集中反映地方文化与当下生活的“新东山二十四景”（图 4-3-19）。

可以认为在东山项目中，生态修复与城市修补的工作在很大程度上是在同一个地方做文章，生态考虑最多的地方往往也是公共人流最密集、最需要进行功能调整与设施完善的地方。所以面对“城市双修”的一体两面性和空间系统的多元复合性，东山城市设计提出建构一个具有针对性的核心架构，即依托地铁枢纽，以行政服务与公共活动为中心，强化东山、天印广场、竹山、秦淮故道公园间的联系，并向周边城市空间进一步延展。

3.4.2　“城市双修”的两端合一性

“城市双修”概念中很关键的一个字是“修”，而不是“建”，这就意味着“双修”从本质上来说不能只是发现问题和评价问题，而要通过设计和营建去解决问

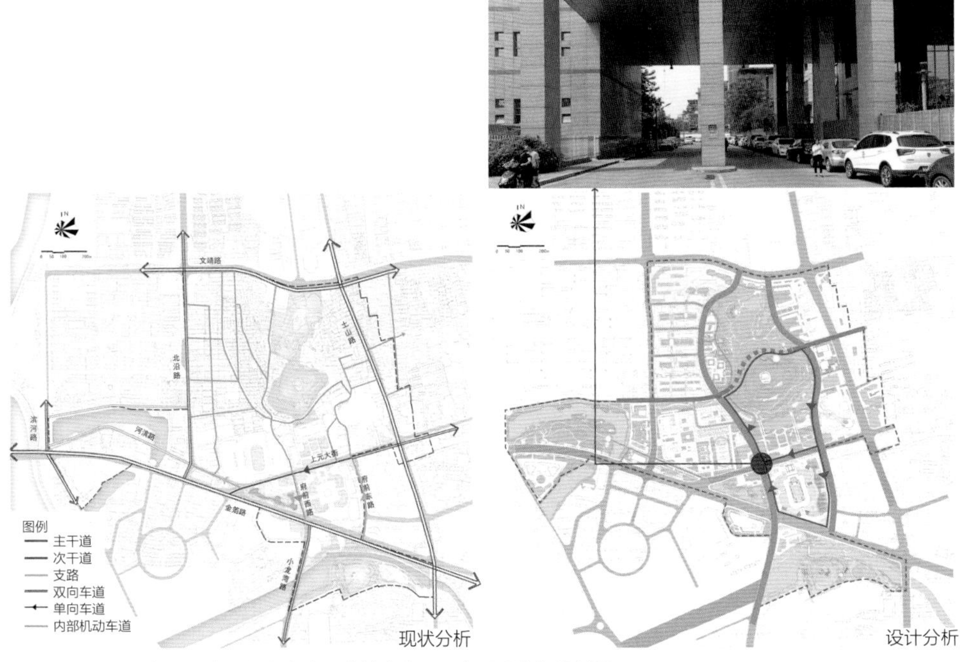

图 4-3-20　江宁东山府前小龙湾路、金箔路交叉口交通现状与设计图

题[①]，这便是“城市双修”要具备“落地性”的一端。但是这种落地式的修复并不意味着“头痛医头、脚痛医脚”的碎片化补丁，而需要采用整体思维的方式，将局部地段纳入城市系统进行考虑，否则“双修”工作将持续处于被动应对的局面，难以构筑积极的良性循环，这是“城市双修”需要具备“系统性”的另一端。东山项目在设计中试图同时关注“系统”与“落地”的两端，既确保整体着眼，也强调操作可行，下面略举两例。

在道路体系中，小龙湾路为重要的城市轴线与景观大道，但现状与金箔路交叉口处出现的交通错口与由此造成的道路降级情况并不理想，因此从城市大结构出发，沿原黄泥塘路线型，打通小龙湾路—府前西路—黄泥塘路，形成更加顺畅的城市景观次干道。但是在建筑处理上，考虑到上元大街与府前西路交叉口现状建筑的客观条件，道路宽度无法拓宽，为此根据交通流量与流向分析构建交通内环，其中金箔路至中宁路—芙阁路之间的南北向道路设为单行线，以此应对现实问题，缓解交通压力（图 4-3-20）。

---

① 李晓江，王富海，朱子瑜，等. 21 世纪初中国城市设计发展前瞻——座谈 1：城市设计与城市双修 [J]. 建筑学报，2018（4）：13-16.

在天印广场节点设计上，广场作为传统轴线的核心节点，需要完善与东山、竹山以及万达街区的联系，构筑交通可达、人气活跃的公共开放轴线区域，这是从城市宏观生态、功能、活动视角做出的判定。落实在设计操作中，功能上充分考虑现状教育培训机构的市场现状与需求，提出行政办公、文化休闲、教育培训三线并进的功能策划；空间设计上依托现状柱网排布，局部打开广场地面空间，并调整不同标高之间的交通联系，形成地下通道与下沉广场，便捷接入地铁 12 号线站厅层，营造空间层次丰富的连续步行体验（图 4-3-21）。

北沿路住区设计中，经济效益与城市风貌的协同是设计确立的宏观要求。具体操作中，通过日照技术模拟，得到满足日照条件下住区容量高值区应位于用地南北两端，继而结合景观风貌要求进行叠加控制。其中南端与景观系统中观看东山的视廊位置交叠，建筑高度控制在 18m 以下。北端位于东山的最远端，风貌影响相对较小，最终确立为住宅容量的合理承载地，高度控制在 80m 以下。其余建筑体量布局遵循的原则为越接近山体，用地功能越开放、建筑体量越小、建筑高度越低，并有意识通过行列式布局与小街区密路网形式再现传统空间的东西向肌理，近

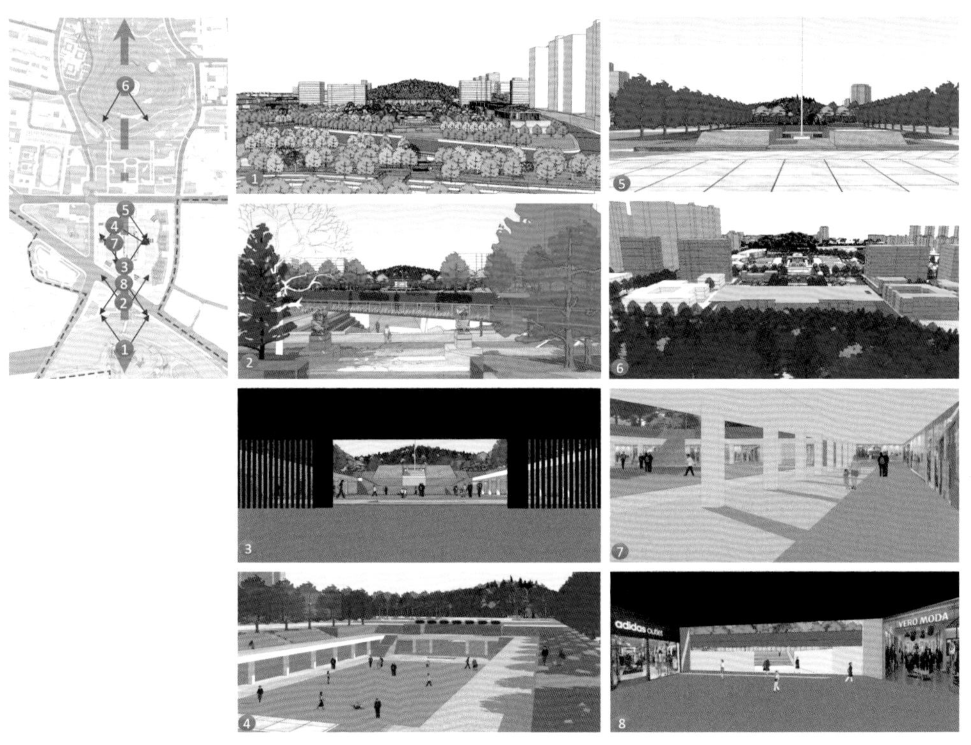

图 4-3-21　江宁东山府前天印广场连续设计意象

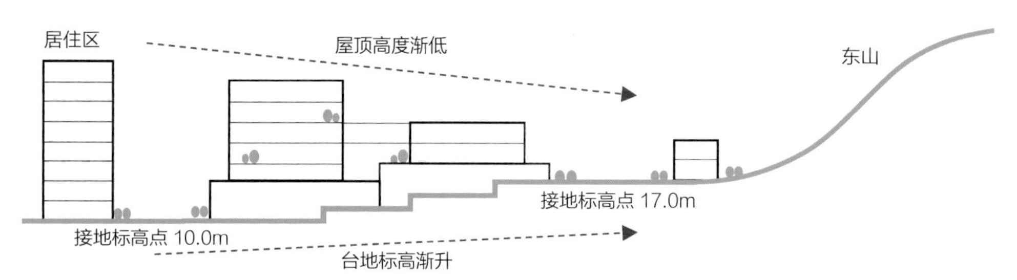

图 4-3-22 江宁东山府前近山位置公共服务组团剖面示意

山位置处的居住公共服务组团保留现状地形的台地特征，留设步行观览廊道，同时建筑接地标高自西向东逐渐抬升，屋顶高度逐渐下降，实现与山体风貌的协调统一（图 4-3-22）。

总体而言，“城市双修”是目前我国城市设计项目实践的重要类型，其中的一些技术方法已相对成型，但针对具体项目的应用不会是简单的模式复制与菜单选用，而是结合系统思维与现状问题的摸索与尝试。而衡量这些手段的标准始终是人，是居住生存的环境改善、品质提升以及整个城市社会系统的可持续发展。把握好这个标准，“城市双修”的实践工作才能有条不紊地开展下去，成为生态文明时代治理“城市病”、全面提升国家治理水平的重要途径。

项目主持：王建国院士

项目参与：高源、陈宇、王晓俊、蔡凯臻、李京津、高洁妮、甘宜真、李炘若、周慧敏、倪一舒、胡燕、刘叶琳、王宇乾、蔡利媛、顾林、耿佳翊、陈惠彬、韦榆瑶、张景璇、张焱珲（东南大学城市规划设计研究院、东南大学建筑学院）

04

城市广场设计：空间整合与文化传承
——常州文化宫广场城市设计

4.1 城市广场设计的方法与思考

广场是现代城市空间环境中的一个璀璨夺目的明珠①。正如路易斯·康的名言“城市是一个大建筑”，那么广场则是城市的“起居室”。作为城市的重要公共空间，在广场中可进行各种民俗活动、纪念活动、文化活动，组织交通集散，提供市民休息、交往空间和商贸场所。保罗·朱克认为：“广场是使社区成为社区的场所，而不仅是众多人的集聚，是人通过相互接触和交流而变得有教化和被赋予人性。广场为人提供了庇护，是在繁忙的城市交通网络中，使人可以重获安全和自由的一个场所”②。此外，广场还具有整合城市环境作用③。

城市广场空间不仅是物理的开敞空间，往往还能够展示城市的文化特色并体现空间表象背后深层的社会关系。城市广场源自希腊人采取以公共空间为核心来建造城市的方式，希腊城市广场的产生和发展与特定的民主政治生活方式相辅相成。④古罗马时期将古希腊广场自由、不规则的空间塑造为城市中最整齐、典雅、大尺度的开敞空间，表现了罗马帝国集权与民主的双重特性。⑤中世纪形成的集市广场则更多体现了当时由贵族、教会与市民阶级三大力量支撑的社会秩序，如著名的锡耶纳坎波广场，其主要界面由市政厅、玛利亚教堂和集市广场构成。文艺复兴时期强调人文、科学与理性的精神，提倡人权、人道，反对禁欲和蒙昧，城市形态上突破

---

① 王建国 . 现代城市广场设计 [J]，规划师，1998（1）：67-74.

② Zucker P. Town and Square from the Agora to the Village Green[M]. New York：Columbia University Press，1959.

③ 卢济威 . 广场与城市整合 [J]. 城市规划，2002（2）：55-59.

④ 蔡永洁 . 空间的权利与权力的空间——欧洲城市广场历史演变的社会学观察 [J]. 建筑学报，2006（6）：38-42.

⑤ 洪亮平 . 城市设计历程 [M]. 北京：中国建筑工业出版社，2002：24.

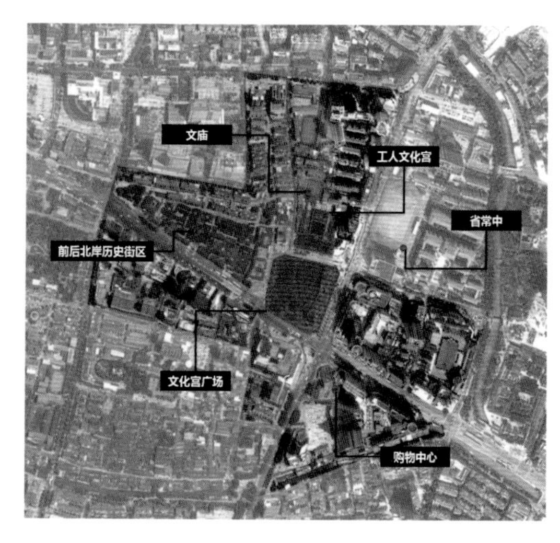

图 4-4-1　常州文化宫广场区位图

了以往一个集市广场控制整个城市空间的结构，诞生了多个广场共存或广场群的结构，各个广场具有各自不同的空间特征和活动主题。古典主义以秩序作为绝对的表达方式，具有强烈的君主专制色彩，该时期的广场作为城市地标和几何轴线的交点。现代城市广场则体现了自由与多元的回归，灵活、开放的空间取代了严格规整的几何广场，绿化、小品代替了纪念物。当代城市广场建设更强调人性化设计、归属感与认同感的塑造[①]。

国内城市在快速发展阶段曾出现过“广场热”的现象，兴建了不少城市广场，部分广场由于区位选择不当、空间尺度过大、维护成本过高或对既有城市肌理的过度破坏等原因，造成了土地浪费、广场活力不足等问题。城市广场建设应尊重城市空间自身的结构和发展规律，从定位、定性和定量的角度综合考虑[②]。在城市更新中，城市广场的改造和升级应更注重与周边城市空间体系的有机结合，并关注城市文脉的延续以及地域性特色空间的塑造。

文化宫广场位于常州老城中心，东依和平路，南临延陵路，是城市轨道 1、2 号线的交汇处，交通便利，地理区位条件极佳，周边文化类设施资源丰富，拥有得天独厚的先天优势。结合地下轨道站点建设对地面广场的更新改造，可以有力地推动城市公共空间体系的完善和升级。本次设计条件相对复杂，为实现接续周边丰富的历史环境并回应当今城市发展的现实诉求，需要解决多方面的问题，具有一定的挑战性（图 4-4-1）。

---

① 俞孔坚，万钧，石颖 . 寻回广场的人性与公民性：成都都江堰广场案例 [J]. 新建筑，2004（4）：25-28.

② 段进 . 应重视城市广场建设的定位、定性与定量 [J]. 城市规划，2002（1）：37-38.

4.2 文化宫广场核心历史价值评估与现状问题

基于对文化宫广场周边环境的核心历史价值评估发现，常州历史文化底蕴深厚，是吴文化的发源地之一，素有“中吴要辅、龙城之乡”的美誉，境内山灵水秀、人文醇厚。场地周边有 9 处省市级文物保护单位，其中 4 处为省级文物保护单位。

该地段在历史上曾体现了常州在城市发展中“逐水而居，以水为文”的营城智慧，场地西侧即为前后北岸。据《武进掌故》记载，前后北岸在明末清初时称为顾塘尖，是顾塘河与白云溪的连接处，两岸文人辈出，是常州历史上一个重要的文脉。常州的文教和水有着不解之缘，不足 1km 的白云溪吸引了诸多名士纷至沓来并聚居于此，北宋文豪苏东坡晚年曾长住该地。然而，随着现代城市的建设，密集的水系湮灭于快速城市化的进程中，古代经典的水城相依关系受到一定程度的影响。根据历史地图剖析广场在城市演变中与周边环境的关系发现，文庙、文化宫、市第一中学、基督教堂等不同文化类设施在不同年代以差异化方式对场地空间格局产生了不同的影响，广场面积亦几经变化。

本次设计的周边城市环境主要面临以下四个现状问题：①广场四周被机动车道包围，导致其成为城市的孤岛，对外步行联系不便。随着地铁的建设，未来广场上人的活动流线复杂，设计中需要兼顾外部通行与内部漫游两种人流活动。②地下轨道站点设施的建设导致人行出入口和设备房数量多且布置分散，影响了景观效果，地下主体结构已经完工，对地面空间布局存在一定的约束。③广场周边的文化宫、天宁寺等拥有高视点，对广场景观要求较高，周边城市环境的差异较大，建筑体量风格迥异，设计需要平衡场地与周边“景—观”的视线关系。④广场内外的功能亟需展开综合策划，以形成一个具有文化特色的城市公共空间，激发文化宫广场片区的活力（图 4-4-2~ 图 4-4-4）。

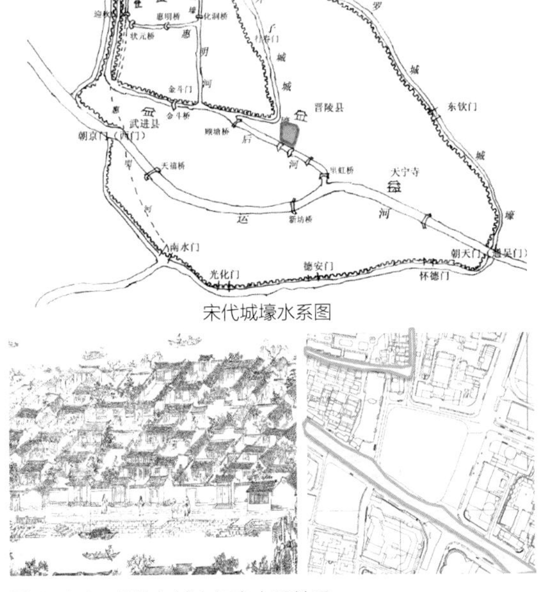

图 4-4-2 场地与城市历史水系关系

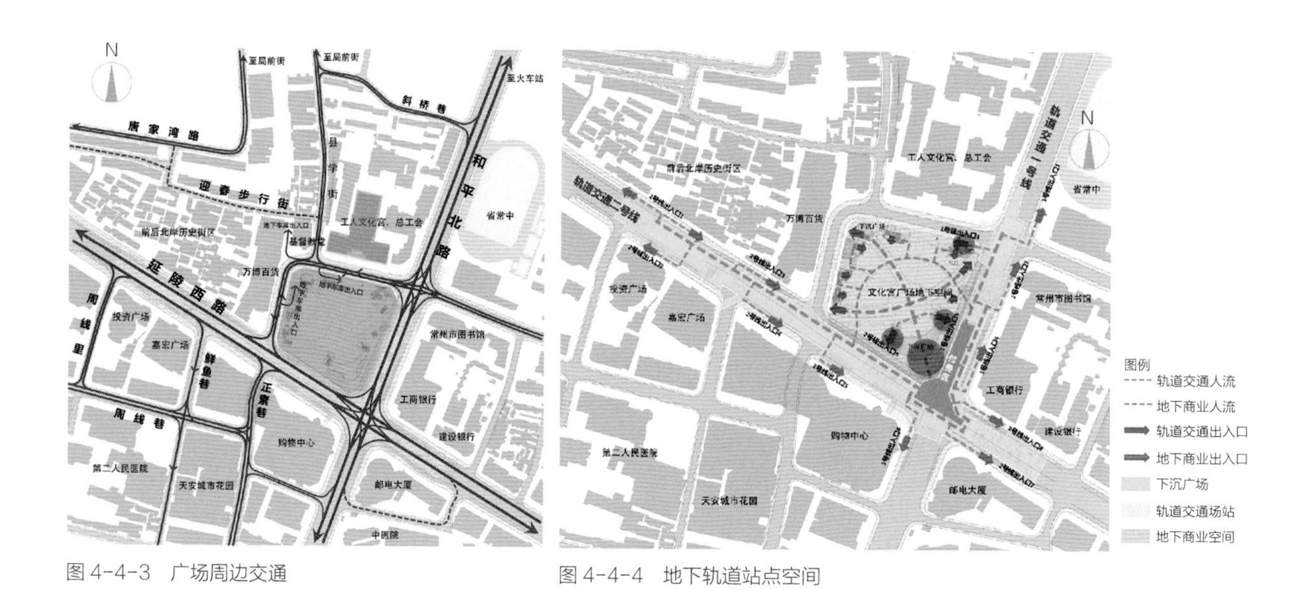

图 4-4-3 广场周边交通

图 4-4-4 地下轨道站点空间

综上所述，文化宫广场的城市设计一方面需要精巧的设计来再现常州的历史文化特征；另一方面应通过空间优化，整合广场与城市环境的关系[①]。

4.3 城市设计策略

针对上述问题，城市设计策略主要涉及空间整合和文化传承两个层面，前者包括以下三个策略。

第一，文化路分时段步行化策略。为加强工人文化宫与广场的联系，增强步行可达性，将广场北部文化路设为分时段步行街（如节假日、周末等市民活动高峰时段作为步行道路），在保障城市中心区交通顺畅的同时，促进广场与北侧和西侧文化建筑的步行关联。

第二，多尺度集聚空间策略。广场西侧配套设施区域采用局部下沉的方式消解场地高差，为相对分散的地下出入口提供相对集中的空间。文化宫前广场南部公交车站众多，人流量大，通过设置一定面积的集散空间，引导和疏散人流，促进地下商业空间与地面人文活动空间的融合，利用当代城市消费性的同时植入人文性的关怀[②]。

① 王建国，高源．谈当前我国城市广场设计的几个误区 [J]. 城市规划，2002（1）：36.

② 刘泓志．公共空间的人文与消费性思辨 [J]. 新建筑，2016（1）：15-20.

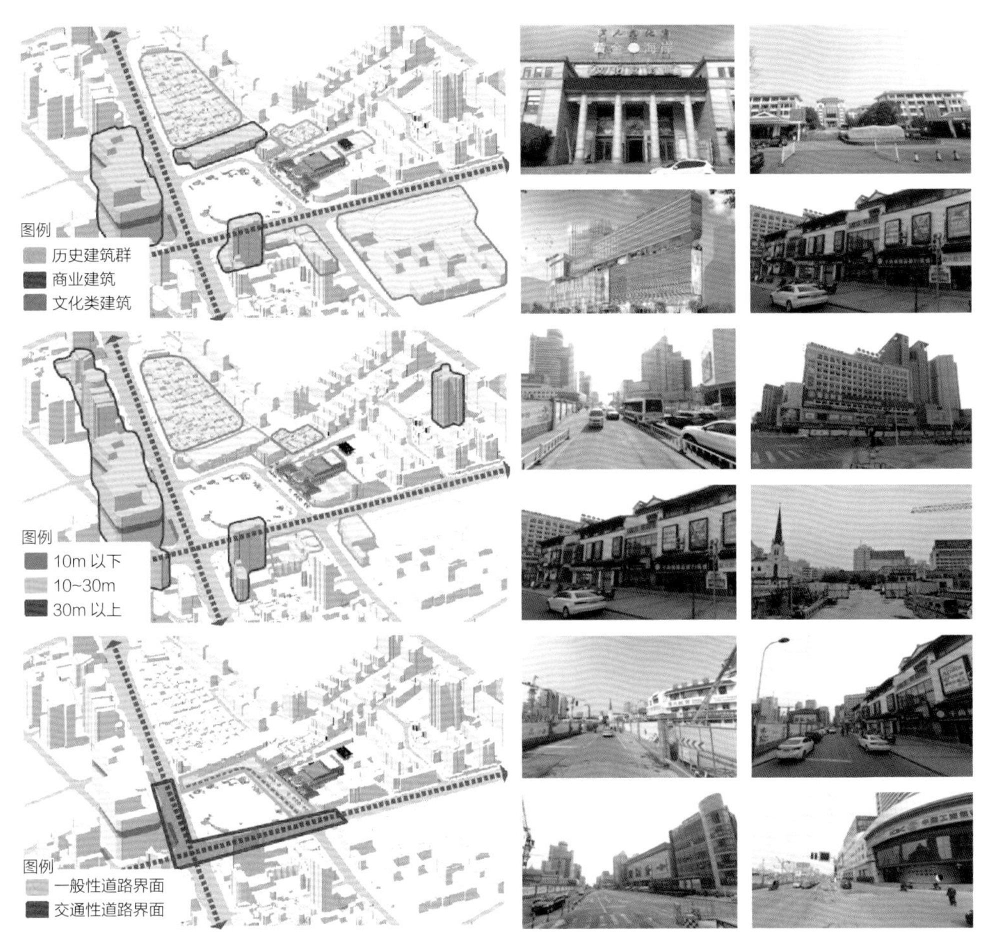

图 4-4-5 广场周边界面

第三，“遮、透、敞”的景观处理策略。针对周边景观场地碎片化特征，场地内部采取不同应对策略。广场东侧及南侧采取“遮”的策略，利用绿化遮挡不适宜景观。西侧结合周边儿童教育功能，采取“透”的策略，通过硬质场地与绿化结合布置儿童活动场所，强化场地与前后北岸的互动。北侧则考虑教堂与文化宫的对应关系，采取“敞”的策略，主要以硬地为主塑造开敞的界面（图 4-4-5、图 4-4-6）。

文化传承层面则主要包括以下三个策略。

第一，曲水为脉策略（图 4-4-7）。历史上常州有“逐水而居”的传统，场地周边的顾塘河在城市历史发展中被湮没。本次设计通过曲水带的设计，再现了古代水城相融的意象，水景联系了广场西南侧前后北岸与罗汉路、常州中学。曲水巧妙

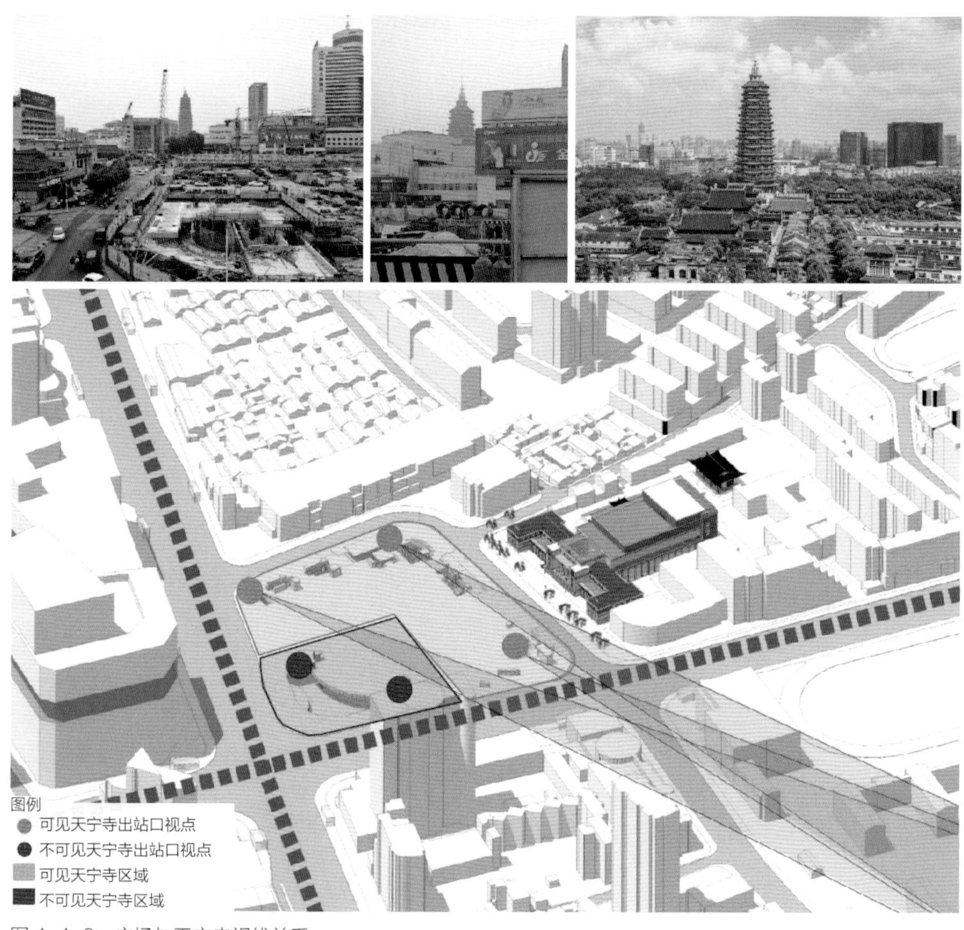

图 4-4-6　广场与天宁寺视线关系

图 4-4-7　曲水为脉效果图

地衔接文化宫规整形态与地下空间既有的弧线空间的关系，其线形考虑与地下通道的对位关系，通过设置天窗为地下商业走廊提供一定的自然采光。

第二，常州意向再现策略。文化宫广场作为常州历史年轮中的重要节点，具有丰富的年代感，需要选择不同的材料来回应不同年代的气质。通过材料组合体现传统和现代的多元文化意象。本次设计中对广场中的照明设施、休憩座椅、垃圾箱等小品均有相关考虑。

第三，功能提升、植入和置换策略。充分利用和提升意园、教堂、文庙等文化教育设施的价值来凸显场地的文化属性。植入活动场地、绿化空间以及相关休憩小品，满足广场未来人群活动的需求。面对周边文化价值不突出的现状，筛选局部不合理的功能，置换为以文化为主题的亲子空间、茶吧、沙龙或书店。

4.4 空间结构和功能分区

根据文化传承与空间整合提出的城市设计策略生成“一心、一轴、一带、多点”的空间结构。其中一心指文化宫建筑前的主开放空间，与建筑相呼应形成的仪式性场所。一轴，顺应文化宫建筑对称式的布局塑造出一条南北向礼仪性轴线，轴线上设置景观草坪与旱喷等空间节点。通过曲线形带状景观水体，延续了城市中天宁寺至前后北岸步行空间的连续性，沿曲水带自东北角至西南角，分别形成县学旧址、集中绿化、草坡剧场、儿童活动场地、榉树广场等不同氛围的多个景观节点。

广场的功能分区由文化广场、绿化及活动场所三个部分构成。场地中部为面积约 8500m^2 的礼仪性文化广场，南北长 130m，东西宽 62m。紧邻文化广场的西侧及南侧为小型活动场所，包括榉树广场、环形剧场、儿童活动区及公共交通集散广场。广场边缘东、西、南三侧为景观绿化，总绿地面积约为 6500m^2。

4.5 城市设计方案

在相同的空间结构和功能分区基础上，采用多方案比选的方式设计了两个开敞程度不同的形态方案。

方案一围合程度较高，设计理念为文化塑廊（图 4-4-8、图 4-4-9）。

具体来看，方案通过长 200m 的“U”形文化走廊对场地进行划分，明确了内外两个主要的区域，建构整个广场的基本秩序。走廊内侧的空旷，与文化宫形成一

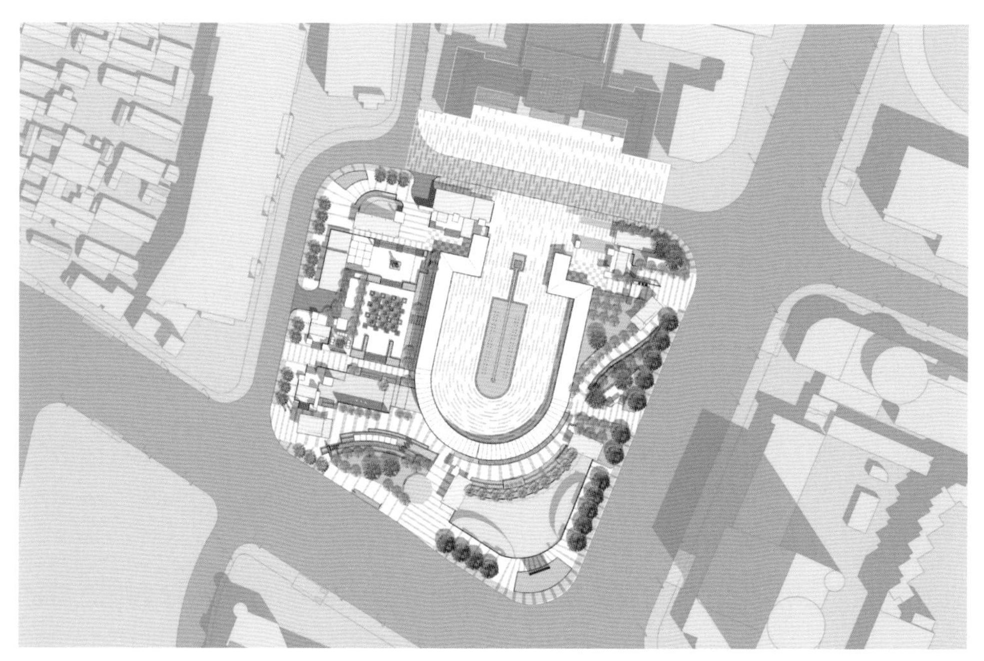

图 4-4-8　广场总平面图

图 4-4-9　广场南侧鸟瞰图

图 4-4-10　广场西南侧鸟瞰图

个相对整体的建筑与场地互动关系，为文化宫提供了一个具有一定规模的前广场，同时有利于城市形成以文化宫建筑为主的具有凝聚力的核心空间。走廊外侧空间尺度相对较小，以绿化和小型活动场地为主，满足市民休闲活动需求的同时，与内广场的大尺度空间形成对比。此外，走廊的设置使得广场对不同气候有较好的适应性，在炎热夏季以及下雨天气仍能为市民提供舒适的户外活动场所。通过“U”形走廊这一简洁的设计，将文化宫广场塑造成了礼仪性、纪念性大尺度空间与日常性小尺度生活场景共存的都市客厅。

流线组织中考虑漫游式流线、穿越式流线和通过式流线并存。以“U”形走廊串联四个主要的地下广场出入口形成广场内部主要的漫游性流线，通过曲水带及内部步行路形成穿越广场的便捷步行流线，广场外侧则为通过式流线（图 4-4-10、图 4-4-11）。

外部视线关系处理充分考虑场地周边目前存在大量高层建筑，天宁寺、工商银行、嘉宏世纪等建筑与广场的“景”与“观”的互动是本设计中考虑的主要内容。“佳则收之，俗则屏之”[①]是“U”形走廊处理场地与外围城市环境关系的原则。

① （明）计成 . 园冶 [M]. 胡天寿，译 . 重庆：重庆大学出版社，2009.

图 4-4-11 中心广场人视效果图

西侧走廊与前后北岸界面则以园林式处理方式设置了三条通道，便于广场与前后北岸文化区的相互渗透。天宁寺所处的高视点可以欣赏广场全景，设计顺延由红梅公园经罗汉路延伸至广场东北角的绿带，在广场外侧形成大“U”形绿化布置。广场绿化应对差异化的外围城市环境分别布置自由组合的树林、草坡、小型绿化和规整种植的树阵。东南角通过绿化围合广场，隔离交通噪声，缓解周边大体量建筑对广场氛围的影响，并通过街角展示屏、下沉庭院、草坡看台、“U”形走廊建构了文化宫与城市街角间相对开敞的视觉通道。东北角则由南侧地铁出入口及公交站台至文化宫的序列关系，通过“U”形走廊的屏障效果对游人的空间体验起到欲扬先抑的作用。

在保证“U”形走廊外部整体性形象的同时，走廊内部经过丰富的设计和节点处理，使游人体验到空间开合有序和步移景异的效果。走廊全长约 200m，为了保证走廊结构的灵活性，将走廊沿长轴方向分为 5 个结构相对独立的部分。走廊宽 4.8m，内设文化展示板，将宽走廊划分为停留休息与通行两个部分，两侧结合结构钢柱设置水平长凳供市民休息和交流。东侧和西侧采用水平金属格栅，格栅下密上疏，保证了人眼视点高度的景观通透性。走廊采用钢结构设计，其中垂直柱选用截面为 150mm × 150mm 的“工”字钢，外侧包裹暖色木材，塑造温馨的氛围。

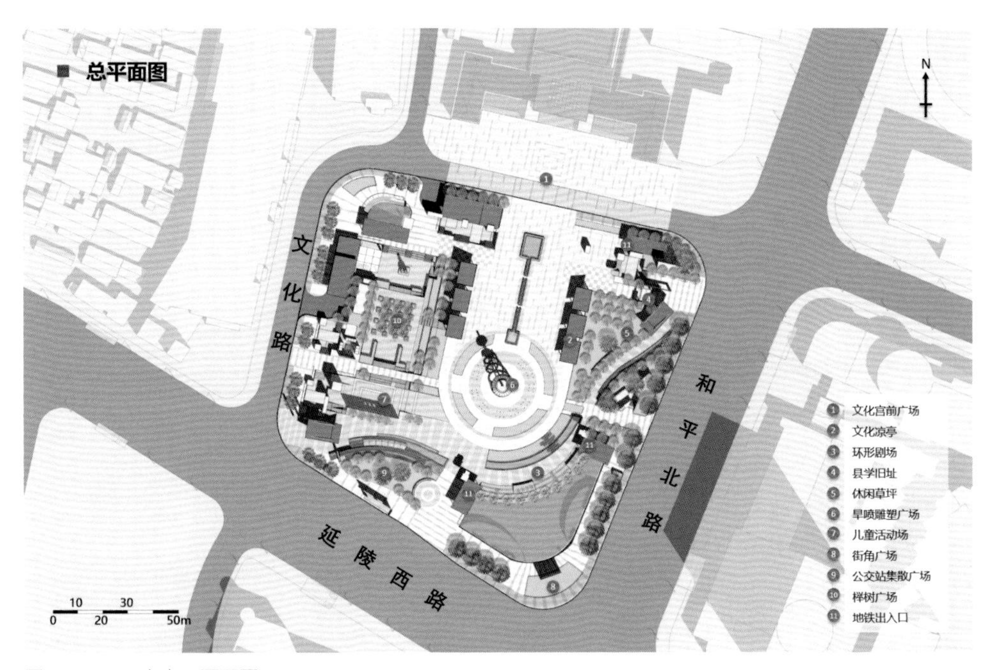

图 4-4-12　方案二平面图

走廊的入口处采用类似“减柱造”的处理方式，提供观赏文化宫建筑立面的较好视点。本次文化宫广场的设计，将为常州市中心提供一个水绿交织、多元文化并存的都市客厅，为城市综合交通枢纽提供一个立体的花园，为市民提供一个具有常州特色的活动场所。

方案二则强调广场的开敞特质，在方案一基础上主要进行了两处调整，首先在主广场中央增加了垂直向构筑物，纺锤形造型体现了工人文化主题，高 18m 的构筑物，内设双螺旋坡道，可供游人登顶欣赏广场全貌；其次将“U”形长廊简化为左右对称的六组凉亭，便于市民在夏季遮阳及风雨气候条件下停留（图 4-4-12~图 4-4-14）。

项目主持：陈薇教授、王建国院士

项目参与：蒋楠、李京津、宗袁月、张皓翔、陈欣涛等（东南大学城市规划设计研究院、东南大学建筑学院）

图 4-4-13　方案二西侧鸟瞰图

图 4-4-14　方案二北侧鸟瞰图

05

小结

本章选择的京杭大运河（杭州段）沿线地区景观提升工程、湖州滨湖新区、江宁东山府前及周边地区和常州文化宫广场四个城市设计案例分别展示了形态组织类方法在不同尺度、不同类型方案中的应用方式和结果。

京杭大运河（杭州段）沿线地区景观提升工程，以大运河为线索串联西湖遗产、南宋皇城遗址以及钱塘江特色资源，形成“一江、一河、一湖、一城”的大遗产格局，优化运河遗产本体保护、周边城市格局以及动态景观游览。湖州滨湖新区则基于水环境生态承载力和修复能力的测算，形成“南漾塘、北溇港”的主体格局，建构生态为先的永续之区，并结合城市发展需求营造宜创宜业的活力之区和宜居宜活的共享之区。江宁东山府前及周边地区城市设计围绕“城市双修”主题，生态层面通过向南、北、西三个方向的绿色开放空间联系挂接城市网络，形成从七桥瓮生态湿地公园到百家湖公园南北贯通的城市生态格局，城市层面则强化府前历史轴线对周边城市空间的整合及活力的提升。常州文化宫广场项目则通过曲水景观接续了天宁寺与前后北岸的历史脉络，并通过轴线空间的组织和立体空间的利用为常州塑造出一个多元并续的城市客厅。上述案例呈现了一种“用设计做规划”的城市设计工作方法，针对不同尺度、不同类型的方案灵活选择差异化的形态组织类方法。

第五章

城市设计规划管理方法与实践

城市设计的实施需要依托相应的管理方法，在时间维度上对于城镇环境和空间形态的建构具有长效性保障。不同尺度、不同类型的城市设计所对应的设计对象、管控要点和精度不同，相应的管理方法亦有较大的差异。

本章选择了南京老城空间形态保护高度图则、徐州大郭庄片区概念性城市设计导则以及南京钟南里历史街区城市设计三个案例。南京老城空间形态保护高度图则管理范围覆盖南京老城 40km^2，徐州大郭庄片区面积约 15km^2，南京钟南里片区 2.7hm^2。南京老城空间形态保护高度图则主要针对地块高度控制，承接和校核基于风貌保护的南京老城城市设计高度研究中的相关指标。徐州大郭庄片区概念性城市设计导则主要应对城市建设明确的工程需求，在街区尺度落实片区概念性城市设计中的相关要点，将其转化为街区空间形态引导图则并指导进一步的建筑设计。南京钟南里历史街区城市设计则需要在历史街区周边的更新中兼顾历史格局保护与城市发展的现实诉求。

南京老城空间形态保护高度图则主要从对法定规划高度、现状高度和操作的弹性管控角度展开协调和应对。徐州大郭庄片区概念性城市设计导则展现了“从城市角度引导和设计建筑”的方法，基于空间要素系统展开定性与定量相结合的弹性控制方法，选取典型街区明确其中场地、裙房及塔楼三要素的引导要点。南京钟南里历史街区城市设计则基于文脉延续和视觉敏感点视线分析，形成更新地块建筑布局及高度建议范围，在保障历史文化环境的同时，促进城市的有序更新。

01

高度管控数据库：合法、合理与操作弹性
——南京老城空间形态保护高度图则（$40km^2$）[①②]

1.1 管理视角的高度控制数据库编制方法思考

在我国现行体系中，城市设计成果主要通过纳入各级法定规划来纳入管理渠道、实现设计意图。本书第三章第 4 节《基于风貌保护的南京老城城市设计高度研究》中，项目为老城的 5569 个地块提供了合理的高度控制结论，并在该成果基础上形成《南京历史文化名城保护规划（2010—2020）——老城空间形态保护深化图则》（以下简称“南京老城高度图则”）。该图则报南京市人民政府批复（宁政复〔2017〕2 号）后，纳入南京控详与《南京市老城建筑高度规划管理规定》（宁政规字〔2017〕3 号），为老城高度的科学引导与管控发挥了积极作用。

从理论上说，南京老城高度图则在城市设计经典成果基础上，融入第四代城市设计数字化特征，体现为针对城市高度管控的数据库成果形式。与以往强调“统一性”与“少量等级差别”的规划指标管理不同，数据库是基于地块属性差异和多样性而建构的，更加关注个体差异和形态特色，因此在内容上包含了对相对完整、系统的多源信息的集取、分析、综合与集成。同时城市设计数据库成果可以通过对设计实施、运维管理的现实考量与弹性设置，实现与规划成果的信息交互，有助于直接融入规划管理体系合体工作，甚至成为后续规划编制实施时的部分前置条件[③]。

南京老城高度图则由一图、一表两部分组成。“一图”指设计地块的图形信息

---

① 高源，王建国，张愚．实操视角下南京老城建筑高度管控——基于风貌保护的南京老城空间形态城市设计高度研究[J]. 城市规划，2021，45（7）：59-66.

② 本节图表如无特别标注，资料来源均为东南大学城市规划设计研究院，东南大学建筑学院．基于风貌保护的南京老城城市设计高度研究 [Z]. 南京：东南大学城市规划设计研究院，2016.

③ 王建国．基于人机互动的数字化城市设计——城市设计第四代范型刍议 [J]. 国际城市规划，2018，33（1）：1-6.

与索引，其中地块边界与用地性质以同期老城控详用地规划拼合图为基础，深度为地块层面，即控详中的每个权属地块，并沿用控规地块编码作为唯一标识，形成“片区—单元—地块”三级表达形成。在片区层级，鼓楼、玄武、秦淮三个行政区分别冠以 NJZCa010、NJZCa020、NJZCa030；单元层级中，鼓楼片区为 01-100，玄武片区为 01-31，秦淮片区为 01-68；地块层级则由每个单元自 01 开始向后连续编号，最终形成共计 5569 个编号地块（图 5-1-1）。

图 5-1-1　南京老城高度深化图则地块划分与编号

“一表”指设计地块的高度信息。其不仅包括“执行控高”这一最终提供给控详高度指标体系的法定数值，更将整个设计中有关高度思考、计算、判断的全过程均以数字信息的形式记载入库。具体来说，依据用地编码可以搜索到每块用地的 5 种数据：现状高度、法定控高（法定规划控高整合结果）、计算控高、调整控高（根据设计意象的计算高度调整）与执行控高（图 5-1-2）。其意味着图则不仅提供了后续规划管理最终的高度结论，还提供了判定过程与依据，同时该数据库还可以与 ArcGIS、Matlab 等软件通过数据交互，直观显示高度视角的城市三维形态，实现持续完善的动态更新（图 5-1-3）。

从结果上看，高度管控数据库的内容并不复杂，但其形成却是渗透于城市设计全链条的复杂理性过程。在这一过程中，为实现“服务后续规划管理”的根本宗

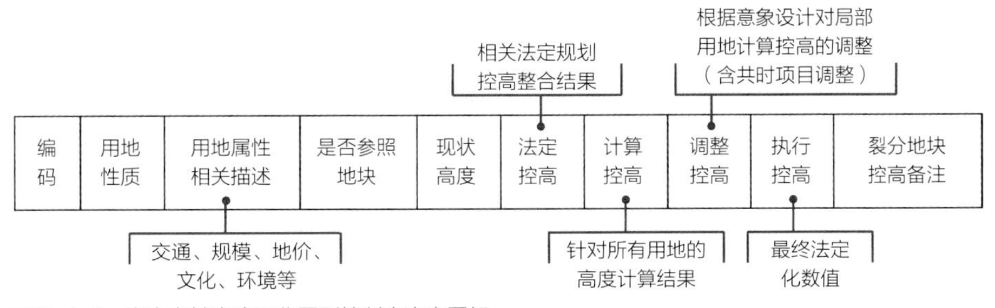

图 5-1-2　南京老城高度深化图则控制表内容图解

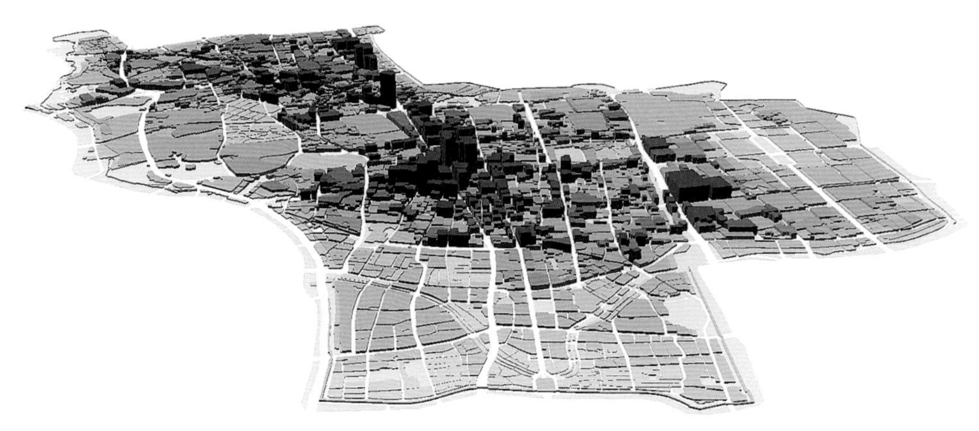

图 5-1-3 南京老城三维形态图示

旨，如下几点思考值得关注。

思考一，合法性问题。通常情况下，城市会存在一些既定的高度控制法定文件，设计需要以这些法定高度为基础进一步开展工作，维护其法律效力。同时，部分法定文件由于编制规模、视角、时间上的差异，导致同一用地可能出现不同建筑高度控制要求的情况，进而需要在设计中设定原则做出判断与取舍。

思考二，合理性问题。合理意味着高度控制结果不仅要符合学理，也要与现实条件契合，契合度越高将越有利于后期的高度落地。所以高度控制要结合地方政策、国家标准、实际情况等内容加以应对转化。例如一块城市幼儿园用地，将国家建筑标准指定的 12m 限高纳入设计体系是符合实际操作的选择。再如依据经验美学原理对用地展开高度判断时，未开发用地与正在开发用地也应该考虑采用不同的对策方法，尽可能减少因为高度调整而造成的经济、社会等方面的问题。

思考三，操作弹性问题。城市发展不仅要考虑三维的物质形体，时间维度也是需要纳入思考的重要因素，为诸多不确定性留出必要的弹性空间。从这点上说，高度指标与其他空间指标之间的关系如何界定？高度指标的定格化会不会导致空间形态的僵死？图则给定的执行高度是否就是完全不可突破的精准数值？是否可以通过某些特定程序打开一些渠道给予突破的可能性及其品质保障？这些问题都需要从管理弹性层面做出厘清，通过自我优化调适机制的介入允许利益相关者的有效参与，保证城市“自下而上”的内生动力，促进城市生长过程的渐进优化与完善。

以南京高度深化图则的形成过程为例，在“法定控高整合基础上，高度相似计算与风貌意象设计两线并行的技术路线”（详见本书第三章第 4 节）中，针对以上三方面思考展开摸索（图 5-1-4）。

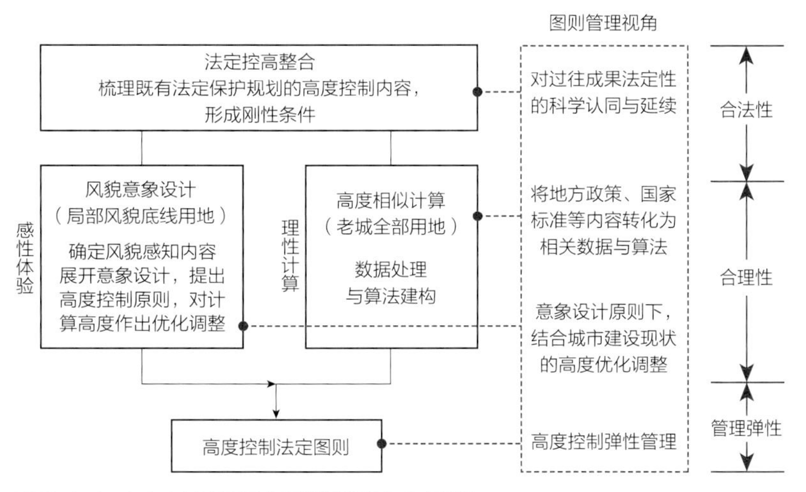

图 5-1-4 南京老城高度深化图则管理视角内容图示

1.2 南京老城高度图则对法定高度的应对

1.2.1 以法定高度作为不可突破的刚性前提

截至 2016 年，南京老城范围内涉及高度控制的法定规划合计 23 个，分别为《南京城墙保护条例》《历史文化名城保护条例》《玄武湖景区保护条例》《南京历史文化名城保护规划》《明故宫遗址保护规划》，以及 17 个历史文化街区与风貌保护区保护规划。该 23 个规划覆盖的保护用地大体形成以明城墙为环，向内连接城东、城南、城西三个保护片区的老城风貌敏感区域，面积合计约 24km^2（图 3-4-1）。

无疑，这些法定高度是诸多保护规划立足各自视角对用地提出的高度要求，并通过规定报批程序具有法律效力，设计应对其保护目的予以梳理并在后续设计中进一步贯彻。反映在高度数值上，设计提出将法定高度数值作为设计不可突破的高度刚性条件，其意味着被法定风貌保护规划覆盖的用地，将同时具备法定高度与计算高度两个控制数值，两者间取低值作为协调结果，尊重既有规划成果的高度法定性，同时也从市场角度借助参照计算探求是否存在更低的高度控制可能性。

1.2.2 法定高度数值整合与两个优先原则

前文已述，对于 23 个保护规划，由于编制规模、视角、时间上的差异，部分老城用地的确出现了不同高度控制要求的情况，为此设计需要对涉及内容进行整合，形成“一张图”成果，为此设定如下两个判定原则。

一为条例优先原则。依据南京规划行政主管部门的建议，将法定规划分为保护条例和保护规划两个级别，在这两个级别上条例优先，即对于某用地如果相关条例中涉及高度控制即以其作为法定数值标准，没有则通过保护规划加以补充。

二为低值优先原则，即在同等级别的法定规划中如果出现不同的限高数值，以严控低值作为整合取值，体现风貌严控的宗旨，也保障了同级法规之间高度取值法律效力的一致性。据此叠合老城风貌涉及的 23 个法定规划，形成针对风貌敏感区的法定高度控制整合图（图 3-4-1），涉及地块近 2000 个，确保每个地块都具备唯一的法定高度控制数值。

1.2.3　法定高度整合带来的用地切分

在法定高度整合过程中，部分法定规划划定的高度控制线与项目地块划分常常存在边界不一致的情况，设计将这些不一致的边界设定为高度控制辅助线植入用地，进行用地切分并分别标注高度控制数值（图 5-1-5）。经过这一过程，设计范围内的地块从原先的 5569 个，增加为局部用地切分后的 6084 个。

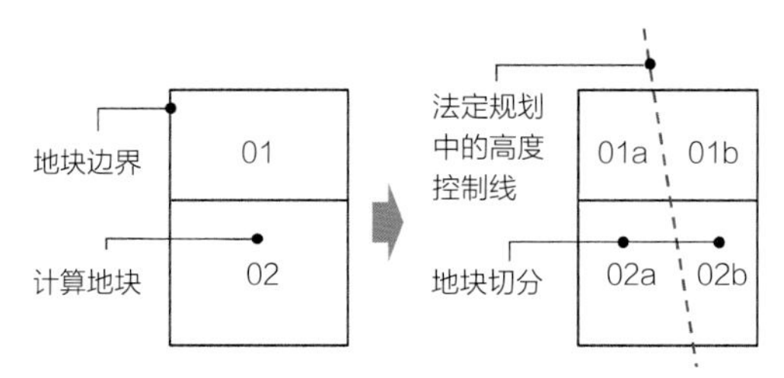

图 5-1-5　南京老城高度控制地块切分示意

1.3　南京老城高度图则对现实情况的应对

1.3.1　对居住小区用地的政策应对

老城作为南京重要的人口和建设开发集聚地，交通、环境等问题客观存在，管理部门长期以来也一直致力于老城疏解与容量控制的发展战略。而住宅是其中的重要因素，虽然近年来老城内新增住宅用地的数量极少且要求谨慎，但已建住宅数量众多，达到老城地块总量的近三成，且多为有一定规模、并以成套多层为主的老旧小区。

南京规划主管部门前期研究表明，若对这些老小区实施普通动迁安置，大致需要拆一建三的比例才能实现经济平衡，因此在缺少契机的情况下，这些小区将在未来较长一段时间内难以拆除重建。为此政府部门也在着手有机更新政策，陆续采用平改坡、加装电梯、立面整治等手段改善居住环境，并通过交易税费优惠等方式刺激小区邻里之间购买房产自用，在扩大户均居住面积的同时实现人口疏解等。基于上述政策分析，设计遴选出 1980 年以来的老居住用地 1580 个，它们在高度计算过程中将按照现状高度直接赋值（图 5-1-6）。

1.3.2 与国家建筑规范标准的契合

依据控规土地利用规划图，老城中存在一批公共设施与中小学幼托用地，考虑到这些用地在承载对象与功能需求方面的特殊性，依据国家相应建设标准中明确的高度限定与经验常识，对计算高度进行预设，凡涉及表 5-1-1 中性质代码的用地，均按预设高度直接赋值（图 5-1-7、表 5-1-1）。

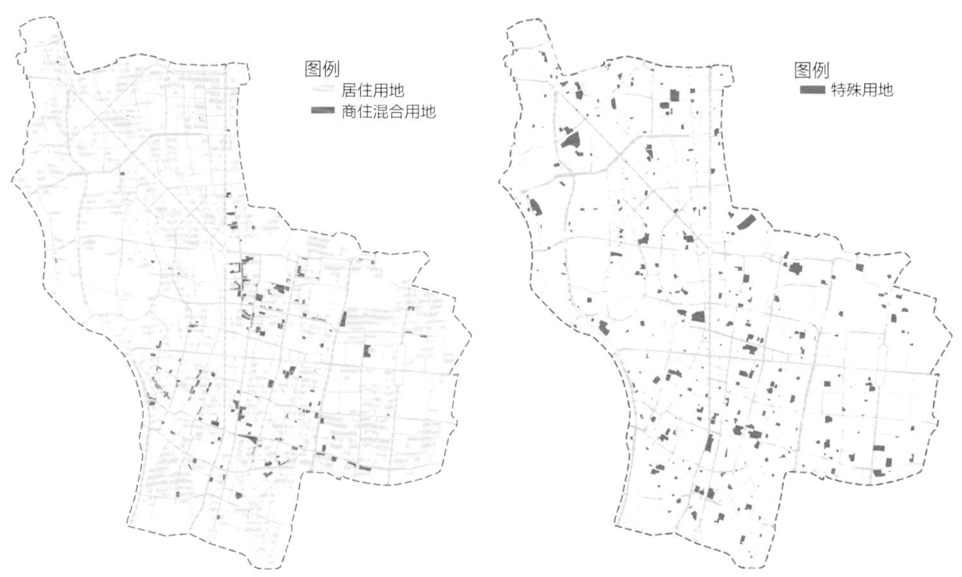

图 5-1-6 南京老城老旧小区用地分布　　图 5-1-7 南京老城高度经验赋值用地分布

特殊用地的计算高度预设　　表 5-1-1

用地性质代码	用地属性	计算高度预设（m）	用地性质代码	用地属性	计算高度预设（m）
Rax	幼托用地	12	U1	供应设施用地	24
A33a	小学用地	24	U2	环境设施用地	24
A33b	初中用地	24	S4	交通场站用地	24
A33c	高中用地	24	S9	其他交通设施用地	12
A33d	九年一贯制学校用地	24	B41	加油加气站用地	24

1.3.3　对共时项目现实情况的考虑

共时项目指与图则编制在时间上同步展开的城市建设开发项目，由于时间差的原因，这些项目早于图则编制以前就已经完成高度设计或许可环节，因此开发过程中的高度极有可能不满足成果要求，但紧急叫停又不现实：部分项目已经进入建筑许可已发的阶段，降低高度意味着向开发单位做出财政赔付；部分项目属于社会保障性用房，住户已经明确对住房的购置认领，降低高度减少户数，社会压力颇大。因此，对于正处于建设或已经进入建设议程的项目用地，其高度控制在一定程度上受制于现实开发情况，需要做个案处理。

为解决这一问题，在规划主管部门的支持下，设计梳理出当期 42 个老城内正在建设中的“共时项目”，并针对个案情况作逐一甄别。甄别过程拟定原则如下：①在开发进度上，按“可行性研究、控详已批、土地已出让、桩基许可已发、建设许可已发的”时间顺序，越接近项目完工，高度调整尽可能越小；②在社会属性上，涉及公益类项目开发，高度调整尽可能减小；③项目高度与风貌保护产生矛盾时，如与法定高度违背则必须做出调整；不涉及法定高度控制的，将高度判断单位从产权地块细化至其中的单栋建筑甚至建筑局部，结合建筑设计做出更加细致的高度调整与形态补救，尽可能维持项目开发的原有强度、减少建设调整，为项目现实开发提供有条件的出路。

受限于项目数据保密要求，单个案例的高度设计与调整内容不做具体呈现，只列出最终调整结果：在涉及的 42 个共时项目中，综合风貌意象设计与项目现实情况进行计算高度优化，其中 12 个维持原有高度控制，12 个因超过法定高度要求调整至控制高度，18 个因与城市风貌保护设计意象发生矛盾进行高度调整（其中 11 个作部分建筑及建筑局部层面的高度调整，7 个作整体用地高度调整）。

1.4　南京老城高度图则对操作弹性的应对

1.4.1　保持高度控制与容积率控制的独立性

国际著名城市设计实践大师巴奈特曾指出，城市设计的目的在于设计城市而不是设计建筑[①]。从这点上说，设计管理的关键在于确定控制边界，边界以内的部分则留给时间与市场去完成具有不确定性的城市生长。

相应的，南京老城高度计算最终获得针对每块用地的合理高度区间，通过“值域容错”实现系统的正常运转，力图做到城市视觉形态在垂直向度上的基本有序，进而提取合理区间的高值作为管理的精准数据，这种底线边界的控制形式，有效避免了超过高值的不利情况。而后期建设中，是否必须达到或者能够达到高值，还将受经济、交通、消防等诸多现实条件的限制。

同时设计认为，提供的高度控制数值不应该影响后续控规编制时在限高范围内对容积率设置的合理裁量，控详可以进一步落实上位规划要求，依托不同的用地功能，细化建设容量，安排配套设施与开放空间[②]。以老城某典型地块为例，该地块占地面积 1.75hm^2，规划为商办功能，高度控制 100m，在容积率 3~6 的不同数值下建筑模拟形态呈现明显变化，给建筑、景观等后续工作的创意发挥留出了空间（图 5-1-8）。

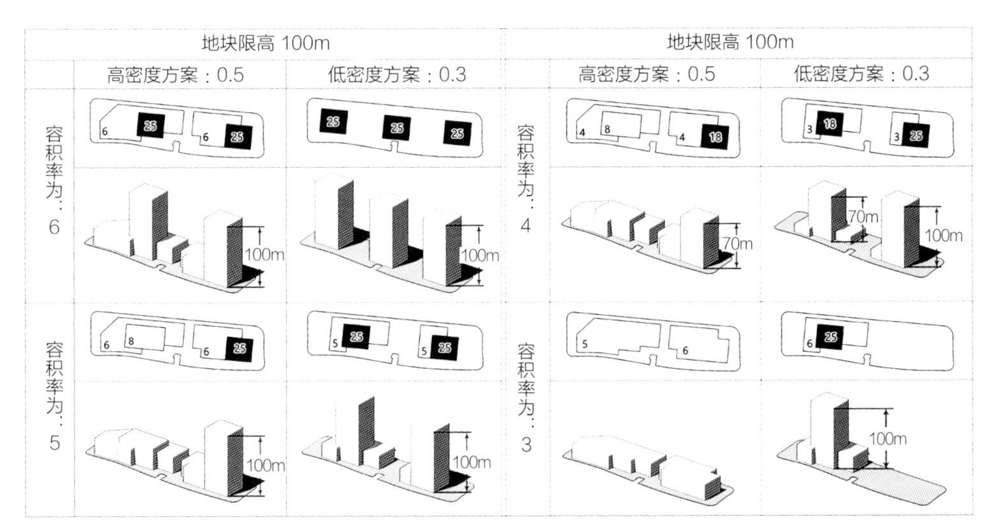

图 5-1-8　南京老城典型地块同一控制高度数值下的不同空间形态模拟

① Barnet Jonathan.An Introduction to Urban Design[M].New York：Harper&Row Publishers companies，Inc，1982：13.

② 孙峰．从技术理性到政策属性——规划管理中容积率控制对策研究 [J]. 城市规划，2009（11）：32-38.

1.4.2 针对大单位用地的高度控制参考管理

可以认为，本次设计使用的高度计算原理是建立在用地属性相似的基础上的，地块规模的一致是相似参照计算成立的重要条件之一。南京老城用地划分不是规则的格网体系，更多体现为有机生成的结果，边界多参差不齐，规模大小不一。数据显示，老城 90% 的用地规模都在 $2hm^2$ 以内，按照这一规模高度计算不会出现太多偏差，但用地面积过大则会控制过粗，进而导致形态控制的失准。

南京老城由于历史原因，恰恰有着一批学校、院所、军区等用地规模上的大单位用地，为此设计提出以 $5hm^2$ 作为规模阈值（2 个 150m 见方的常规用地合并加上之间的城市道路面积，约 $5hm^2$，如图 5-1-9 所示），对于超出该阈值的 48 个建设开发用地（按地块切分以后的面积计）在高度管控上提出如下补充规定，即对于 $5hm^2$ 以上的大单位用地，高度控制数值仅供设计与管理参考，具体可以按照设计提出的城市风貌结构与意象申请开展单独的城市设计研究，但用地加权平均高度应与控制高度保持一致。

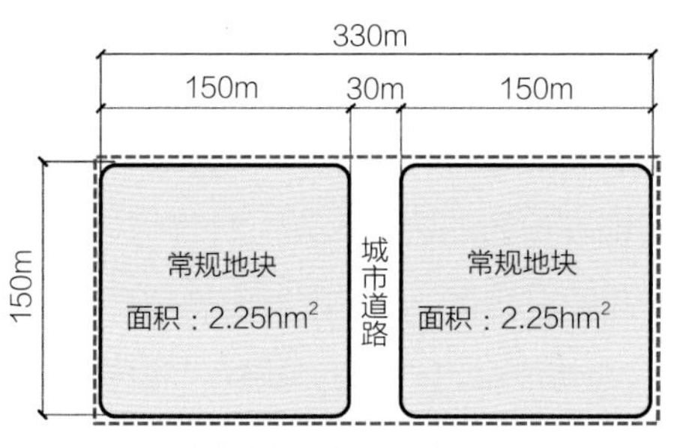

图 5-1-9 南京老城大单位用地面积阈值图解

1.4.3 针对特殊项目的高度控制量裁管理

非量裁与量裁审议是目前国内外规划主管部门进行项目审批的两种主要形式。非量裁审议主要用于评审依据明确客观的情况，只要个案与依据相符即可获得许可，其管理优势在于高效便捷。量裁审议则根据项目的具体情况，由审查官员对审查内容做出设计内容是否合理的判断，其优势在于可以为个案提供较大的弹性创作空间，但质量在很大程度上受制于审查官员的专业水平，且多轮次针对项目设计的判断协商与修订完善也会耗费较长的时间①。

可以认为，南京老城高度图则为后续用地建设开发的非量裁审议提供了高度层面的客观评判标准；但对于少量具有重要城市意义的公共建筑，量裁审议也是值得借鉴的方式，因为目前的高度控制是将用地作为设计单位、研究城市垂直向度空间

① 高源 . 美国现代城市设计运作研究 [M]. 南京：东南大学出版社，2006：36-39.

秩序的成果，而量裁审议则可以细化到建筑层面根据具体建筑形态做出更加精细的高度判断，这其中就可能包括个案通过高超的建筑设计技巧突破了控高限定，但也实现了某种特定风貌保护目的的情况。当然依据客观条件，这种个案的数量不宜过多，以免干扰规划主管部门目前的常规工作程序。

为此，图则特别针对所辖范围内因某种公共利益需求的特殊项目，做出补充管理规定，提出因公共需求确需突破该高度控制标准的项目，可申请开展单独的城市设计研究，调整控高要求，但必须符合本设计提出的老城风貌结构与意象设计。

项目主持：王建国院士

项目参与：高源、张愚、杨志、李京津、陈海宁、徐肖薇、顾祎敏、周俊汝、吴泽宇、廖航、沈宇驰（东南大学城市规划设计研究院、东南大学建筑学院）；叶斌、吕晓宁（南京市规划和自然资源局）

02

街区形态管控导则：要素系统和弹性控制
——徐州大郭庄片区概念性城市设计导则

2.1 城市设计形态管控导则思考

城市设计导则是现代城市设计的一种重要成果表达方式，其目的在于引导土地的合理利用，保障生活环境的优良品质，促进城市空间的有序发展，同时为政府和规划管理部门提供一种长效的技术管理支持①。城市设计导则作为地块形态引导的有效方法与控制性详细规划的指标性控制相结合，通过“量—形”结合的方式促进方案落地，可以相对地避免设计方案陷入“纸上画画，墙上挂挂”的困境。

城市设计导则通过对未来城市形体环境元素和元素组合方式的抽象化描述，为城市设计实施建立一种技术性控制框架②。导则一方面需要通过缜密的设计建议与规定，为建筑创作提供实质性的作业支持；另一方面需要通过合理的内容表达，应对城市设计片段性实施的特征，弱化时间进程中各种环境因素的干扰③。

不少国家已对城市设计导则展开过多样化的研究和实践工作。1960 年（或1960 年代）以来，美国在城市设计实践中成功将城市设计运作对导则的要求转变为一种弹性控制的方法。美国城市设计导则管控内容不强调覆盖内容的全面性，而侧重针对的有效性，如纽约林肯中心的管控仅通过对临街界面建筑高度、退线以及功能的限定等 4 条不足 200 字的原则完成对百老汇大街的管控。本质上，美国城市设计导则提供了一种有限理性的弹性管控，在确保整体效果与操作可行的情况下，减少管制内容并增加管制弹性，弱化了发展过程中的环境干扰。

新加坡城市设计导则与总体规划相结合，在传统区划控制要素用地和容积率等

---

① 高源，王建国．城市设计导则的科学意义 [J]. 规划师，2000（5）：37-40.

② 金广君．美国城市设计导则介述 [J]. 国外城市规划，2001（2）：6-9.

③ 高源．美国城市设计导则探讨及对中国的启示 [J]. 城市规划，2007（4）：48-52.

指标基础上，导则主要结合特殊及详细控制规划分不同区展开，有关城市设计的内容被融入公园水体规划、住宅规划等中，所形成的城市设计导则被用于指导进一步的城市设计，最终被转化成土地竞标的控制条款[①]，有力贯彻和落实了城市设计中的重要内容。

2018 年发布的澳大利亚墨尔本中心区城市设计导则，不同于美国的有限理性管控方法，认为设计导则不是多样化的设计，而是建立一种愿景和框架，以激发设计师的选择。从城市结构、场地布局、建筑体量、建筑策划、公共界面和建筑细节六个尺度提出共 50 条导则要点，并采用正反例对比的方式便于设计师理解导则要点[②]。

1990 年开始，我国部分项目开始学习国外展开城市设计导则研究，产生了如上海静安寺地区城市设计导则，深圳市中心区 22、23-1 街坊城市设计导则等优秀案例。但总体而言，我国城市设计导则还存在管控要素不明确和控制方法不精确的问题。在管控要素层面由于不明确重点控制的内容而采取面面俱到的方式，建筑屋顶形式、建筑立面划分、绿化植被和噪声污染等均列为控制内容；但在控制方法层面则或采用“一致”“协调”等模糊的文字表达，在实际操作中并不能有效指导设计师工作，或提出过于刚性的“一刀切”式严格的限制要求，约束了设计师的自由度。

城市设计导则如何提炼出关键性的控制要素系统并建构弹性、有效、易操作的控制框架，充分发挥其在方案实施中“承上启下”的作用是我国目前城市设计导则的难点。

2.2　徐州大郭庄片区城市设计导则控制要点

徐州大郭庄片区位于徐州老城与新城交界处，三面环故黄河，北侧为铁路线，总面积约 15km^2。随着当前大郭庄军用机场的搬迁，未来该地段的建设将成为联系老城中心与新城中心的重要枢纽，城市设计阶段提出为徐州塑造一个新的核心，明确其徐州新地标和中央活力区的定位，与新老城中心联动形成整体层面“一核两

① 陈晓东 . 城市设计与规划体系的整合运作——新加坡实践与借鉴 [J]. 规划师，2010（2）：16-21.

② Central Melbourne—Design Guideline.https：//www.Melbourne.vic.gov.au.

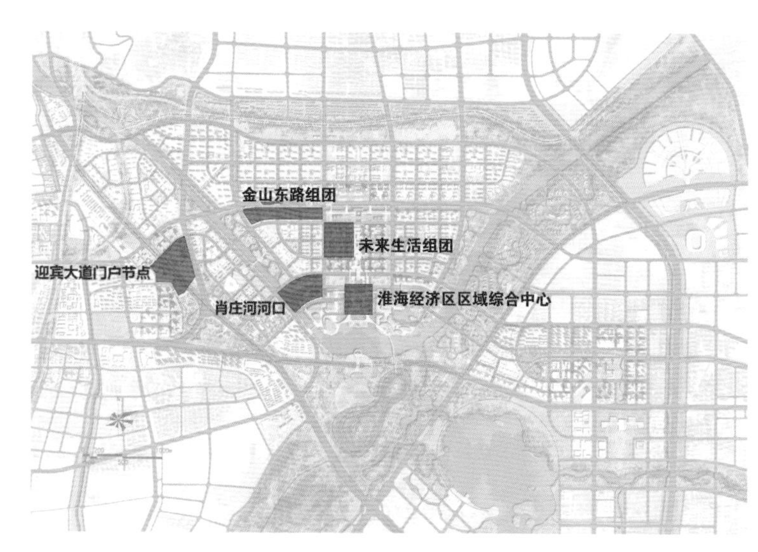

图 5-2-1　典型街区分布

心”的大格局，以生态理念为主导，通过大山水格局的塑造，引领大未来。该片区的建设对塑造徐州成为淮海经济区中心城市具有重要意义，同时为生态文明时代的城市更新提出徐州范本（图 5-2-1）。

城市设计方案通过山水梳理、风环境优化、城市功能植入、交通缝合、文化活动策划等策略，整体上形成 7 大功能片区，其中区域性综合商务区、未来“城市生活”主题实践区、混合社区及科教创新区是主要城市建设版块。设计需要为后续的地块出让条件、建筑设计提出引导，如何将城市设计方案中的要点转换为各地块导则以落实城市设计意图是本次导则研究重点。首先提出城市设计导则框架，明确具体空间引导要素构成，并针对三个标志性地块和两个基底性地块分别展开，形成各地块综合形态控制的城市设计导则。

2.3　徐州大郭庄城市设计导则形态管控技术框架

导则控制框架包含典型地块分类、空间要素构成及对应引导要求、综合形态控制导则三个部分。

首先，将场地中地块分为标志性地块和基底性地块两大类，其中标志性地块选择区域综合中心组团、肖庄河组团、迎宾大道门户组团三个案例，基底性地块选择未来生活组团和金山路组团两个案例。随后，根据各地块在城市设计方案中所承载的任务提出总体定性指引原则，并将街区空间形态要素分解为场地、裙房和建筑主体三个部分，对三个要素系统分别展开定量的细化引导。其中，场地部分根据具体地块主要涉及开敞空间、交通组织、街道空间、绿地、驳岸等要素；裙房部分主要处理建筑后退、街墙控制、公共界面、立体步道、裙房进深以及裙房屋顶等要素；主体建筑主要引导建筑平面、高度、位置、屋顶以及立面等要素。最后，整合三个要素系统的各项控制要求和指标形成综合形态控制导则，对地块容积率、最大建筑高度、建筑退线及街墙高度提出建议阈值。

2.4　标志性地块导则

2.4.1　淮海经济区区域综合中心组团

该地块是徐州打造淮海经济区中心城市的重要地标，也是未来徐州最重要的核心公共空间之一。总体引导原则：凸显地块的地标性特质，强化与周边大山水格局的呼应，并尽量保障底层和裙房对城市的开敞，优化城市公共空间结构，为徐州营造高品质、活力充沛的生态型“都市客厅”（图 5-2-2、图 5-2-3）。

图 5-2-2　淮海经济区区域综合中心空间形态引导

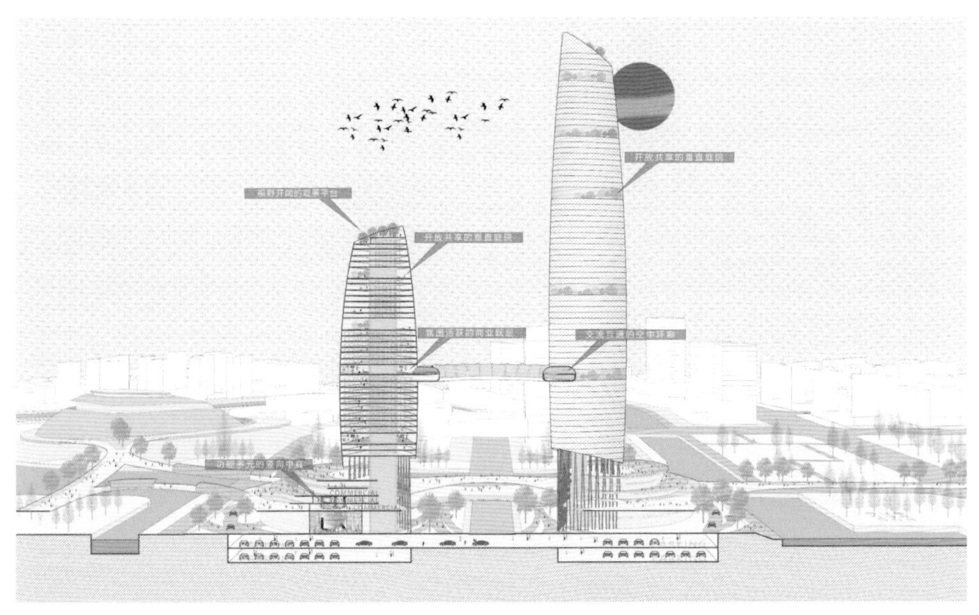

图 5-2-3　总体引导原则

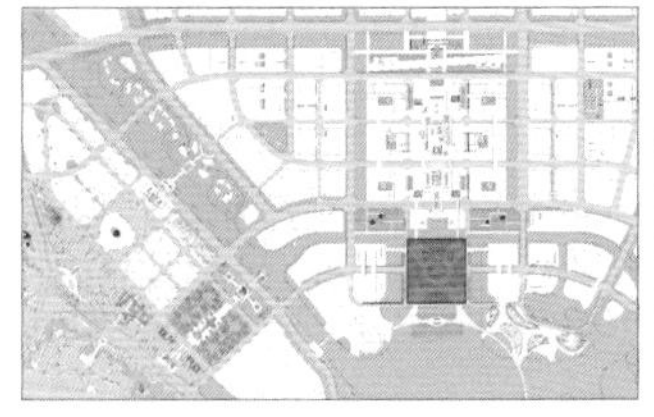

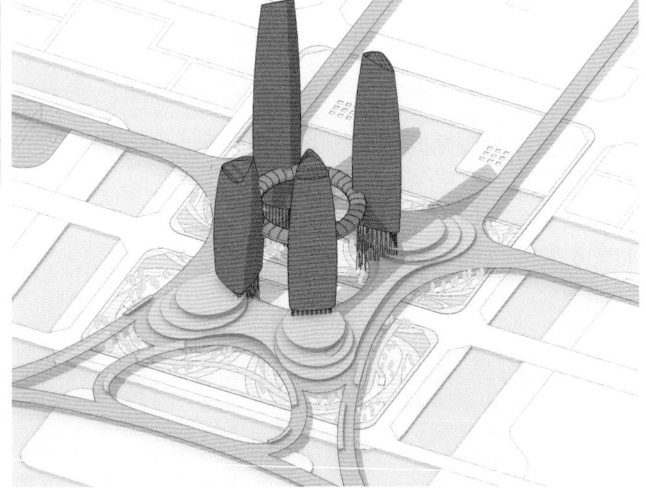

- **建筑组团构成**

1. 场地
2. 裙房
3. 建筑主体

图 5-2-4　街区区位及导控要素体系

对场地、裙房及建筑主体各空间要素的具体引导（图 5-2-4）。场地层面：①注重地面空间的公共性，鼓励结合室内空间进行一体化设计，打造市民共享的“绿色客厅”；②保证场地南北向的连通性，保证故黄河与肖庄河间视线的通透性；③合理设计休闲化游园步道，打造场地核心地段的中央公园。裙房层面：①注重裙房与周边建筑的连通性，以连贯的空中连廊形成连续立体的“步行 + 公共空间”系

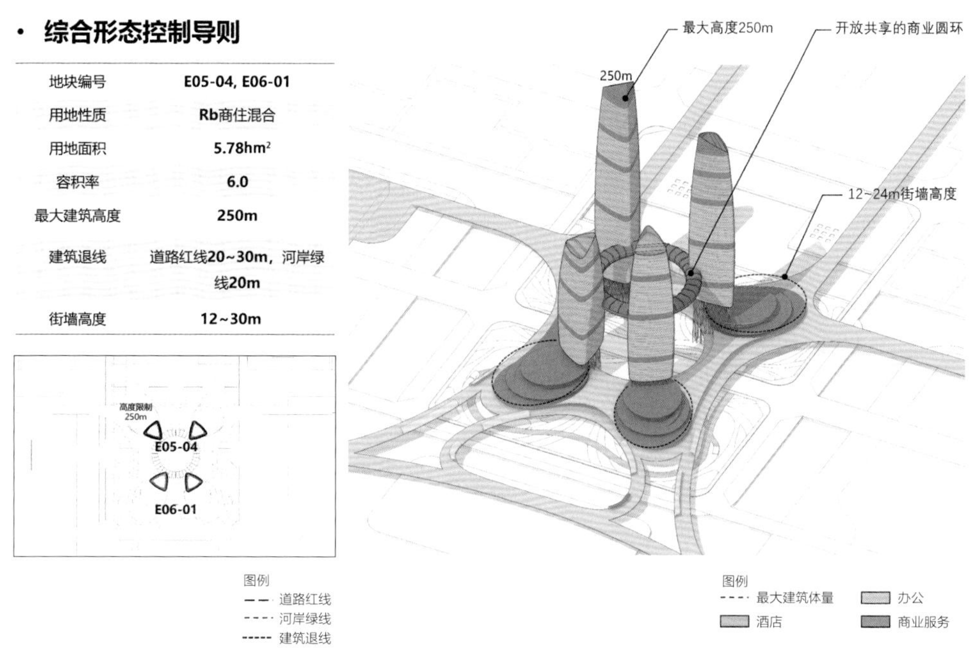

· **综合形态控制导则**

地块编号	E05-04, E06-01
用地性质	Rb商住混合
用地面积	5.78hm²
容积率	6.0
最大建筑高度	250m
建筑退线	道路红线20~30m，河岸绿线20m
街墙高度	12~30m

图 5-2-5　综合形态控制导则

统；②注重裙房和连廊的功能性设计，设置一定数量的屋顶绿化和公共座椅；③裙房设计鼓励由低层向高层渐变式退台，保证城市外部空间视线的连通性；④裙房底层鼓励采用架空式设计。建筑主体层面：①鼓励形成标志性高层群体，并设置一处标志性建筑，通过高度变化优化天际轮廓线，形成视觉焦点，主塔楼高度在150~250m之间；②鼓励设计贯穿多层的竖向庭院及屋顶花园；③鼓励采用空中廊道联系各建筑塔楼，打造成为城市新中心和重要的观景点。

整合各空间要素中关键量化指标形成最终综合形态控制导则（图 5-2-5），地块容积率不大于6.0，最大建筑高度250m，建筑根据地块边界差异退线20~30m，街墙高度 12~30m。

2.4.2　肖庄河组团

该组团位于规划设计的肖庄河与黄河故道交接口，场地景观资源丰富，西侧跨河为淮海文博园，南侧为规划中的城市级文化建筑群，其中包含音乐厅、剧场等。总体引导原则：为徐州提供一个具有特色的河湾节点建筑群，注重与南侧城市文化建筑群及景观河道的视线关联（图 5-2-6）。

图 5-2-6　肖庄河口空间形态引导

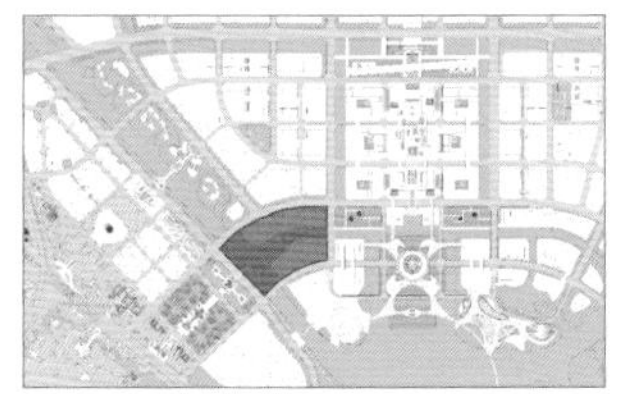

- **建筑组团构成**

1. 场地
2. 裙房
3. 建筑主体

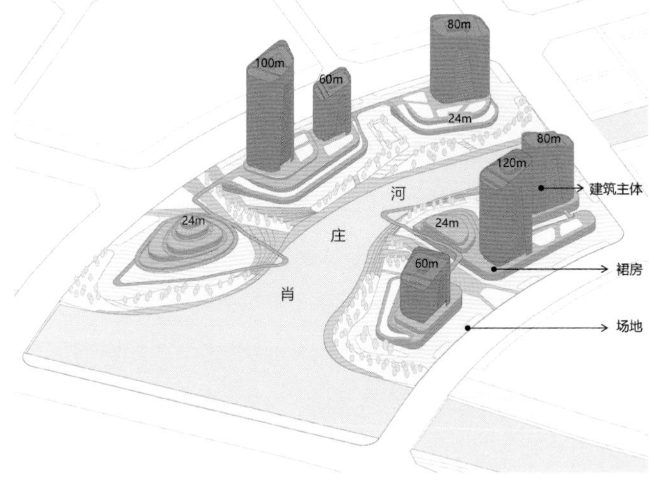

图 5-2-7　街区区位及导控要素体系

对场地、裙房及建筑主体各空间要素的具体引导（图 5-2-7）。场地层面：①滨肖庄河开敞空间周边建筑底层宜设置公共通道，加强周边用地与滨河空间的联系，提供净宽约 50m 的通河廊道；②应提升滨河空间连续性，为市民提供适宜步行的休闲场所；③鼓励营造纯步行街区，地块外围合理布置地下停车出入口，增加地下停车位。裙房层面：①肖庄河两岸裙房鼓励采用沿河岸梯次退台的形式，注重建筑第五立面的生态化设计，利用连续步道延伸河岸景观；②裙房布局应与水系走

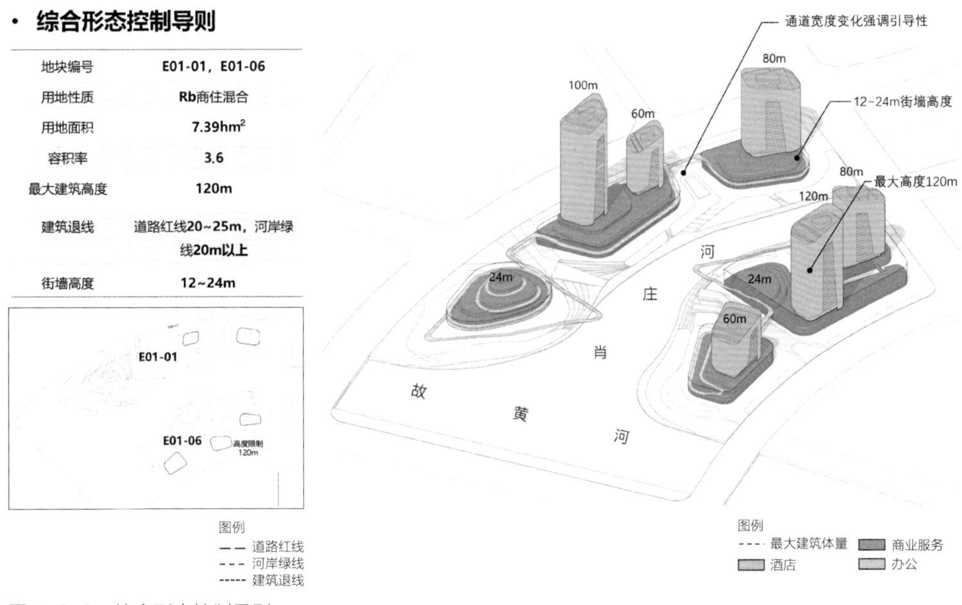

• 综合形态控制导则

地块编号	E01-01，E01-06
用地性质	Rb商住混合
用地面积	7.39hm²
容积率	3.6
最大建筑高度	120m
建筑退线	道路红线20~25m，河岸绿线20m以上
街墙高度	12~24m

图 5-2-8　综合形态控制导则

向相呼应，沿河界面应适当柔化，沿街界面应尽量守边，河流相交处裙房设计应兼顾地标性和公共性，整体高度在 12~24m 之间。建筑主体层面：①沿河形成高低错落的建筑空间形态，丰富天际线轮廓线，高度在 60~120m 之间，高层建筑布置应保持景观视线的通透性；②高层建筑强调垂直向线条，以消解体量感。

整合各空间要素中关键量化指标形成最终综合形态控制导则（图 5-2-8），地块容积率不大于 3.6，最大建筑高度 120m，建筑根据地块边界差异退线 20~25m，街墙高度 12~24m。

2.4.3　迎宾大道西侧建筑地块

该地块位于迎宾快速路与东三环快速路交叉口西侧，场地东侧为国际会展中心及百果园景观绿地，是进入徐州主城区的重要门户节点。总体引导原则：建构具有门户标志意象的高层建筑组合，协调与周边高架的空间关系并为城市组团提供一块小型公共绿地（图 5-2-9）。

对场地、裙房及建筑主体各空间要素的具体引导（图 5-2-10）。场地层面：①区分车行流线和人行流线，营造安全的步行环境；②商业建筑入口处退让出广场，以吸引人群的聚集和停留；③地块内设置大型中央公园，成为街区级别的绿

图 5-2-9　迎宾大道西侧建筑地块形态引导

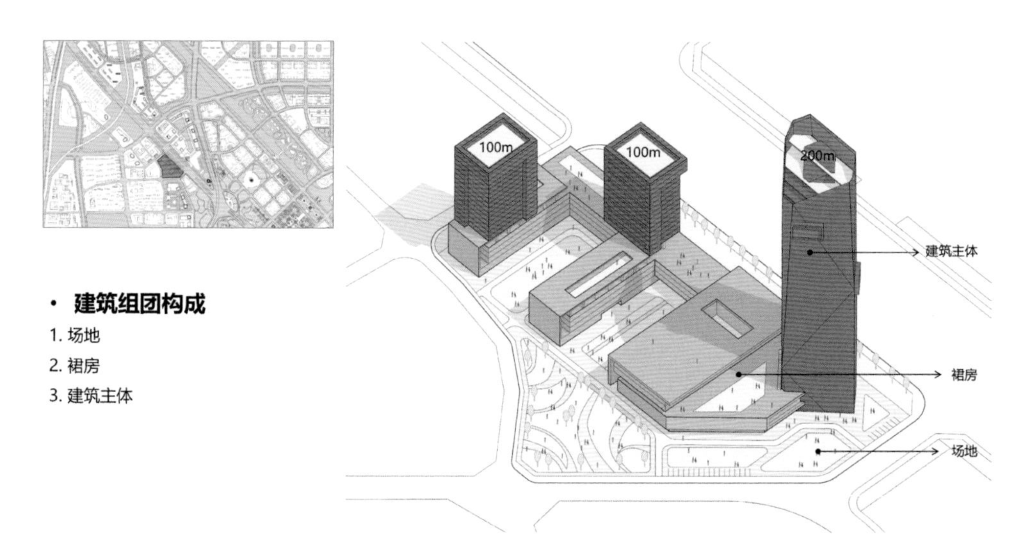

图 5-2-10　街区位置及导控要素体系

心，组团外围设置绿化隔离带，降低城市道路交通对内部环境的干扰。裙房层面：①采用连廊连通各裙房，形成庭院内外公共空间的相互渗透；②底层形成通透的商业界面，有助于激活街道和广场；③鼓励设计屋顶花园，提高裙房屋顶绿化率，并增加种植区域的土壤深度以提高性能。建筑主体层面：①根据迎宾大道不同视点模拟分析（图 5-2-11），建议标志性塔楼高度小于 200m，周边塔楼高

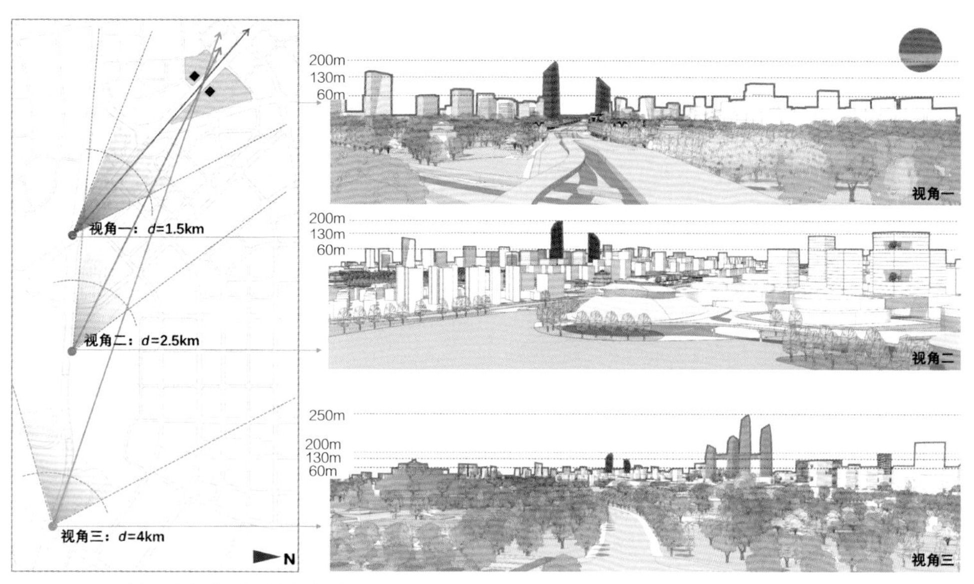

图 5-2-11　基于多视点分析的高度引导建议

度小于 100m，塔楼设计应具有门户感、现代感，积极运用新型材料、绿色材料、节能材料；②建筑立面的表达应符合体块特征，鼓励现代与传统相结合。建筑屋顶鼓励光伏发电、雨水回收、绿化种植等多功能利用。整合各空间要素中关键量化指标形成最终综合形态控制导则，地块容积率小于 5.0，最大建筑高度 200m，街墙高度 24m。

2.5　基底性地块导则

2.5.1　未来生活组团

地块位于城市生活主题实践区西北角，北侧为机场公园，西侧为城市绿带，地块将塑造成生态示范街区。总体引导原则：采用围合式庭院布局模式，营造含有复合功能的特色生态居住组团（图 5-2-12、图 5-2-13）。

对场地、裙房及建筑主体各空间要素的具体引导（图 5-2-14）。场地层面：①提升地块内部的绿地覆盖面积，营造健康绿色的社区环境；②鼓励与中央活动平台的联系，保证街区内步行通达性、连续性、完整性，激发活跃的公共空

图 5-2-12　未来生活组团形态引导

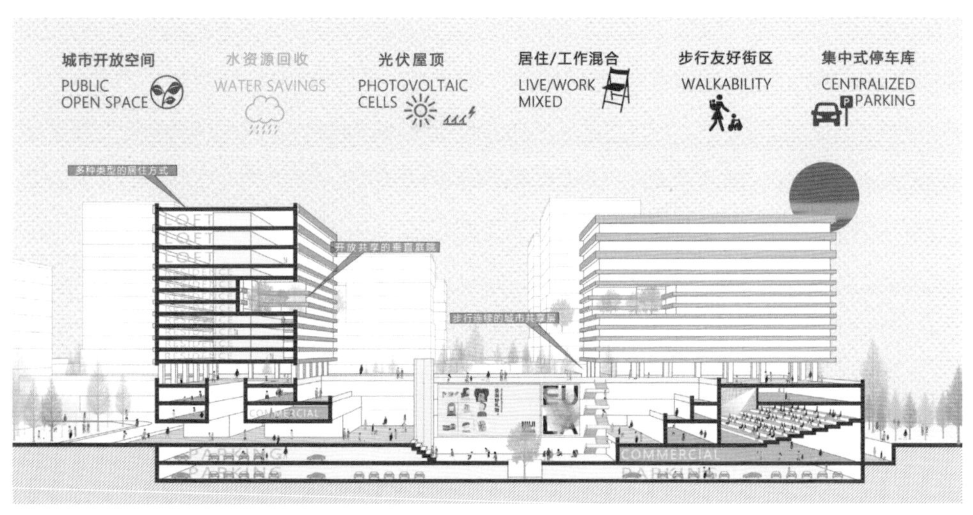

图 5-2-13　总体引导原则

间；③组团内部设置下沉广场，形成水循环完整的气候适应性街区，应对洪水风险和蓄水需求。裙房层面：①裙房面向庭院侧设置开放退台或屋顶花园，营造内聚的开敞空间体系，裙房高度在 12~24m 之间；②采用连廊或架空的方式连通各裙房，以便于优化通风效益，并保证地块内外公共空间的相互渗透；③通过垂直交通加强各层平台之间的联系，强调竖向丰富性。建筑主体层面：①建筑主体首层架空，鼓励主体与裙房交接的城市共享层的步行连续性；②鼓励生态化

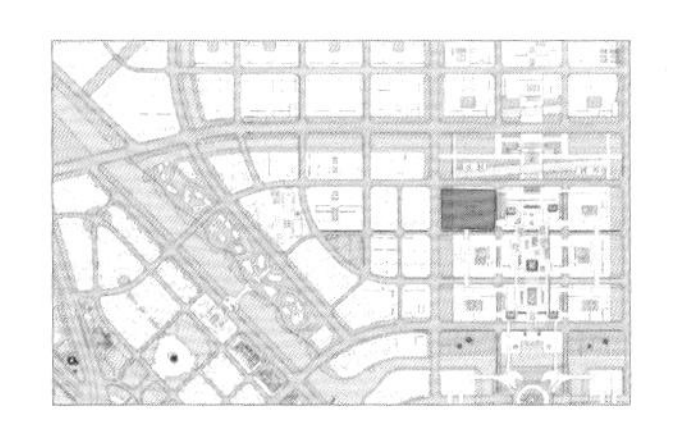

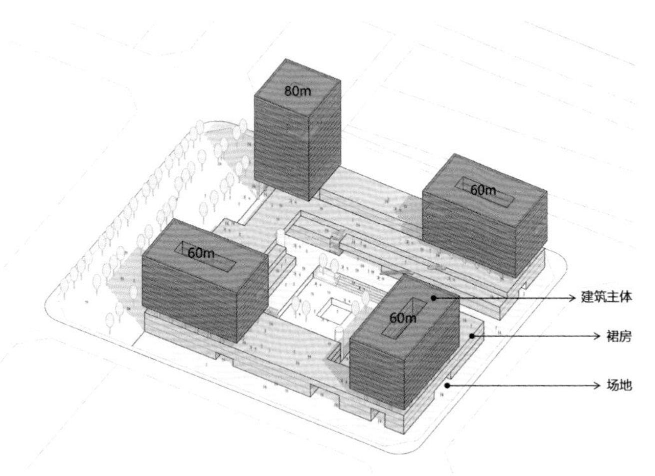

- **建筑组团构成**

1. 场地
2. 裙房
3. 建筑主体

图 5-2-14　街区位置及导控要素

的设计，垂直庭院在多层延伸，利用庭院获得更多日照，激发更多户外活动；③建筑层高采用多种类型的高度以适应不同人群、不同功能的需求，塔楼高度在60~80m，建筑设计应具有现代感，积极运用新型材料、绿色材料、节能材料，鼓励对传统材料的创新。

整合各空间要素中关键量化指标形成最终综合形态控制导则（图 5-2-15），地块容积率不大于 2.8，最大建筑高度 80m，街墙高度 12~24m，裙房贴线率70%~80%。

- **综合形态控制导则**

地块编号	C02-02
用地性质	Rb商住混合
用地面积	3.70hm²
容积率	2.8
最大建筑高度	80m
裙房贴线率	70%~80%
街墙高度	12~24m
高层建筑间口率	30%~50%

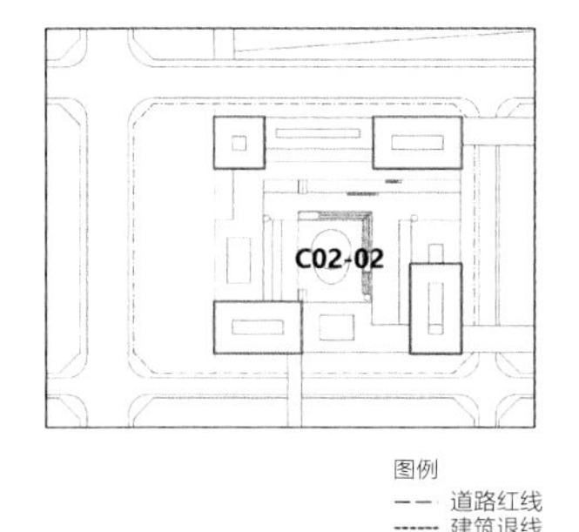

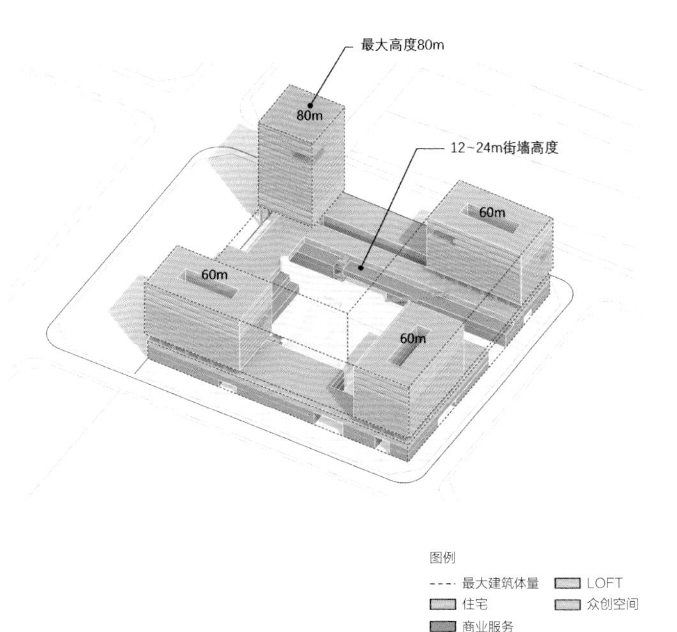

图 5-2-15　综合形态控制导则

2.5.2　金山路组团

该地块为典型的居住、办公混合型组团。总体引导原则：以开放式街区为主要空间策略，注重街区开放与空间围合的平衡，建构功能复合、空间高效的混合型街区（图 5-2-16、图 5-2-17）。

对场地、裙房及塔楼各空间要素的具体引导（图 5-2-18）。场地层面：①通过院落围合营造活跃的社区空间，底层设置配套服务设施；②提升街区内部步行通达性，创建尺度适宜的步行环境，营造活力的街道，街道设计满足安全、绿色、活力、智慧的基本原则；③优化与自然相融合的滨水生态空间，为市民提供连续的休闲场所。裙房层面：①沿河裙房退台，优化金山河沿岸界面；②提供屋顶平台以促进公共和私人活动，滨水露台应提高可达性，鼓励向公众开放；③滨水界面商业店铺所占比率宜大于 80%。建筑主体层面：①保证主体与裙房交接层的步行连续性；②层数较低主体的屋顶应该成为活跃的“社区露台”，在屋顶结合使用需求合理种植绿植、布置太阳板或其他要素；③办公和酒店中鼓励设计贯穿多层的竖向共享庭院，提供积极的室内公共空间；④办公建筑高度控制 40~60m，居住建筑高度 24~36m。

图 5-2-16　金山路组团空间形态引导

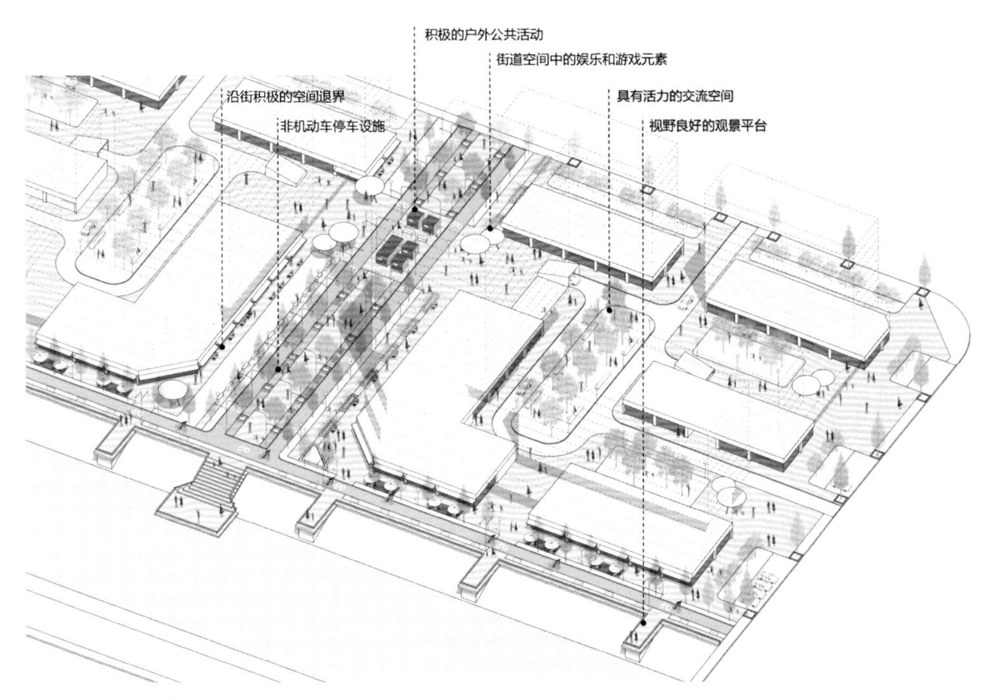

图 5-2-17　金山路组团场地引导总原则

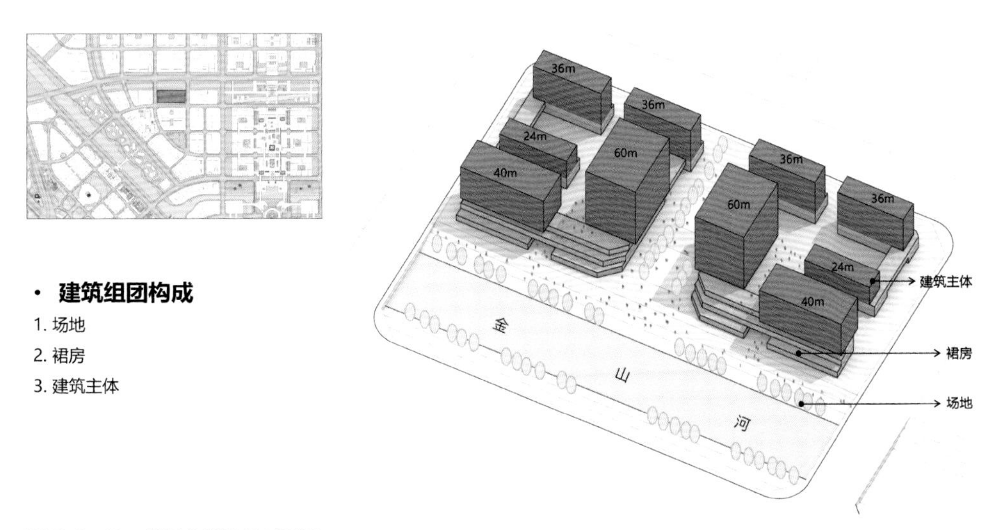

图 5-2-18　街区位置及导控要素

整合各空间要素中关键量化指标形成最终综合形态控制导则（图 5-2-19），地块容积率不大于 2.2，最大建筑高度 60m，街墙高度 12~24m，建筑退道路 10m，退河岸绿线 15m。

- **综合形态控制导则**

地块编号	B08-01
用地性质	Rb商住混合
用地面积	3.00hm²
容积率	2.2
最大建筑高度	60m
建筑退线	道路红线10m，河岸绿线15m
街墙高度	12~24m

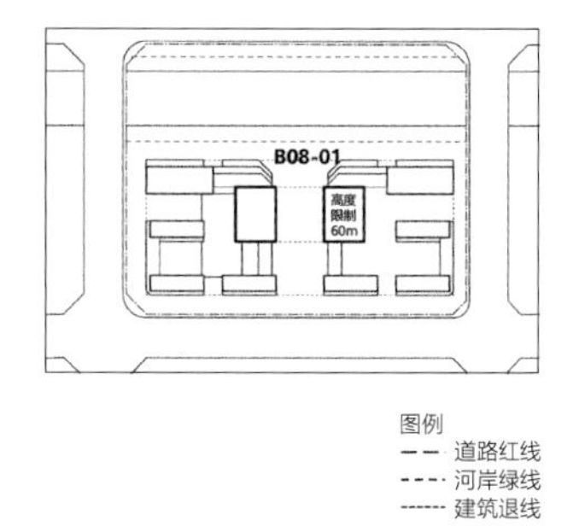

最大高度60m
12~24m街墙高度
门户鼓励特殊的转角设计
36m
36m
24m
60m
40m
36m
60m
36m
24m
40m
金
山
河
图例
最大建筑体量
社区服务
酒店
住宅
办公
商业服务
酒店式公寓

图 5-2-19　形态综合控制导则

项目主持：王建国院士、段进院士

项目参与：张麒、赵薇、李京津、田娜、杨庆、王方亮、郭仪宜、黄晓庆、潘昌伟、谢华华等（东南大学城市规划设计研究院、东南大学建筑学院）

03

高密度城区历史地段周边地块更新管控：文脉延续与建筑高度敏感性
——南京钟岚里历史街区城市设计

3.1 历史街区周边地块更新问题与思考

城市是一个不断发展、更新的有机整体，城市的现代化建设建立在城市历史发展基础之上。我国是历史悠久的文明古国，许多城市拥有大量的、极其宝贵的文化遗产。回顾我国历史文化名城保护工作，虽有苏南和浙江一些中小城市的成功案例，但总体来看，盲目仿古、大拆大建造成的损失也很大。[①] 加强历史文化遗产的保护，使城市在体现时代精神的同时富有传统特色，是建设现代化城市进程中必然面临的重要课题。[②]

我国现在保护历史文化名城工作主要面临两个方面的问题：一方面是从全国范围来讲，我国历史街区正在面临快速消失，尤其是经济高速发展地区，大量历史街区成片消失；另一方面旧城改造速度加快，政府、开发商和居民之间的摩擦和冲突不断，导致旧城改造成本急剧提升。[③]

近四十多年来，伴随着经济和社会全方面的变革，我国城市发展已经由快速扩张发展转向以存量更新为主、增量发展为辅的城市化中后期。对于经济发达地区的大城市而言，大规模的金融、贸易和综合服务功能仍在不断进入老城，旧城更新中的历史文化保护工作难以规避现代化建设带来的巨大压力。[④] 城市历史地段不仅是重要的历史遗产，作为城市的有机组成部分，其同时具有城市固有的属性和职能，相关的更新和保护需要尊重城市发展的基本规律，不应仅从文保专业的单一角度出发，

---

① 周干峙 . 城市化和历史文化名城 [J]. 城市规划，2002 (4)：7-10.
② 王建国 .21 世纪初中国建筑和城市设计发展战略研究 [J]. 建筑学报，2005 (8)：5-9.
③ 赵燕菁 . 名城保护出路何在 [J]. 城市开发，2003 (1)：8-10.
④ 阳建强 . 快速城市化背景下的历史城市保护 [J]. 北京规划建设，2012 (11)：31-33.

应从更广的维度，将城市历史保护看作城市综合系统提升和可持续发展的重要资源。历史街区周边地块的更新应充分运用现代城市设计理念与手段，从城市空间品质塑造和加强城市土地利用角度，通过对城市历史文化的把握，为历史地段及其周边地段更新提出空间格局保护、历史特色展示、景观塑造和活力提升方面的技术支撑。

3.2 项目背景与设计理念

3.2.1 项目背景

钟岚里片区是南京旧城的重要组成部分。片区紧邻总统府、六朝博物馆、梅园新村纪念馆等重要建筑或建筑群。同时地块内有汉府街 37 号、钟岚里民国建筑群等民国建筑，紧邻基地的“蓝庐”（黄裳将军故居）为市级文保单位。

从 2006 年开始，南京市和玄武区政府高度重视钟岚里片区的环境综合整治工作。按照市委、市政府的要求，玄武区政府计划对该片区现有物质与非物质文化进行整理、修复再现和升华，打造一个代表城市未来核心价值新高度，体现南京文化底蕴浓厚、文化要素聚集、文化事业繁荣、文化创新活跃的城市空间。随着片区发展定位的确立，即拟将钟岚里及周边地块建设为具有民国特色、集高端精品酒店及历史文化街区于一体的旅游文化配套综合体，玄武区政府已着手进行片区内及相应地块的拆迁安置工作，包括汉府新村地块拆迁，迁入原钟岚里地块内逸仙桥小学，与军区总院、南空等单位签订军产置换和住户搬迁协议，组织地块内文物建筑保护方案设计与评审，召开相关城市设计及控规调整专家咨询会等（图 5-3-1、图 5-3-2）。

钟岚里片区位于城市主要东西轴线中山东路一侧，临近贯穿南北的交通干道城东干道，地处中山东路以北、长江路以南、汉府街以东、交通控股大厦以西。基地与南京城市中心新街口相距约 1.5km，地理位置优越，总用地面积 2.7hm^2。

3.2.2 设计理念

（1）整体优先，秩序重构。设计的前置条件包括以下 5 点：①作为长江路配套引进的国际品牌酒店，满足其所需的功能布局、交通组织和建筑形象要求；②规

图 5-3-1　场地区位

基地北侧接长江路东侧尽端，南侧为中山东路。

长江路为南京重要的文化特色街道，中山东路为民国时期“中山大道”的重要路段。其中大会堂旧址、“国立美术馆”旧址、“中央饭店”“总统府”、梅园新村、1912 街区为民国建筑风格，南京文化艺术中心、江宁织造府、南京图书馆、六朝博物馆、江苏省美术馆等为南京市重要的文化建筑。

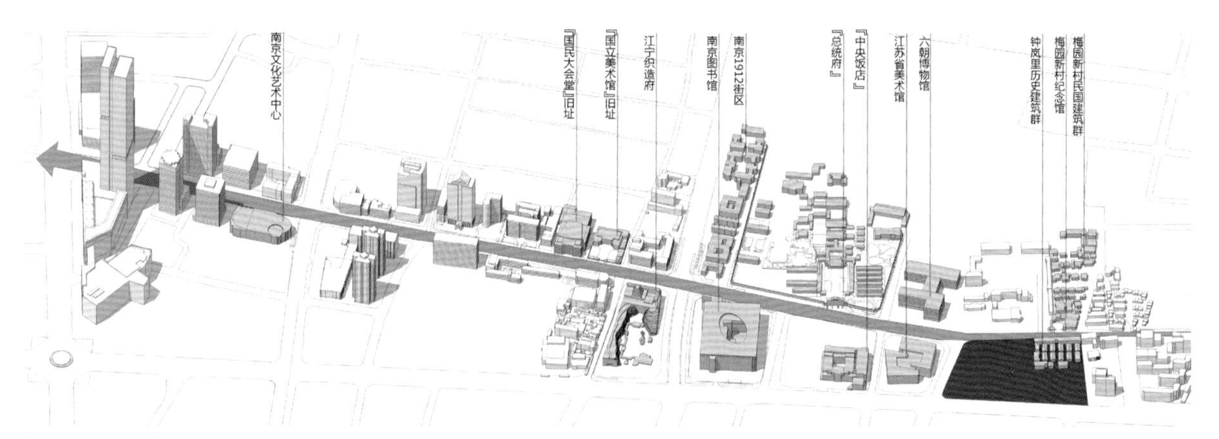

图 5-3-2　周边重要文化设施

划部门编制的梅园新村历史文化街区保护规划；③文物部门编制的钟岚里片区文物建筑保护方案；④基地相关的“蓝庐”和周边住宅的居住环境；⑤作为城市窗口地段的中山东路、长江路所要求的城市景观。本案必须合理回应基地十分严苛的外部条件，并综合处理好各种要素设计和整体的关系。

（2）新旧并存，古今相融。秉承“整体保护、积极创造”的南京历史城区保护思想，贯彻“文保优先”的准则，在此前提下，确保地块建设项目落地。设计本着“新则自新”“旧则自旧”的思路，实现传统与现代交相辉映，表达城市合理的时间梯度。

（3）社区环境改善：确保“蓝庐”住宅和其他住宅建筑原先的日照条件不因地段改造和新建建筑而下降。同时通过对地块外部公共空间的塑造和场所营造，提升地块活力，确保周边居民的居住生活环境品质有所提升。

（4）处理好与长江路文化建筑、中山东路沿街建筑空间形态的关系，合理安排地块使用功能，通过外部空间优化促进市民参与公共活动，回应南京市对长江路“吃、住、行、游、购、娱”的功能定位。

（5）妥善协调好旧城改造更新诉求、规划主管部门依法行政的管理要求、利益相关者的权益保障、开发建设的可操作性及合理收益这四个方面的关系。

本城市设计的性质为与场地相关的建筑设计适建性研究。具体来看，通过对场地及其周边环境各种要素的仔细踏勘和调研，在实施层面上落实钟岚里历史建筑群的保护措施，明确建设项目的合理布局方式，提出拟建高层酒店式公寓的位置、高度和建筑处理方式的城市设计导则，同时安排好与场地相关的交通动线和动静态停车处理。

3.3　文保建筑空间协调策略

设计本着“文保优先”的原则，通过以下空间策略协调文保建筑与新建筑的关系：①密植绿树群环绕历史建筑群，既处理了老建筑与新建筑形体上的突变，也为历史建筑提供了相对独立的空间，有利于彰显其宝贵的历史价值；②建构钟南里地块与城市主干道中山东路（人流主要来向）之间的视线通廊，并将其设为进入场地内部的主要通道，视廊两侧设定为丰富的商业界面，激发地块的活力，强化入口节点同梅园新村历史文化街区和中山东路民国轴的联系，凸显场地中的民国历史气氛；③适度将梅园新村历史街区肌理延伸至中山东路，有利于强化历史街区在城市中的感知度；④从梅园新村历史街区至中山东路，形成小尺度民居建筑与大尺度城市新建建筑之间的尺度渐变，避免新旧建筑在空间形态上的突变和对立（图 5-3-3）。

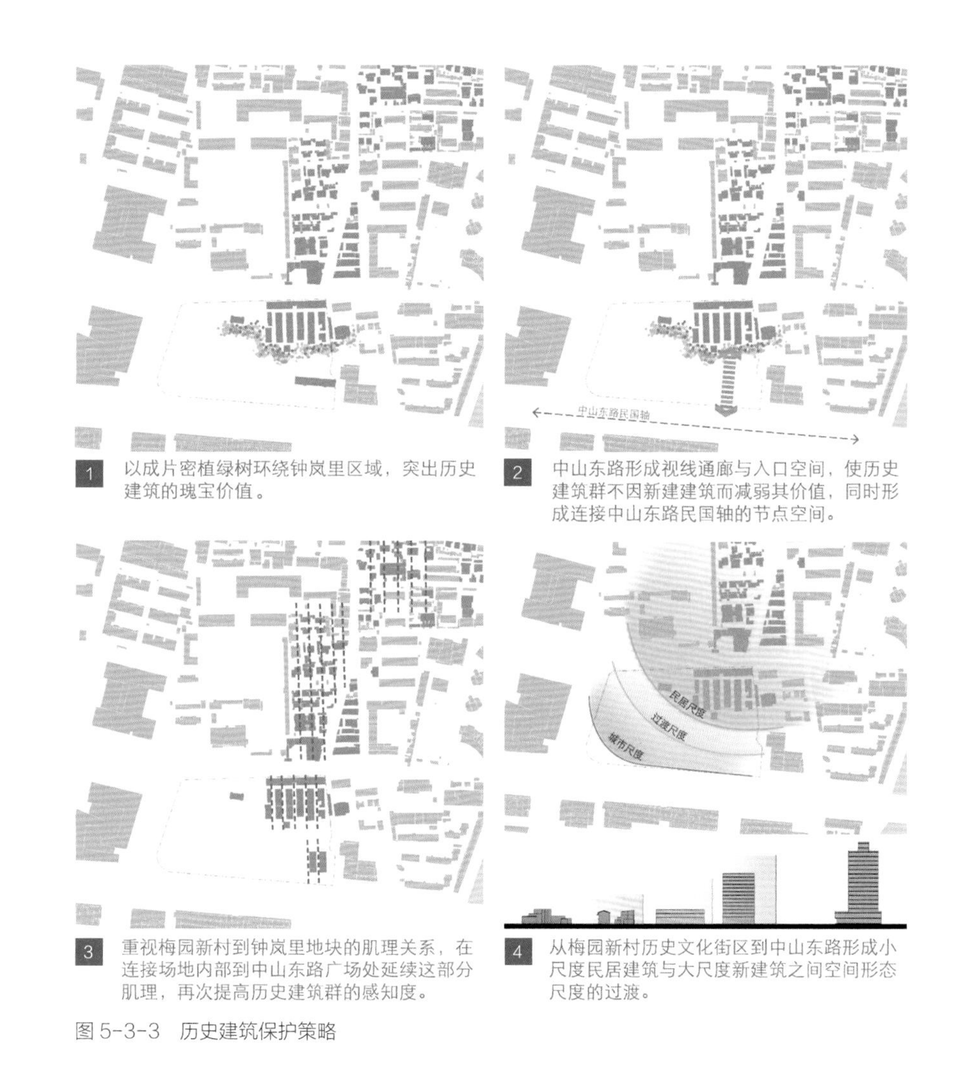

1　以成片密植绿树环绕钟岚里区域，突出历史建筑的瑰宝价值。

2　中山东路形成视线通廊与入口空间，使历史建筑群不因新建建筑而减弱其价值，同时形成连接中山东路民国轴的节点空间。

3　重视梅园新村到钟岚里地块的肌理关系，在连接场地内部到中山东路广场处延续这部分肌理，再次提高历史建筑群的感知度。

4　从梅园新村历史文化街区到中山东路形成小尺度民居建筑与大尺度新建筑之间空间形态尺度的过渡。

图 5-3-3　历史建筑保护策略

3.4　基于视觉敏感性的新建建筑高度判断

为了研究新建建筑与周边视点的视线关系，选取周边 5 个重要视点，根据新建筑体量对视觉效果的影响程度，得出视线敏感度最高点为“总统府”东花园，敏感度较高点为梅园新村纪念馆入口以及长江路六朝博物馆入口，而中山东路和梅园新村路敏感度一般（图 5-3-4）。

进一步选取梅园新村纪念馆入口和“总统府”东花园视点对新建建筑的合理高度进行判断。以梅园新村纪念馆视点为例，首先根据道路建筑退线和酒店式公寓的常规进深，确定场地中公寓楼的可能位置范围。随后以梅园新村纪念馆周恩来铜像处为观察视点，对新建公寓与中山东路南侧现有高层轮廓做视线分析，得出水平向

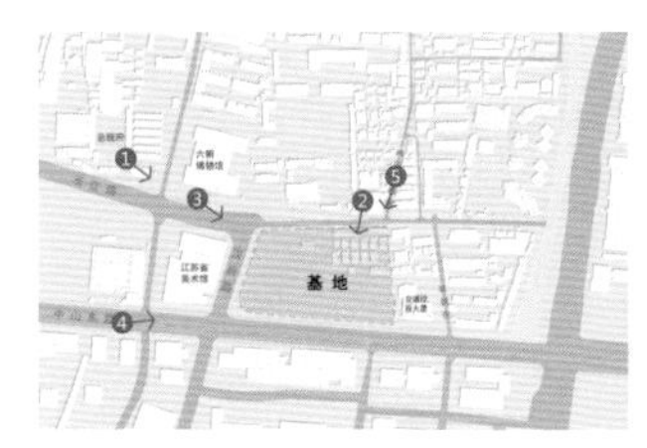

视点 1：“总统府”东花园
东花园是“总统府”中能最直接望见新建建筑高层部分的视点，新建建筑将作为远景出现在视域范围内。

视点 2：梅园新村纪念馆入口周恩来铜像处
在此处新建高层距离视点的位置较近，将作为钟岚里历史街区的背景出现。选择最不利视点周恩来铜像处来观察。

视点 3：长江路六朝博物馆入口
此处为新建建筑对长江路行径路线各视点中最敏感的一处，此处望新建建筑相对比较明显。

视点 4：中山东路
此处新建建筑成为中山东路城市界面的一部分。
因为路南侧已有成排高层建筑，因此基地内沿中山南路部分有高层影响不大。

视点 5：梅园新村路
在此处新建高层出现在道路尽头，处于视觉中心的末端。
由于视点很近且树木较多，基地内建高层对此处视点无影响。

图 5-3-4　视线敏感点选择

酒店公寓与现有高层相叠加的区域。从观察点继续做连续剖面，研究新建高层建筑与中山东路南侧现有高层天际线的相对关系，设定新建建筑高度低于现有高层天际线为标准，得出新建建筑高度范围在 36~50m 之间。此外，考虑到钟岚里 1 号建筑和汉府街南侧梧桐树的遮挡作用，新建筑仅有顶部 3~5 层暴露在视线内，进一步设计中可对顶部进行特殊处理（图 5-3-5、图 5-3-6）。

“总统府”内视点

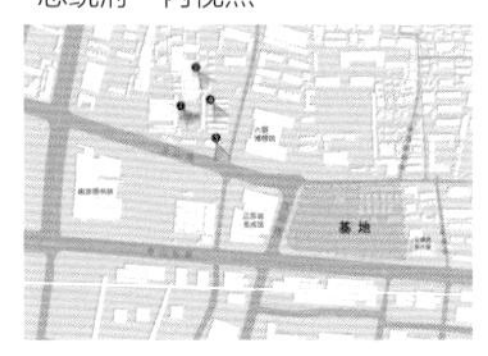

视点 1：“总统府”入口　视点 2：“总统府”煦园　视点 3：“总统府”东花园　视点 4：“总统府”东苑

长江路连续视点

距离基地 250m（“总统府”门口）　距离基地 150m（六朝博物馆门口）　距离基地 80m　距离基地 30m

图 5-3-5　重点视点实景照片

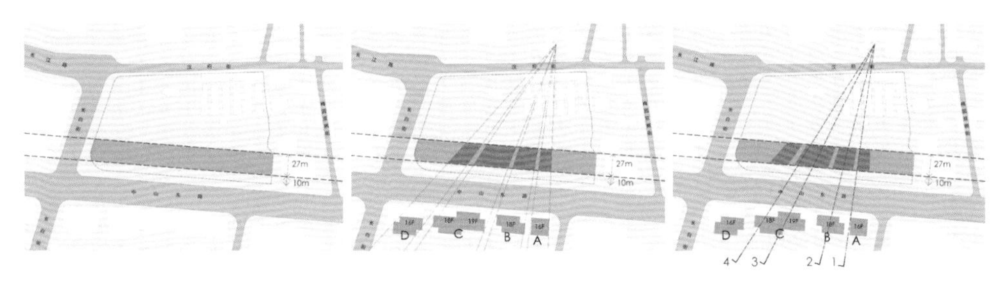

图 5-3-6　基于水平视线分析的拟建建筑位置建议

根据连续剖面的分析，当新建建筑整体高度取限高的平均值 42m 时，与既有高层建筑天际线基本重合，根据该高度三维建筑体量模型与实景照片的比照发现，由于周边良好的植被分布，在春、夏、秋三季，该高度下新建建筑对周边敏感视点几乎没有影响（图 5-3-7）。

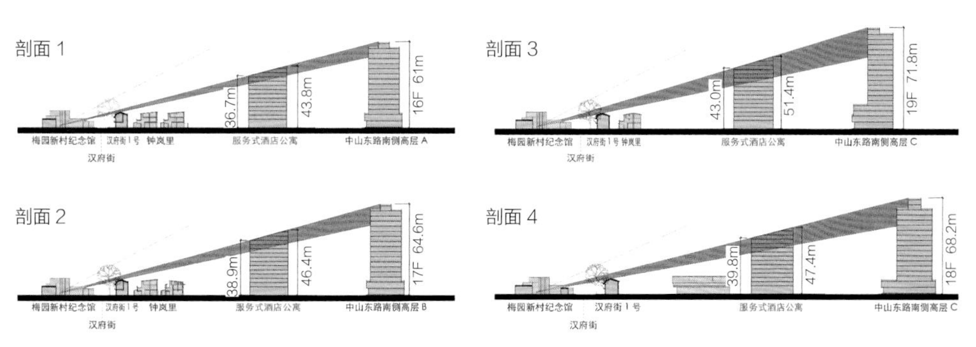

图 5-3-7　基于视线剖面分析的拟建建筑高度建议

3.5　城市设计方案及控规图则调整

3.5.1　城市设计方案

基于上述分析，结合历史文化保护、视线敏感度以及开发强度的经济诉求，对地块内品牌酒店、高层建筑及现状建筑进行整体布局。品牌酒店与高层公寓布置在长白街和中山东路一侧，以塑造充满活力的城市界面。通过“绿岛”环绕，突显出历史建筑群的主导地位，同时设置开放空间强调历史建筑群与中山东路的联系，在酒店公寓与现有高层建筑之间形成公共广场空间，内设服务型小建筑延续钟岚里历史街区的小尺度肌理特征。在建筑层面，利用酒店所需的餐饮和辅助空间体量作为大尺度新建建筑和小尺度现有民居之间的过渡，同时也尽量减少由于高度降低导致的容积率损失。辅助裙房顶层设置小尺度院落，进一步呼应传统街巷尺度，也美化了建筑的第五立面。新建地块容积率 3.2，含保留建筑的地块总容积率为 2.54（图 5-3-8、图 5-3-9）。

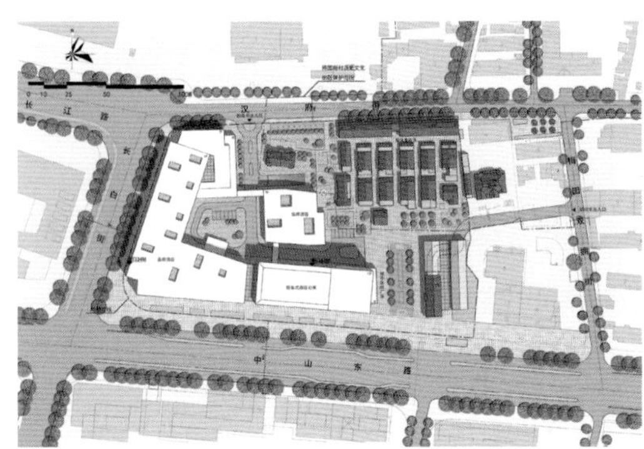

图 5-3-8　总平面图

图 5-3-9　效果图

结合建设时序和城市运维，场地交通流线组织分近、远期两种方式。近期交通流线组织中公寓部分利用中山东路作主要机动车出入口，钟岚里历史建筑群和酒店共用汉府街出入口。远期公寓机动车流线入口转移到梅园双拥街出入口，缓解中山东路城市主干道的交通压力。步行流线组织则考虑充分展示钟岚里历史建筑群的需求，游览者可沿城市步行系统进入基地，并在历史建筑群南侧形成与城市衔接的公共广场空间，组织商业活动（图 5-3-10）。

建筑设计层面，服务式酒店公寓的立面采用民国元素，考虑与周边建筑竖向立面肌理的协调，并在顶部做坡屋顶阳台处理，减轻建筑在重要视点的体量感。沿长

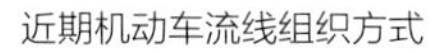

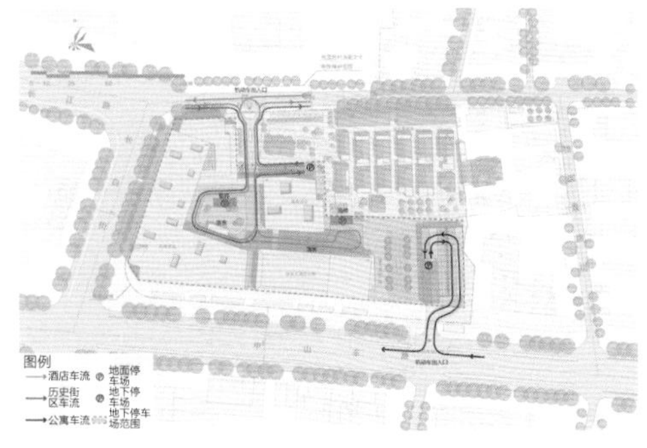

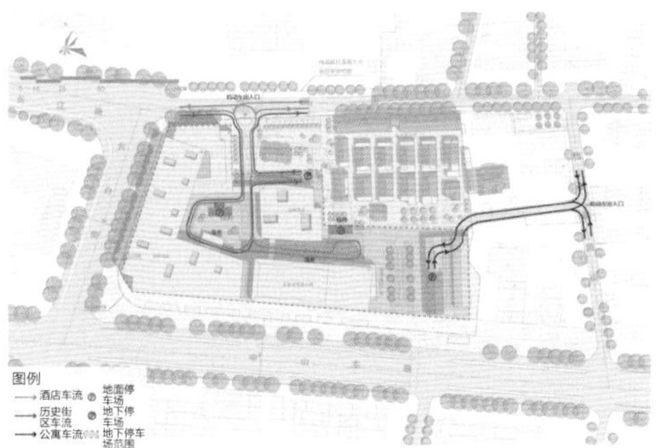

图 5-3-10　近、远期交通流线组织

白街、中山东路界面适当采用骑楼、凹凸阳台的方式，营造与城市空间积极互动的界面。新建筑材料建议采用玻璃幕墙或浅色材质为主，可一定程度减轻建筑体量对环境的压迫感，且浅色材质也易与周边地块建筑的主体色彩统一。

3.5.2　控规图则调整

结合城市发展实际需求，通过城市设计研究对既有控规进行调整是当下城市更新中的常规操作。地段内用地主要有三点调整内容：①将逸仙小学（23-50 地块）调整至汉府新村新址（23-46 地块），小学原址与周边地块调整为商业用地（该调整已于 2014 年 5 月通过南京城乡规划委员会组织的专家咨询会）。②综合考虑历史文化街区保护与利用以及品牌酒店项目的功能需求，将钟岚里地块重新进行用地归并与划分，以整体提升该地块的环境品质。在维持原有梅园新村历史文化街区的基础上，将原有 23-50、23-52 及 23-53 地块合并为新的 23-52 地块，作为商业开发地块，用地性质为 B1。③将原托幼用地 23-57、23-58 地块合并为 23-57 地块，作为小学用地（图 5-3-11）。

经城市设计研究，结合用地变化对建筑高度及容积率进行相应调整，地块东南侧可建设一栋高度不超过 42m 的高层建筑（建筑位置范围见城市设计图则），并充分考虑对北侧地块的日照影响。高层建筑东侧控制南向开放空间，保障钟岚里历史建筑群与中山东路的视廊通畅性与人行活动的便利性。综合考虑地块开发的经济可行性、城市景观风貌要素、周边环境协调以及项目功能需求等各项目因素，提出城市设计方案建议新建地块容积率（图 5-3-12）。

修改前

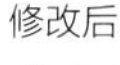

修改后

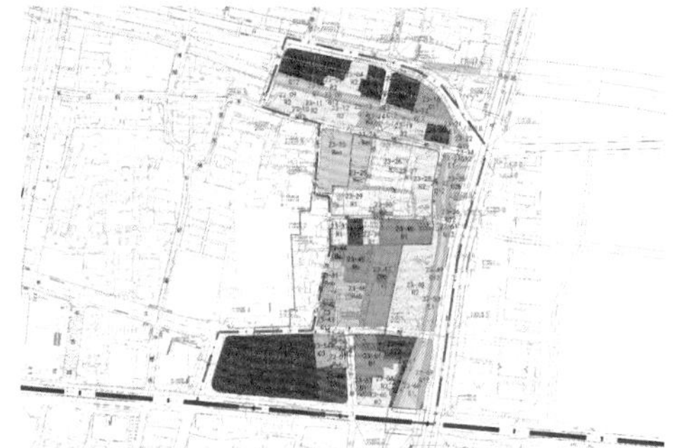

图 5-3-11　控规调整图

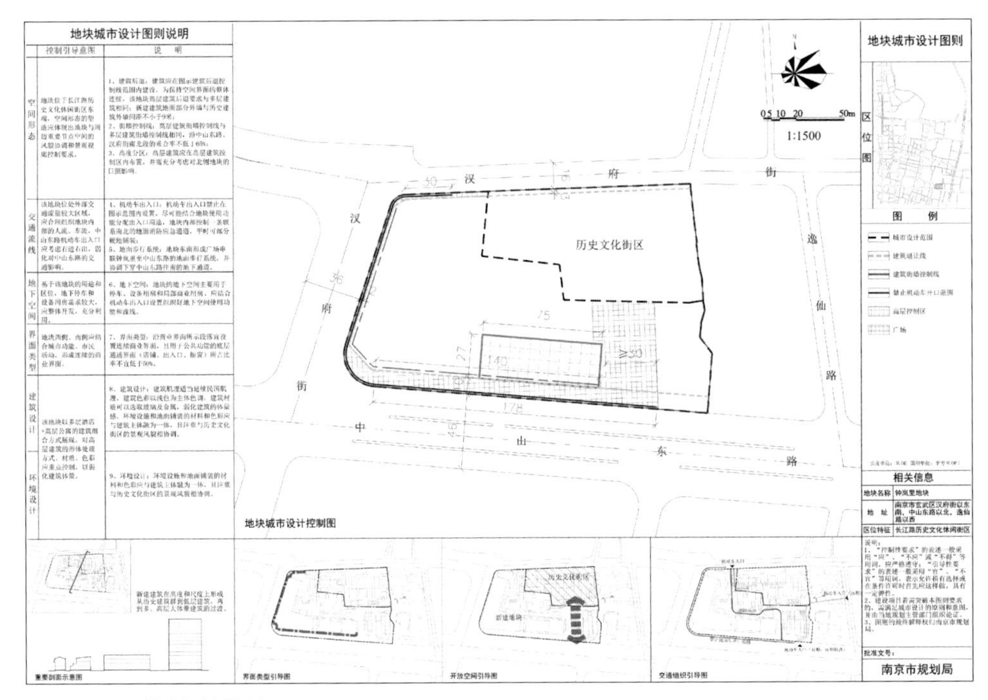

图 5-3-12　城市设计图则

项目主持：王建国

项目参与：姚听悦、李家翔、刘奕秋、林岩等（东南大学建筑学院）

04

小结

本章选择的南京老城空间形态保护高度图则、徐州大郭庄片区概念性城市设计导则以及南京钟南里历史街区城市设计三个案例分别从大尺度的老城高度全覆盖管控、片区尺度的典型街区形态引导以及街区尺度的精细调控三方面展示了差异化的管理类城市设计方法。

南京老城空间形态保护高度图则以第三章第 4 节案例中计算数据为初始值，通过与法规条例高度、现状高密度住区、特定用地高度控制标准以及正在建设项目高度的精细化协调，并对同一高度下的不同容积率布局模式进行示范，形成整体有序、局部可操作的老城高度控制图则。徐州大郭庄片区概念性城市设计导则承接概念性城市设计中山水结构优化、风环境改善、城市核心功能等专题中的相关要点，将其转化为典型街区场地布局、裙房界面、建筑主体体量及布点的控制导则，并形成相关量化控制指标，便于地块出让条件的拟定。南京钟岚里历史街区城市设计以历史文化环境保护优先，基于文脉传承和敏感点视线分析，对地块可建设范围及高度进行科学研究，在此基础上，形成城市设计导则，结合进控规调整，为老城地块更新中如何兼顾历史保护与城市发展现实诉求，提供了可操作性的示范。

参考文献

引言

[1] 王建国 . 自上而下，还是自下而上——现代城市设计方法及价值观的探寻 [J]. 建筑师，1988，31：9-15.

[2] 王建国 . 筚路蓝缕，乱中寻序——中国古代城市的研究方法 [J]. 建筑师，1990，37：1-10.

[3] 林岩 . 以环境和需求为导向的小城镇“自下而上”城市设计途径研究 [D]. 南京：东南大学，2019.

[4] 中国城市规划学会 . 中国城乡规划学学科史 [M]. 北京：中国科学技术出版社，2018.

[5] 美国城市设计协会 . 城市设计技术与方法 [M]. 杨俊宴，译 . 武汉：华中科技大学出版社，2016.

[6] 凯文・林奇，加里・海克 . 总体设计（原著第三版）[M]. 黄富厢，朱琪，吴小亚，译 . 南京：江苏凤凰科学技术出版社，2016.

[7] 王建国 . 现代城市设计理论和方法 [M]. 南京：东南大学出版社，1991.

[8] 王建国 . 从理性规划的视角看城市设计发展的四代范型 [J]. 城市规划，2018（1）：9-19.

第一章

[1] 王建国 . 自上而下，还是自下而上——现代城市设计方法及价值观的探寻 [J]. 建筑师，1988，31：9-15.

[2] 王建国 . 筚路蓝缕，乱中寻序——中国古代城市的研究方法 [J]. 建筑师，1990，37：1-10.

[3] 林岩 . 以环境和需求为导向的小城镇“自下而上”城市设计途径研究 [D]. 南京：东南大学，2019.

[4] 中国城市规划学会 . 中国城乡规划学学科史 [M]. 北京：中国科学技术出版社，2018.

[5] 美国城市设计协会 . 城市设计技术与方法 [M]. 杨俊宴，译 . 武汉：华中科技大学出版社，2016.

[6] 凯文・林奇，加里・海克 . 总体设计（原著第三版）[M]. 黄富厢，朱琪，吴小亚，译 . 南京：江苏凤凰科学技术出版社，2016：10.

[7] 王建国 . 现代城市设计理论和方法 [M]. 南京：东南大学出版社，1991.

[8] 王建国 . 从理性规划的视角看城市设计发展的四代范型 [J]. 城市规划，2018，42（1）：9-19，73.

[9] 霍尔 . 区域与城市规划 [M]. 邹德慈，金经元，译 . 北京：中国建筑工业出版社，1985：73.

[10] 巴奈特 . 城市设计：现代主义、传统、绿色和系统的观点 [M]. 刘晨，黄彩萍，译 . 北京：电子工业出版社，2014：33.

[11] 北京市社会科学研究所城市研究室 . 国外城市科学文选 [M]. 宋俊岭，陈占祥，译 . 贵阳：贵州人民出版社，1984：112.

[12]《简明不列颠百科全书》编审委员会 . 简明不列颠百科全书（2）[M]. 北京：中国大百科全书出版社，1985：271.

[13] 陈友华，赵民 . 城市规划概论 [M]. 上海：上海科学技术文献出版社，2000：116.

[14] Hamid Shirvani. The Urban Design Process[M]. NY：Van Nostrand Reinhold Company，1981.

[15] 巴黎市长谈巴黎 [J]. 史章，译 . 世界建筑，1981（3）：61.

[16] 孙施文 . 城市规划哲学 [D]. 上海：同济大学，1994.

[17] 1986—2011 年的城市统计年鉴 .

[18] 王建国 . 城市设计 [M]. 南京：东南大学出版社，2009.

[19] 王建国 . 城市设计 [M]. 北京：中国建筑工业出版社，2015.

[20] 王瑞珠 . 世界建筑史——西亚古代卷：上册 [M]. 北京：中国建筑工业出版社，2005：81-87.

[21] 科斯托夫 . 城市的形成——历史进程中的城市模式和城市意义 [M]. 单皓，译 . 北京：中国建筑工业出版社，2005.

[22] 王瑞珠 . 世界建筑史——古罗马卷：上册 [M]. 北京：中国建筑工业出版社，2005：119，124.

[23] 王瑞珠 . 世界建筑史——文艺复兴卷：下册 [M]. 北京：中国建筑工业出版社，2009：1759.

[24] A.E.J. 莫里斯 . 城市形态史——工业革命以前：下册 [M]. 成一农，王雪梅，王耀，等译 . 北京：商务印书馆，2011.

[25] 童明 . 当代中国城市设计读本 [M]. 北京：中国建筑工业出版社，2016.

[26] A.E.J. 莫里斯 . 城市形态史——工业革命以前：上册 [M]. 成一农，王雪梅，王耀，等译 . 北京：商务印书馆，2011.

[27] 王建国，高源，张愚，等 . 基于风貌保护的南京老城城市设计高度研究 [Z]. 2015.

[28] 王建国，等 . 南京老城形象特色和空间形态控制研究 [Z]. 2003.

[29] 王瑞珠 . 世界建筑史——巴洛克卷：上册 [M]. 北京：中国建筑工业出版社，2011：35.

[30] 亚历山大 . 新的都市设计理论 [M]. 黄瑞茂，译 . 台北：六合出版社，1997.

[31] 花萨芃 . 城市设计转型背景下空间导控要素的数字化传递路径研究 [D]. 南京：东南大学，2020.

[32] 三菱地所设计 . 丸之内——世界城市“东京丸之内”120 年与时俱进的城市设计 [M]. 北京：中国城市出版社，2013：62-63.
[33] 王建国 . 城市设计 [M]. 南京：东南大学出版社，2011.
[34] 李军 . 城市设计理论与方法 [M]. 武汉：武汉大学出版社，2010.

第二章

[1] 郭永刚，叶树南 . 历史为经 生活为纬——深圳市蛇口太子湾片区（新客运港区）改造概念规划设计有感 [J]. 理想空间，2007（21）：93-100.
[2] 招商局蛇口工业区 . 太子湾规划国际咨询项目正式启动 [EB/OL].（2012-10-24）. https：//www.cmhk.com/main/a/2015/k13/a23099_23154.shtml?2.
[3] SOM 有限公司 . 招商蛇口太子湾综合开发项目概念性规划设计 [Z]. 2013.
[4] OMA. Prince Bay [EB/OL].（2019-05-31）. https：//oma.eu/projects/prince-bay.
[5] 东南大学城市规划设计研究院，中国城市规划设计研究院 . 城市设计技术管理基本规定（征求意见稿）[S]. 南京：东南大学城市规划设计研究院，2017.
[6] 广州市规划和自然资源局 . 广州市国土规划委发布《广州市建筑景观设计指引》[EB/OL].（2017-11-13）. http：//ghzyj.gz.gov.cn/xwzx/gzdt/content/post_2751836.html.
[7] 上海市规划和国土资源管理局，上海市交通委员会，上海市城市规划设计研究院 . 上海市街道设计导则 [M]. 上海：同济大学出版社，2016.
[8] 中华人民共和国住房和城乡建设部 . 城市设计管理办法（中华人民共和国住房和城乡建设部令第 35 号）[S]. 北京：中华人民共和国住房和城乡建设部，2017.
[9] 王建国 . 城市设计 [M]. 北京：中国建筑工业出版社，2009.
[10] 庄宇 . 城市设计的运作 [M]. 上海：同济大学出版社，2004.
[11] 熊明，等 . 城市设计学：理论框架与应用纲要 [M].2 版 . 北京：中国建筑工业出版社，2010.
[12] AECOM. AECOM 公司中国官方网站 [EB/OL].（2021-02-05）. https：//aecom.com/cn/.
[13] 刘泓志 . 21 世纪中国城市设计发展前瞻——城市设计的中国智慧：现场报告 [R]. 南京：国际工程科技发展战略高端论坛——城市设计发展前沿高端论坛，2017.
[14] 刘泓志 . 中国的城市设计智慧财富值得与全世界分享 [EB/OL].（2021-02-05）. https：//www.

sohu.com/a/337476356_775247.

[15] Reinborn. D，Koch.M. 城市设计构思教程 [M]. 汤朔宁，郭屹炜，宗轩，译 . 上海：人民美术出版社，2005.

[16] 徐奕然 .“互联网 +”时代背景下参与式城市设计方法的传承与拓展 [D]. 南京：东南大学，2017.

[17] 城市象限 . 数“治”城市 [EB/OL].（2020-05-10）. http：//pro.urbanxyz.com/index.html.

[18] 中国建筑工业出版社，中国建筑学会 . 建筑设计资料集：第 8 分册 [M]. 3 版 . 北京：中国建筑工业出版社，2017：10 城市设计 / 总论 / 工作流程与成果 .

[19] 王建国 . 从理性规划的视角看城市设计发展的四代范型 [J]. 城市规划，2018（1）：9-19.

[20] Barnett，Jonathan. Urban design as public policy：practical methods for improving cities[M]. New York：Architectural Record Books，1974.

第三章

[1] 王建国 . 包容共享、显隐互鉴、宜居可期——城市活力的历史图景和当代营造 [J]. 城市规划，2019（12）：9-16.

[2] 管子 . 管子 [M]. 北京：中华书局出版社，2009.

[3] 童明 . 项目导向还是系统导向：关于城市设计内涵的解析 [J]. 城市规划学刊，2017（1）：93-102.

[4] 王建国 . 从理性规划的视角看城市设计发展的四代范型 [J]. 城市规划，2018，42（1）：9-19，73.

[5] 段义孚 . 神州 [M]. 赵世玲，译 . 北京：北京大学出版社，2019.

[6] 斯蒂芬·马歇尔 . 城市·设计与演变 [M]. 陈燕秋，胡静，孙旭东，译 . 北京：中国建筑工业出版社，2013.

[7] 中国政府网 . 国情数据 [EB/OL].（2020-06-22）. http：//www.gov.cn/guoqing/index.htm.

[8] 鲍世行 . 钱学森论山水城市 [M]. 北京：中国建筑工业出版社，2010.

[9] 王建国 . 解读《关于进一步加强城市与建筑风貌管理的通知》[EB/OL].（2020-06-06）.http：//www.planning.org.cn/news/.

[10] 俞丰，译注 . 林泉高致今注今译 [M]. 杭州：浙江人民美术出版社，2018：11-22.

[11] 百度地图 [EB/OL].（2017-01-12）. https：//map.baidu.com.

[12] 镇江市规划设计研究院 . 镇江市城市空间特色规划研究 [Z]. 镇江：镇江市规划设计研究院，2012.
[13] 刘海燕，吕文明 . 风水形势论与中国城市传统空间的营造 [J]. 城市问题，2011（6）：20-23，39.
[14] 王其亨 . 风水理论研究 [M]. 天津：天津大学出版社，1992：101-105.
[15] 张大华 . 明代计成《园冶》与镇江 [EB/OL].（2020-06-21）.http：//yishu.sdnews.com.cn/scqw/201212/t20121226_955456.htm.
[16] 陈从周 . 说园 [M]. 北京：书目文献出版社，1984.
[17] 徐小东 . 基于生物气候条件的绿色城市设计生态策略研究 [D]. 南京：东南大学，2005：122-126.
[18] 冷红，袁青 . 发达国家寒地城市规划建设经验探讨 [J]. 国外城市规划，2002（12）：61.
[19] 冷红，郭恩章，袁青 . 气候城市设计对策研究 [J]. 城市规划，2003（9）：52.
[20] 扬・盖尔 . 交往与空间 [M]. 何人可，译 . 北京：中国建筑工业出版社，2002：179.
[21] 王卉，谭纵波，刘健，美国纽约市建筑高度控制方法探析 [J]. 国际城市规划，2016（1）：93-99.
[22] 邱冰，张帆 . 国内建筑高度控制研究概观 [J]. 城市问题，2016（3）：29-35.
[23] 张兵 . 历史城镇的风貌保护与相关概念辨析 [J]. 城市规划，2014（12）：42-48.
[24] 赵婧 . 城市居住街区密度与模式研究 [D]. 南京：东南大学，2008.
[25] L.Martin，L.March. Urban Space and Structures [M]. Cambridge：Cambridge University Press，1972.
[26] 王卉，谭纵波，刘健 . 英国大伦敦地区建筑高度控制探析 [J]. 国际城市规划，2018（5）：109-116.
[27] 卢峰，蒋敏，傅东雪 . 英国城市景观中的高层建筑控制——以伦敦市为例 [J]. 国际城市规划，2017，32（2）：86-93.
[28] Wang J G，Zhang Y，Feng H. A decision-making model of development intensity based on similarity relationship between land attributes intervened by urban design[J]. Science in China Series E，2010，53（7）：1743-1754.
[29] 张愚，王建国 . 城市高度形态的相似参照逻辑与模拟 [J]. 新建筑，2016（6）：48-52.
[30] 王建国，张愚 . 基于用地开发强度决策支持系统的大尺度城市空间形态优化控制 [J]. 中国科学：技术科学，2016，46（6）：633-642.
[31] 王建国 . 基于人机互动的数字化城市设计——城市设计第四代范型刍 [J]. 国际城市规划，2018，

33（1）：1-6.

[32] Zhang Y.Preliminary research of the city image based on webmetrics[C]//Lu W. Harmony in Transition：Proceedings of the 7th International Symposium on Environment-behavior Research（EBRA）. Dalian：Dalian University of Technology Press，2006：247-255.

[33] 徐奕然 .“互联网 +”时代背景下参与式城市设计方法的传承与拓展 [D]. 南京：东南大学，2017.

[34] 周俊汝，高源，刘迪 . 基于城市风貌彰显的天际线设计——以南京老城为例 [C]// 中国城市规划学会 . 规划 60 年：成就与挑战——2016 中国城市规划年会论文集（06 城市设计与详细规划）. 北京：中国建筑工业出版社，2016.

[35] 中国建筑工业出版社，中国建筑学会 . 建筑设计资料集：第 8 分册 [M]. 3 版 . 北京：中国建筑工业出版社，2017：10 城市设计 / 城市天际线 .

第四章

[1] Zucker P. Town and Square from the Agora to the Village Green[M]. New York：Columbia University Press，1959.

[2] （明）计成 . 园冶 [M]. 胡天寿，译 . 重庆：重庆大学出版社，2009.

[3] 洪亮平 . 城市设计历程 [M]. 北京：中国建筑工业出版社，2002：24.

[4] 王建国，杨俊宴 . 历史廊道地区总体城市设计的基本原理与方法探索——京杭大运河杭州段案例 [J]. 城市规划，2017（8）：65-74.

[5] 李伟，俞孔坚，李迪华 . 遗产廊道与大运河整体保护的理论框架 [J]. 城市问题，2004（1）：28-32.

[6] 单霁翔 . 大型线性文化遗产保护初论：突破与压力 [J]. 南方文物，2006（3）：2-5.

[7] 王建国 . 从“自然中的城市”到“城市中的自然”——因地制宜、顺势而为的城市设计 [J]. 城市规划，2021（2）：36-43.

[8] 王建国，吕志鹏 . 世界城市滨水区开发建设的历史进程及其经验 [J]. 城市规划，2001（7）：41-46.

[9] 张庭伟 . 滨水地区的规划和开发 [J]. 城市规划，1999（2）：50-55.

[10] 杨保军，董珂 . 滨水地区城市设计探讨 [J]. 建筑学报，2007（7）：7-10.

[11] 沈清基 . 论基于生态文明的新型城镇化 [J]. 城市规划学刊，2013（1）：29-36.
[12] 俞孔坚，张蕾，刘玉杰 . 城市滨水区多目标景观设计途径探索——浙江省慈溪市三灶江滨河景观设计 [J]. 中国园林，2004（5）：28-32.
[13] 李晓晖，黄海雄，范嗣斌，等 ."生态修复、城市修补"的思辨与三亚实践 [J]. 规划师，2017（3）：11-18.
[14] 黄海雄 . 实施"生态修复、城市修补"，助推转型发展 [J]. 城乡规划，2017（3）：11-17.
[15] 李昕阳 . 城市双修的理念、方法和实践——基于全国城市双修试点工作经验研究 [J]. 城乡建设，2019（7）：42-44.
[16] 李晓江，王富海，朱子瑜，等 . 21 世纪初中国城市设计发展前瞻——座谈 1：城市设计与城市双修 [J]. 建筑学报，2018（4）：13-16.
[17] 王建国 . 现代城市广场设计 [J]. 规划师，1998（1）：67-74.
[18] 卢济威 . 广场与城市整合 [J]. 城市规划，2002（2）：55-59.
[19] 蔡永洁 . 空间的权利与权力的空间——欧洲城市广场历史演变的社会学观察 [J]. 建筑学报，2006（6）：38-42.
[20] 俞孔坚，万钧，石颖 . 寻回广场的人性与公民性：成都都江堰广场案例 [J]. 新建筑，2004（4）：25-28.
[21] 段进 . 应重视城市广场建设的定位、定性与定量 [J]. 城市规划，2002（1）：37-38.
[22] 刘泓志 . 公共空间的人文与消费性思辨 [J]. 新建筑，2016（1）：15-20.

第五章

[1] Barnet Jonathan. An Introduction to Urban Design[M].New York：Harper&Row Publishers companies，Inc，1982：13.
[2] 高源 . 美国现代城市设计运作研究 [M]. 南京：东南大学出版社，2006：36-39.
[3] 王建国 . 基于人机互动的数字化城市设计——城市设计第四代范型刍议 [J]. 国际城市规划，2018，33（1）：1-6.
[4] 王建国 . 21 世纪初中国建筑和城市设计发展战略研究 [J]. 建筑学报，2005（8）：5-9.
[5] 高源，王建国 . 城市设计导则的科学意义 [J]. 规划师，2000（5）：37-40.

[6] 孙峰 . 从技术理性到政策属性——规划管理中容积率控制对策研究 [J]. 城市规划，2009（11）: 32-38.
[7] 金广君 . 美国城市设计导则介述 [J]. 国外城市规划，2001（2）: 6-9.
[8] 高源 . 美国城市设计导则探讨及对中国的启示 [J]. 城市规划，2007（4）: 48-52.
[9] 陈晓东 . 城市设计与规划体系的整合运作——新加坡实践与借鉴 [J]. 规划师，2010（2）: 16-21.
[10] 周干峙 . 城市化和历史文化名城 [J]. 城市规划，2002（4）: 7-10.
[11] 赵燕菁 . 名城保护出路何在 [J]. 城市开发，2003（1）: 8-10.
[12] 阳建强 . 快速城市化背景下的历史城市保护 [J]. 北京规划建设，2012（11）: 31-33.

后记

国土空间规划背景下的城市设计发展

本书为中国建筑工业出版社杨虹编审前几年向我邀约的书稿，当时我也做了书稿的内容提纲，主要是讨论城市规划编制体系背景中的城市设计方法，亦即重点是写由城市规划师为主体的专业群体在城市设计实践中可能遇到和可资参考借鉴的设计方法。但是，等到我们去年正式写作本书时，国内城市规划的国家定位、专业背景、行业归属和实践方式发生了很大的变化。基于生态文明建设和新型城镇化等更高目标的规划要求，国家组建了全新的自然资源部，统筹山水林田湖草等多维度的生态要素，原先城市规划的法定职能被合并到自然资源部管理系统，成为今天国土空间规划的重要基础。去年伊始，城市设计的归属定位也开始出现了更为明确的技术特点分野，呈现为与城市、城乡、区域等宏观大尺度空间相关的城市设计和与城市开发建设、城市更新、建筑设计等密切相关的中微观尺度的城市设计两大分支。

值得庆幸的是，多年来，笔者及团队持续关注并开展大尺度城市设计，并与包括城乡规划、国土规划和生态规划有较多的技术工作交集。因此，虽然本书主要研究、分析和介绍的是城市设计方法，但遴选的大部分是大中尺度的城市设计编制案例，特别是本书突出强调的数字技术方法实际上是跨越不同尺度的空间建构机理的，也是今天新的国土空间规划中协调和整合各种生态要素和专业内容最主要的社会实践和技术的手段。

2017 年，笔者提出了“基于人机互动的数字化城市设计范型”的学术构想，并发表于《城市规划》，该文后来被评为“2019 金经昌中国城市规划优秀论文奖”

一等奖。数字技术方法帮助我们大幅提升了对城市空间形态成因的研判能力，在“算法时代”，空间形态建构的途径发生了很多质性变化。当个体通过微信、微博、抖音来表达对世界的看法、对城市的感受，今日的社会已日益是一个全新的个体释放之所，而城市设计也必须面对个体存在的具体价值。通过本书引介并分析的城市设计实战案例，我们不难发现，数字化手段已经极大提高了城市设计的有用性，已经不再是“图上画画，墙上挂挂”。无限地趋近最优解，是我们今天可能实现的城市设计目标。

2019 年 12 月，笔者团队以《泛维城市》为题的艺术装置参加了第八届深港城市 / 建筑双城双年展。《泛维城市》为一个装置底部的深色城市模型象征着实体城市，其上叠加有若干包含不同信息层的透明玻璃层，象征数字虚拟城市这一“比特空间”。二者互为镜像，上下对峙，提示未来城市已远远超越传统的物理空间维度，而是有更丰富的维度可被解释。

经典的城市设计方法主要与视觉美学、社会学、心理学、环境行为学、工程学等专业有关，但其获得的认知和实践操作依据一般以定性为主，即使是量化分析研究也通常限于取样范围、取样数量、时间、空间和预算成本等限制因素，基本是有限的样本。但是在日益发展成熟的信息社会，城市设计的依据越来越依靠多源的信息和大数据的交叉验证和整合，时间和空间、取样数量和信息贡献的真实度就有了很大的提高。通过手机信令数据、POI 数据和社交网络热度数据等，我们就可以掌握人流在城市空间中分布的大致特征和规律，去更好地理解并合理布局城市的空间结构和节点网络。当然，我们必须还是需要现场调研和田野调查的，大小数据的结合和相互映照才能最终实现设计所需信息的颗粒精度，从而更加准确地把握一个城市的内在特征。城市毕竟是一个复杂巨系统，而且一直在演变中，对于这个复杂巨数据的系统认知过程本身就是有价值的。运用多源大数据进行多维度的分析类似计算机思维中的并行计算，可以通过不同的“CPU”各自针对城市的某一个方面工作，形成可视化的分析图。这也类似生态规划中的“千层饼”分析法，或者多人一起盖房子从不同位置同时砌砖，只要有路线图和拼装规则就可以。“分”是为了对不同的相关维度对象做精准识别，但把各种分析结果的“合”并进行最后的设计集成才是最关键的，而这正是今天国土空间规划急需也是最具挑战性的工作目标，恰恰在这一方面，数字化城市设计可以为全新的国土空间规划编制提供重要的方法基础和技术支撑。

致谢

本书写作历时一年，但形成过程却始于 10 年前甚至更早的时段。

引言中曾讲到本书所讲述的城市设计方法，主要是依托笔者团队多年来城市设计真实案例的积累，所以本书得以顺利完成，首先要感谢的是所有参与项目案例实践的团队成员与提供过帮助的所有同事、同行与同学。尽管其中有很多案例并未出现在本书内容之中，但是对于每一个案例，团队都秉持思辨、创新、操作可行的科研精神加以完成，其中有关城市设计方法的阶段性成果，就会不自觉地延续到下一个与之相关的城市设计案例，最终得以在本书论述的案例中做出集中式的详细呈现。

同时，作为一个产学研结合的高校设计团队，诸多研究生们在项目设计开展之余，也通过科研论文、学位论文等形式，展开了各种局部性的城市设计方法探讨与摸索，包括徐奕然的参与式城市设计方法、周俊汝的城市天际线风貌保护、花薛芃的空间导控要素数字化传递路径，本书在一定程度上参考了这些内容。

在本书的撰写过程中，李艳妮、马天鸿帮助搜集了部分资料，并参与部分文字的初稿撰写；陈惠彬、韦榆瑶参与部分图纸的绘制；蔡凯臻、张愚、陈宇三位老师参与了部分案例的文字校核；宗袁月、罗文博参与了部分图文校核与文献梳理工作，在此一并致谢。

城市设计方法作为一种思考架构与工具途径，是随着城市设计领域自身的发展不断丰富与完善的。在我国现阶段，城市设计工作的重要性正得到社会与业界的广泛认同，城市设计方法也因此需要不断地总结与提升。本书虽然力图依托系列真实城市设计案例，理论联系实际，尽可能反映城市设计方法领域的最新成果与探索，但因水平有限，案例设计自身及其中相关方法的提炼总结难免存在疏漏之处，恳请广大读者批评指正。

最后特别感谢杨虹编审及编辑团队对本书出版的敦促和帮助支持。

审图号：GS（2021）8499 号
图书在版编目（CIP）数据

城市设计实践方法 = Urban Design Practices / 王建国，高源，李京津著．—北京：中国建筑工业出版社，2020.12
（城乡规划设计方法丛书）
“十三五”国家重点图书出版规划项目
ISBN 978-7-112-25804-8

Ⅰ．①城… Ⅱ．①王… ②高… ③李… Ⅲ．①城市规划－建筑设计－研究 Ⅳ．① TU984

中国版本图书馆 CIP 数据核字（2020）第 267636 号

本书主要针对特定国情和法定规划编制体系的城市设计方法论著。

本书基于城市设计发展的历史线索、近现代城市设计方法发展的知识架构及中国改革开放以来城市设计编制实践的实际需求，结合中国特定的城乡规划编制体系要求，系统总结了近年主要由作者团队完成的国内城市设计工程实践方法方面的创新成果。全书由城市设计概述、城市设计的编制、总体城市设计方法与实践、片区城市设计编制方法与实践、城市设计规划管理方法与实践等内容构成。全书具有整体性、系统性、学术性、可读性强等特点，特别是本书的主要方法论述内容均结合城市设计编制的实际项目而撰写，因而具有较高的实践探索性和实用性，适合于大专文化水平以上的专业工作人员以及更广泛的读者群，可以满足我国面广量大的城市设计编制和工程实践的迫切社会需求。

责任编辑：杨　虹　尤凯曦
书籍设计：付金红　李永晶
责任校对：王　烨

“十三五”国家重点图书出版规划项目
城乡规划设计方法丛书
城市设计实践方法
Urban Design Practices
王建国　高　源　李京津　著
*
中国建筑工业出版社出版、发行（北京海淀三里河路 9 号）
各地新华书店、建筑书店经销
北京雅盈中佳图文设计公司制版
北京雅昌艺术印刷有限公司印刷
*
开本：787 毫米 × 1092 毫米　1/16　印张：$17^3/_4$　字数：327 千字
2024 年 10 月第一版　2024 年 10 月第一次印刷
定价：165.00 元
ISBN 978-7-112-25804-8
（37060）